建设工程检测见证取样员手册
（第四版）

韩跃红　主　编

中国建筑工业出版社

图书在版编目(CIP)数据

建设工程检测见证取样员手册/韩跃红主编. —4版. —北京：中国建筑工业出版社，2020.11（2023.12重印）
ISBN 978-7-112-25382-1

Ⅰ.①建… Ⅱ.①韩… Ⅲ.①建筑工程-质量检验-工程技术人员-手册 Ⅳ.①TU712-62

中国版本图书馆 CIP 数据核字(2020)第 158679 号

本书依据国家最新标准，全面系统地介绍了建设工程检测管理规定，建筑材料检测，包括水泥、建筑用砂、建筑用石、混凝土用外加剂和掺合料、混凝土、建筑砂浆、钢筋混凝土结构用钢、钢筋焊接件、钢筋机械连接件、钢结构材料、砌墙砖和砌块、防水材料、装饰装修工程用材料、节能材料、基础回填材料、路用材料、结构加固用材料、装配式混凝土结构连接用材料、预制构件结构性能检验，工程实体检测等。内容实用，可操作性强。

本书可作为建设工程质量检测见证人员和取样人员的培训教材，也可供建设单位、施工单位以及监理单位等工程技术人员参考使用。

责任编辑：王砾瑶　张　磊
责任校对：姜小莲

建设工程检测见证取样员手册（第四版）
韩跃红　主编

*

中国建筑工业出版社出版、发行（北京海淀三里河路9号）
各地新华书店、建筑书店经销
北京科地亚盟排版公司制版
建工社（河北）印刷有限公司印刷

*

开本：787×1092毫米　1/16　印张：13½　字数：332千字
2020年10月第四版　2023年12月第八十三次印刷
定价：**45.00**元
ISBN 978-7-112-25382-1
（36070）

《建设工程检测见证取样员手册》（第四版）编委会

主　编： 韩跃红

副主编： 乐嘉鲁　王　磊

编　委（按姓氏笔画为序）：

邵建华　胡春花　姚建阳　桑　玫

鲍　逸　潘　红　鞠琦奇

第四版前言

《建设工程检测见证取样员手册》（第三版）出版至今已有十多年。近年来，随着我国建设工程领域科学技术的日新月异，各种新工法、新工艺、新材料层出不穷，相应的各类规范、标准变换更迭也非常迅速。为适应形势发展的需要，根据国家新颁布的标准、规范，我们对本书第三版进行了全面的修订。

与第三版相比，本版主要在以下几个方面作了较大的修改和补充：

1. 新增了"混凝土用外加剂和掺合料""装配式混凝土结构连接用材料""结构加固用材料"等章节。原"道路和基础回填材料"分为"基础回填材料"及"路用材料"两章节，原"钢结构工程检测"分为"钢结构材料"及"钢结构工程现场检测"两章节，原"建筑节能工程检测"分为"节能材料"及"建筑节能工程现场检测"两章节。原"建筑材料和装饰装修材料有害物质检测"更名为"装饰装修工程用材料"，"室内环境污染检测"更名为"装饰装修工程室内环境污染检测"。删除"水泥基灌浆材料"，其部分内容并入"装配式混凝土结构连接用材料"，原"建筑幕墙和门窗工程检测"和"通风与空调工程检测"两个章节，其内容并入"节能材料"及"建筑装饰装修材料"。

2. 为了使本书具有全国范围内的通用性，我们删除了全书对地方标准的引用。

3. 删除"文件汇编"。

4. 调整了部分章节结构和内容，根据最新标准对"混凝土""建筑砂浆""钢筋混凝土结构用钢"等章节进行了修订。

本书由上海市建设工程检测行业协会组织编写，编写中我们力求较强的针对性和实用性，但由于编者水平有限以及科技的迅速发展，书中难免存在谬误和不足之处，敬请读者指正。

2020年6月

目　录

1 建设工程检测管理规定

1.1 建设工程检测管理规定

1.1.1 概述

建设工程检测是指检测机构，以及建筑建材业企业、施工单位、监理单位、建设单位等检测活动相关单位依据国家有关法律法规、标准规范、规范性文件等的要求，确定建筑材料、构配件、设备器具及分部、分项工程等的质量或其他有关特性的全部活动。按检测对象的不同，建设工程检测可分为建筑材料检测和工程实体检测；按检测地点的不同，建设工程检测可分为室内检测和现场检测。

建设工程检测是建筑活动的组成部分，是工程施工质量验收工作的重要内容。检测是对工程质量和安全实施监督管理的主要技术手段，检测工作的准确性和及时性直接影响到监管工作的有效性。检测工作贯穿于工程施工的全过程，直接关系人身健康、生命财产和城市安全，必须加强监督管理，确保检测工作质量。

1.1.2 建设工程检测机构及资质许可范围

建设工程检测机构是对社会出具建设工程检测数据或检测结论、具有独立法人资格的技术鉴证类中介机构。根据建设部《建设工程质量检测管理办法》，检测机构从事下列检测业务，应当取得省、自治区、直辖市人民政府建设主管部门颁发的相应的资质证书：

1. 专项检测

（1）地基基础工程检测

① 地基及复合地基承载力静载检测；

② 桩的承载力检测；

③ 桩身完整性检测；

④ 锚杆锁定力检测。

（2）主体结构工程现场检测

① 混凝土、砂浆、砌体强度现场检测；

② 钢筋保护层厚度检测；

③ 混凝土预制构件结构性能检测；

④ 后置埋件的力学性能检测。

（3）建筑幕墙工程检测

① 建筑幕墙的气密性、水密性、风压变形性能、层间变位性能检测；

② 硅酮结构胶相容性检测。

（4）钢结构工程检测

① 钢结构焊接质量无损检测；

② 钢结构防腐及防火涂装检测；

③ 钢结构节点、机械连接用紧固标准件及高强度螺栓力学性能检测；

④ 钢网架结构的变形检测。

2. 见证取样检测

① 水泥物理力学性能检验；

② 钢筋（含焊接与机械连接）力学性能检验；

③ 砂、石常规检验；

④ 混凝土、砂浆强度检验；

⑤ 简易土工试验；

⑥ 混凝土掺加剂检验；

⑦ 预应力钢绞线、锚夹具检验；

⑧ 沥青、沥青混合料检验。

检测机构资质按照其承担的检测业务内容分为专项检测机构资质和见证取样检测机构资质。检测机构未取得相应的资质证书，不得承担上述检测业务。检测机构资质证书有效期为3年。

1.1.3 检测活动规则

根据《建设工程质量检测管理办法》，建设工程检测活动各相关单位应遵守下列要求：

1. 建设工程检测业务应由工程项目建设单位委托具有相应资质的检测机构进行，委托方与被委托方应当签订书面合同。

2. 检测机构不得转包检测业务。

3. 检测机构不得与行政机关，法律、法规授权的具有管理公共事务职能的组织以及所检测工程项目相关的设计单位、施工单位、监理单位有隶属关系或者其他利害关系。

4. 检测人员经过相关检测技术的培训，不得同时受聘于两个或者两个以上的检测机构。

5. 检测机构和检测人员不得推荐或者监制建筑材料、构配件和设备。

6. 检测试样的取样应当严格执行有关工程建设标准和国家有关规定，在建设单位或者工程监理单位监督下现场取样。提供质量检测试样的单位和个人，应当对试样的真实性负责。

7. 检测机构完成检测业务后，应当及时出具检测报告。检测报告经检测人员签字、检测机构法定代表人或者其授权的签字人签署，并加盖检测机构公章或者检测专用章后方可生效。检测报告经建设单位或者工程监理单位确认后，由施工单位归档。

8. 见证取样检测的检测报告中应当注明见证人单位及姓名。

9. 任何单位和个人不得明示或者暗示检测机构出具虚假检测报告，不得篡改或者伪造检测报告。

10. 检测结果利害关系人对检测结果发生争议的，由双方共同认可的检测机构复检，复检结果由提出复检方报当地建设主管部门备案。

11. 检测机构跨省、自治区、直辖市承担检测业务的，应当向工程所在地的省、自治区、直辖市人民政府建设主管部门备案。

1.2 建设工程检测见证制度

1.2.1 概述

建设工程检测见证包括对检测取样、送检的见证和现场检测的见证。

材料检测包括检测委托、检测取样、检测操作和出具检测报告等过程，其中检测取样是直接影响检测工作质量的首要环节。由于取样工作通常在工地现场进行，检测样品的真实性、代表性和取样过程的规范性主要由建设单位或监理单位的见证人员进行监控，必须执行见证取样和送检制度。所谓见证取样和送检，是指在建设单位或工程监理单位人员的见证下，由施工单位的现场试验人员对工程中涉及结构安全的试块、试件和材料在现场取样，并送至有相应资质的检测机构进行检测。

工程检测的情况要复杂些。有的检测项目，如基桩承载力检测，是完全的现场检测，也不涉及检测取样；有的检测项目，如室内空气质量检测，既包括现场检测，又有室内检测，还要进行检测取样。为保证工程检测的规范性，建设单位或工程监理单位的见证人员应对工程检测的现场检测活动进行见证，对现场检测的关键环节进行旁站监督，对需要检测取样的，同样应做好见证取样和送检工作。

1.2.2 见证取样和送检的范围

《建筑工程施工质量验收统一标准》GB 50300—2013 规定：

1. 建筑工程采用的主要材料、半成品、成品、建筑构配件、器具和设备应进行进场检验。凡涉及安全、节能、环境保护和主要使用功能的重要材料、产品，应按各专业工程施工规范、验收规范和设计文件等规定进行复验，并应经监理工程师检查认可。

2. 对涉及结构安全、节能、环境保护和主要使用功能的试块、试件及材料，应在进场时或施工中按规定进行见证检验。

3. 符合下列条件之一时，可按相关专业验收规范的规定适当调整抽样复验、试验数量，调整后的抽样复验、试验方案应由施工单位编制，并报监理单位审核确认。

(1) 同一项目中由相同施工单位施工的多个单位工程，使用同一生产厂家的同品种、同规格、同批次的材料、构配件、设备；

(2) 同一施工单位在现场加工的成品、半成品、构配件用于同一项目中的多个单位工程；

(3) 在同一项目中，针对同一抽样对象已有检验成果可以重复利用。

1.2.3 见证取样和送检的程序

1. 建设单位到工程质量监督机构办理质监手续时，应递交见证单位和见证人员书面授权书。每家单位工程见证人员不得少于两人。授权书应同时递交给该工程的检测机构和施工单位。见证人员变动，建设单位应在其变动前书面告知该工程检测机构和施工单位，并报该工程的质量监督机构备案。

2. 在施工过程中，见证人员应按照见证取样和送检计划，对施工现场的取样和送检进行见证，取样人员应在试样或其包装上作出标识、封志。标识和封志应标明工程名称、取样部位、取样日期、样品名称和样品数量，并由见证人员和取样人员签字。见证人员应制作见证记录，并将见证记录归入施工技术档案。见证人员和取样人员应对试样的真实性和代表性负责。

3. 见证取样的试块、试件和材料送检时，见证人员应与施工单位送样人员共同将试样送达检测机构，或采取有效的封样措施送样。送检单位应填写检测委托单，委托单应有见证人员和送检人员签字。

4. 检测机构收样人员应对检测委托单的填写内容及试样的状况进行检查，如委托单上注明封样的，还应检查试样上的标识和封志，确认无误后，在委托回执单上签认。

5. 检测机构应在检测报告中注明见证单位和取样单位的名称，以及见证人员和取样人员的姓名、证书编号。涉及结构安全的检测项目结果为不合格时，检测机构应在一个工作日内上报工程质量监督机构，同时通知委托单位和见证单位。

1.2.4 见证人员和取样人员的基本要求和职责

1. 见证人应由建设单位或监理单位具备建筑施工试验知识的专业技术人员担任，并经培训考核并取得“见证人员证书”，主要职责如下：

（1）对检测取样的全过程进行旁站监控，并做好取样的见证记录；

（2）对试样的封样和送检过程进行监督；

（3）做好取样后的把关工作，确保合格的材料用于工程实体；

（4）督促检查施工单位按要求建立和管理养护室；

（5）对工程现场检测进行旁站见证，并做好工程现场检测的见证记录。

2. 施工单位取样人员应经培训考核并取得“取样人员证书”，主要职责如下：

（1）负责建筑材料的现场取样工作；

（2）负责现场养护室的日常管理工作；

（3）负责混凝土、砂浆、保温浆料等现场成型试件的制作、养护和保管等工作；

（4）负责混凝土、砂浆、保温浆料等拌合物质量的现场检测工作；

（5）负责与检测相关的测量设备的量值溯源或检验工作，并做好测量设备的维护保养。

1.2.5 见证取样和送检的管理

国务院建设行政主管部门对全国房屋建筑工程和市政基础设施工程的见证取样和送检工作实施统一监督管理。

县级以上地方人民政府建设行政主管部门对本行政区域内的房屋建筑工程和市政基础设施工程的见证取样和送检工作实施监督管理。

检测机构试验室对无见证人签名的试验委托单及无见证人伴送的试件一律拒收，未注明见证单位和见证人的试验报告无效，不得作为质量保证资料和竣工验收资料，由工程质量监督机构指定检测机构重新检测。

1.3 建设工程检测结果处理

1.3.1 概述

建设单位收到检测报告后，应及时将检测报告交监理单位确认检测结果。项目监理机构应建立检测报告确认台账，检测报告经监理工程师确认后，由施工单位归档。

检测结果不合格的，项目监理机构应对检测结果不合格处理情况进行详细记录，对不合格处理过程进行全过程监控，并保存有关文件资料。

1.3.2 检测结果不合格处理

根据《建筑工程施工质量验收统一标准》GB 50300—2013，当建筑工程施工质量不符合要求时，应按下列规定进行处理：

1. 经返工或返修的检验批，应重新进行验收；

2. 经有资质的检测机构检测鉴定能够达到设计要求的检验批，应予以验收；

3. 经有资质的检测机构检测鉴定达不到设计要求、但经原设计单位核算认可能够满足安全和使用功能的检验批，可予以验收；

4. 经返修或加固处理的分项、分部工程，满足安全及使用功能要求时，可按技术处理方案和协商文件的要求予以验收。

工程质量控制资料应齐全完整。当部分资料缺失时，应委托有资质的检测机构按有关标准进行相应的实体检验或抽样试验。

2　建筑材料检测

2.1　水泥

2.1.1　概述

水泥是一种细磨材料，与水混合形成塑性浆体后，能在空气中水化硬化，并能在水中继续硬化保持强度和体积稳定性的无机水硬性胶凝材料。它是建筑工程中重要的建筑材料之一，对工程建设起了巨大的推动作用。水泥不但大量用于工业和民用建筑工程中，而且广泛用于交通、水利、海港、矿山等工程。

水泥的品种繁多，按用途及性能分为通用水泥和特种水泥：

(1) 通用水泥：一般土木建筑工程通常采用的水泥。以水泥的硅酸盐矿物名称命名，并可冠以混合材料名称或其他适当名称命名。例如：硅酸盐水泥、普通硅酸盐水泥、矿渣硅酸盐水泥等。

通用硅酸盐水泥的代号和强度等级详见表 2.1-1。

通用硅酸盐水泥的代号和强度等级　　**表 2.1-1**

品种	代号	强度等级
硅酸盐水泥	P·Ⅰ	分为 42.5、42.5R、52.5、52.5R、62.5、62.5R 六个等级
	P·Ⅱ	
普通硅酸盐水泥	P·O	分为 42.5、42.5R、52.5、52.5R 四个等级
矿渣硅酸盐水泥	P·S·A	分为 32.5、32.5R、42.5、42.5R、52.5、52.5R 六个等级
	P·S·B	
火山灰质硅酸盐水泥	P·P	
粉煤灰硅酸盐水泥	P·F	
复合硅酸盐水泥	P·C	分为 42.5、42.5R、52.5、52.5R 四个等级

通用硅酸盐水泥的适用范围详见表 2.1-2。

通用硅酸盐水泥的适用范围　　**表 2.1-2**

水泥品种	使用范围	
	适用于	不宜用于
硅酸盐水泥	快硬、高强混凝土 预应力混凝土 道路、低温下施工的混凝土	大体积混凝土 耐热混凝土
普通硅酸盐水泥	适应性强，无特殊要求的工程都可以使用	—
矿渣硅酸盐水泥	地面、水下、水中各种混凝土 耐热混凝土	快硬、高强混凝土 有抗渗要求混凝土

续表

<table>
<tr><th rowspan="2">水泥品种</th><th colspan="2">使用范围</th></tr>
<tr><th>适用于</th><th>不宜用于</th></tr>
<tr><td>火山灰质硅酸盐水泥</td><td rowspan="3">地下工程、大体积混凝土、
受侵蚀性介质作用的混凝土</td><td rowspan="2">受反复冻融及干湿变化作用的结构
长期干燥环境中快硬、高强混凝土</td></tr>
<tr><td>粉煤灰硅酸盐水泥</td></tr>
<tr><td>复合硅酸盐水泥</td><td>快硬、高强混凝土</td></tr>
</table>

（2）特种水泥：具有特殊性能或用途的水泥。以水泥的主要矿物名称、特性或用途命名，并可冠以不同型号或混合材料名称。例如：铝酸盐水泥、硫铝酸盐水泥、快硬硅酸盐水泥、低热矿渣硅酸盐水泥、G级油井水泥等。

2.1.2 依据标准

1.《砌体结构工程施工质量验收规范》GB 50203—2011。

2.《混凝土结构工程施工质量验收规范》GB 50204—2015。

3.《建筑结构加固工程施工质量验收规范》GB 50550—2010。

4.《通用硅酸盐水泥》GB 175—2007。

《通用硅酸盐水泥》国家标准第1号修改单 GB 175—2007/XG 1—2009。

《通用硅酸盐水泥》国家标准第2号修改单 GB 175—2007/XG 2—2015。

《通用硅酸盐水泥》国家标准第3号修改单 GB 175—2007/XG 3—2018。

5.《水泥包装袋》GB 9774—2010。

6.《水泥取样方法》GB/T 12573—2008。

2.1.3 检验内容和使用要求

1. 检验内容

（1）混凝土结构工程用水泥进场时，应对水泥的强度、安定性和凝结时间进行复验。

（2）砌体工程用水泥进场使用前应分批对其强度、安定性进行复验。

（3）结构加固工程用水泥进场时，应对强度、安定性及其他必要的性能指标进行复验。

2. 使用要求

（1）国家对水泥产品实施工业产品生产许可证管理，水泥生产企业必须取得《全国工业产品生产许可证》。获证企业及其产品可通过国家市场监督管理总局网站 www.samr.gov.cn 查询。

（2）当使用中水泥质量受到不利环境影响或水泥出厂超过三个月（快硬硅酸盐水泥超过一个月）时，应进行复验，并应按复验结果使用。

（3）加固用混凝土中严禁使用安定性不合格、含氯化物、过期或受潮水泥。

（4）水泥在储存和运输工程中，应按不同强度等级、品种及出厂日期分别储运，水泥储存时应注意防潮，地面应铺放防水隔离材料或用木板加设隔离层。袋装水泥的堆放高度不得超过10袋。施工现场堆放的水泥应注明“合格”“不合格”“在检”“待检”等产品质量状态，注明该水泥生产企业名称、品种规格、进场日期及数量等内容，并以醒目标识标明。

（5）不同品种的水泥不能混合使用。虽然是同一品种的水泥，但强度等级不同，或出厂日期差距过久的也不能混合使用。

（6）水泥可以散装或袋装，袋装水泥每袋净含量为50kg，且不少于标志质量的99%；随机抽取20袋总质量（含包装袋）应不少于1000kg。其他包装形式由供需双方协商确定，但有关袋装质量要求，应符合上述规定。

（7）水泥包装袋上应清楚标明：执行标准、水泥品种、代号、强度等级、生产者名称、生产许可证标志（QS）及编号、出厂编号、包装日期、净含量。包装袋两侧应根据水泥的品种采用不同的颜色印刷水泥名称和强度等级，硅酸盐水泥和普通硅酸盐水泥采用红色，矿渣硅酸盐水泥采用绿色，火山灰质硅酸盐水泥、粉煤灰硅酸盐水泥和复合硅酸盐水泥采用黑色或蓝色。散装发运时应提交与袋装标志相同内容的卡片。

2.1.4 取样要求

1. 取样批量

（1）混凝土结构工程用水泥应按同一生产厂家、同一强度等级、同一品种、同一批号且连续进场的水泥，袋装不超过200t为一批，散装不超过500t为一批，每批抽样不少于一次。

水泥进场检验，当满足下列条件之一时，其检验批容量可扩大一倍（检验批容量仅可扩大一次，扩大检验批后的检验中，出现不合格情况时，应按扩大前的检验批容量重新验收，且该产品不得再次扩大检验批容量）：

① 获得认证的产品；

② 同一厂家、同一品种、同一规格的水泥连续三次进场检验均一次检验合格的。

（2）砌体工程用水泥应按同一生产厂家、同品种、同等级、同批号连续进场的水泥，袋装水泥不超过200t为一批，散装水泥不超过500t为一批，每批抽样不少于一次。

（3）结构加固工程用水泥应按同一生产厂家、同一等级、同一品种、同一批号且同一次进场的水泥，以30t为一批（不足30t，按30t计），每批见证取样不应少于一次。

2. 取样数量和方法

（1）水泥试样可连续取样，亦可从20个以上不同部位取等量样品，总量至少12kg。

（2）袋装水泥手工取样：采用图2.1-1的袋装水泥取样器取样。随机抽取不少于20袋水泥，将取样器沿对角线方向插入水泥包装袋中，用大拇指按住气孔，小心抽出取样管。将所取样品放入洁净、干燥、不易受污染的容器中。

（3）散装水泥手工取样：当所取水泥深度不超过2m时，采用图2.1-2的散装水泥取样器随机取样。通过转动取样器内管控制开关，在适当位置插入水泥一定深度，关闭后小心抽出。将所取样品放入洁净、干燥、不易受污染的容器中。每次抽取的单样量应尽量一致。

2.1.5 技术要求

1. 凝结时间

硅酸盐水泥初凝时间不小于45min，终凝时间不大于390min；普通硅酸盐水泥、矿渣硅酸盐水泥、火山灰质硅酸盐水泥、粉煤灰硅酸盐水泥和复合硅酸盐水泥初凝不小于45min，终凝不大于600min。

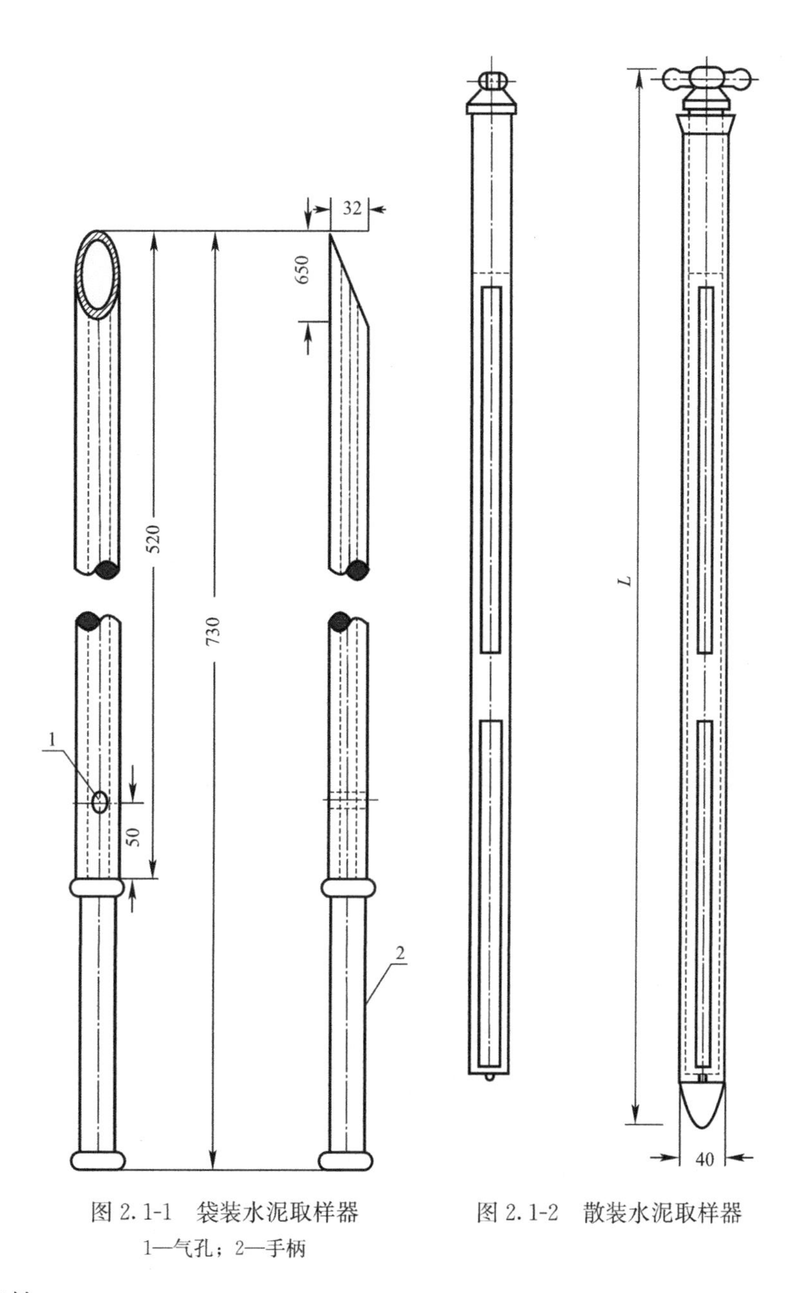

图 2.1-1 袋装水泥取样器

1—气孔；2—手柄

图 2.1-2 散装水泥取样器

2. 安定性

沸煮法合格。

3. 强度

不同品种、不同强度等级的通用硅酸盐水泥，其不同龄期的强度应符合表 2.1-3 的规定。

通用硅酸盐水泥强度　表 2.1-3

品种	强度等级	抗压强度（MPa）		抗折强度（MPa）	
		3d	28d	3d	28d
硅酸盐水泥	42.5	≥17.0	≥42.5	≥3.5	≥6.5
	42.5R	≥22.0		≥4.0	
	52.5	≥23.0	≥52.5	≥4.0	≥7.0
	52.5R	≥27.0		≥5.0	
	62.5	≥28.0	≥62.5	≥5.0	≥8.0
	62.5R	≥32.0		≥5.5	
普通硅酸盐水泥	42.5	≥17.0	≥42.5	≥3.5	≥6.5
	42.5R	≥22.0		≥4.0	
	52.5	≥23.0	≥52.5	≥4.0	≥7.0
	52.5R	≥27.0		≥5.0	
矿渣硅酸盐水泥 火山灰质硅酸盐水泥 粉煤灰硅酸盐水泥	32.5	≥10.0	≥32.5	≥2.5	≥5.5
	32.5R	≥15.0		≥3.5	
	42.5	≥15.0	≥42.5	≥3.5	≥6.5
	42.5R	≥19.0		≥4.0	
	52.5	≥21.0	≥52.5	≥4.0	≥7.0
	52.5R	≥23.0		≥4.5	
复合硅酸盐水泥	42.5	≥15.0	≥42.5	≥3.5	≥6.5
	42.5R	≥19.0		≥4.0	
	52.5	≥21.0	≥52.5	≥4.0	≥7.0
	52.5R	≥23.0		≥4.5	

2.2 建筑用砂

2.2.1 概述

建筑用砂指适用于建筑工程中混凝土及其制品和建筑砂浆用砂，按产源分为天然砂、人工砂、混合砂。天然砂指由自然条件作用而形成的、公称粒径小于 5.00mm 的岩石颗粒，天然砂包括河砂、山砂、海砂；人工砂指经除土开采、机械破碎、筛分而形成公称粒径小于 5.00mm 的岩石颗粒；混合砂指由天然砂与人工砂按一定比例组合而成的砂。

2.2.2 依据标准

1. 《砌体结构工程施工质量验收规范》GB 50203—2011。
2. 《混凝土结构工程施工质量验收规范》GB 50204—2015。
3. 《建筑结构加固工程施工质量验收规范》GB 50550—2010。
4. 《大体积混凝土施工标准》GB 50496—2018。
5. 《混凝土和砂浆用再生细骨料》GB/T 25176—2010。
6. 《普通混凝土用砂、石质量及检验方法标准》JGJ 52—2006。
7. 《普通混凝土配合比设计规程》JGJ 55—2011。

8. 《砌筑砂浆配合比设计规程》JGJ/T 98—2010。
9. 《海砂混凝土应用技术规范》JGJ 206—2010。
10. 《高强混凝土应用技术规程》JGJ/T 281—2012。
11. 《再生骨料应用技术规程》JGJ/T 240—2011。

2.2.3　检验内容和使用要求

1. 检验内容

混凝土和砂浆用砂每验收批至少应进行颗粒级配、含泥量、泥块含量检验；对于海砂或有氯离子污染的砂，还应检验其氯离子含量；对于海砂，还应检验贝壳含量；对于人工砂及混合砂，还应检验石粉含量；对于重要工程及特殊工程，应根据工程要求增加检测项目；对于长期处于潮湿环境的重要混凝土结构所用的砂，应进行碱活性检验；对其他指标的合格性有怀疑时，应予检验（依据 JGJ 52—2006）。

混凝土用海砂进场后应对氯离子含量、颗粒级配、细度模数、贝壳含量、含泥量以及泥块含量进行抽检（依据 JGJ 206—2010）。

制备混凝土和砂浆的再生细骨料，应对其泥块含量、再生胶砂需水量比和表观密度进行检验（依据 JGJ/T 240—2011）。

2. 使用要求

（1）砂在运输、装卸和堆放过程中，应防止颗粒离析、混入杂质，并应按产地、种类、规格分别堆放。

（2）Ⅰ类再生细骨料可用于配制 C40 及以下强度等级的混凝土；Ⅱ类再生细骨料宜配制 C25 及以下强度等级的混凝土；Ⅲ类再生细骨料不宜用于配制结构混凝土。

（3）再生骨料不得用于配制预应力混凝土。

（4）再生骨料地面砂浆不宜用于地面面层。

（5）再生细骨料应按类别、规格分别堆放，防止人为碾压和产品污染。

（6）情况特殊采用细砂的，在使用前必须进行配合比等试验，有能保证强度、和易性的合理配合比后方可使用。

（7）当砂中含有颗粒状的硫酸盐或硫化物杂质时，应进行专门检验，确认能满足混凝土耐久性要求后，方可采用。

（8）海砂中贝壳的最大尺寸不应超过 4.75mm。

（9）地下防水工程混凝土不宜使用海砂。

（10）结构用混凝土使用海砂时，应经过净化处理。

（11）钢纤维混凝土不应使用海砂。

2.2.4　取样要求

1. 取样批量

（1）使用单位应按砂的同产地同规格分批验收。采用大型工具（如火车、货船或汽车）运输的，应以 400m^3 或 600t 为一验收批；采用小型工具（如拖拉机等）运输的，应以 200m^3 或 300t 为一验收批。不足上述量者，应按一验收批进行验收。

（2）当砂或石的质量比较稳定、进料量又较大时，可以 1000t 为一验收批。

（3）砂的数量验收，可按重量计算，也可按体积计算。测定重量，可用汽车地量衡或船舶吃水线；测定体积，可按车皮或船舶的容积为依据。采用其他小型运输工具时，可按量方确定。

（4）再生细骨料进场应按同一厂家、同一类别、同一规格、同一批次，每 400m^{3}或 600t 为一个检验批，不足 400m^{3}或 600t 的应按一批计。

（5）混凝土用海砂，应按同批次且连续供应，每 400m^{3}或 600t 为一个检验批。

2. 试样数量

对于每一单项检验项目，砂的每组样品取样数量应满足表 2.2-1 的规定。当需要做多项检验时，可在确保样品经一项试验后不致影响其他试验结果的前提下，用同组样品进行多项不同的试验。

每一单项检验项目所需砂的最小取样质量　　表 2.2-1

检验项目	最小取样质量（g）
筛分析	4400
表观密度	2600
吸水率	4000
紧密密度	5000
含水率	1000
含泥量	4400
泥块含量	20000
石粉含量	1600
人工砂压碎指标值指标	分成公称粒径 5.00～2.50mm；2.50～1.25mm；1.25～630μm；630～315μm；315～160μm；每个粒级各需 1000g
有机物含量	2000
云母含量	600
轻物质含量	3200
坚固性	分成公称粒径 5.00～2.50mm；2.50～1.25mm；1.25～630μm；630～315μm；315～160μm；每个粒级各需 100g
硫化物及硫酸盐含量	50
氯离子含量	2000
贝壳含量	10000
碱活性	20000

3. 取样方法

每验收批取样方法应按下列规定执行：

（1）从料堆上取样时，取样部位应均匀分布。取样前应先将取样部位表层铲除，然后由各部位抽取大致相等的砂 8 份，组成一组样品。

（2）从皮带运输机上取样时，应在皮带运输机机尾的出料处用接料器定时抽取砂 4 份组成一组样品。

（3）从火车、汽车、货船上取样时，应从不同部位和深度抽取大致相等的砂 8 份，组成一组样品。

（4）每组样品应妥善包装，避免细料散失，防止污染，并附样品卡片，标明样品的编号、取样时间、代表数量、产地、样品量、要求检验项目及取样方式等。

2.2.5 技术要求

1. 粗细程度及颗粒级配

（1）砂的粗细程度按细度模数 μ_f 分为粗、中、细、特细四级，其范围应符合下列规定：

粗砂：μ_f=3.7～3.1；

中砂：μ_f=3.0～2.3；

细砂：μ_f=2.2～1.6；

特细砂：μ_f=1.5～0.7。

（2）混凝土和砂浆用再生细骨料按细度模数分为粗、中、细三种规格，其细度模数 M_x 分别为：

粗：M_x=3.7～3.1；

中：M_x=3.0～2.3；

细：M_x=2.2～1.6。

（3）除特细砂外，砂的颗粒级配可按公称直径 630μm 筛孔的累计筛余量（以质量百分率计），分成三个级配区（表 2.2-2），且砂的颗粒级配应处于表 2.2-2 中的某一区内。

砂颗粒级配区 表 2.2-2

级配区 / 累计筛余（%） / 公称粒径	Ⅰ区	Ⅱ区	Ⅲ区
5.00mm	10～0	10～0	10～0
2.50mm	35～5	25～0	15～0
1.25mm	65～35	50～10	25～0
630μm	85～71	70～41	40～16
315μm	95～80	92～70	85～55
160μm	100～90	100～90	100～90

注：砂的实际颗粒级配与表中的累计筛余相比，除公称粒径为 5.00mm 和 630μm 的累计筛余外，其余公称粒径的累计筛余可稍有超出分界线，但总超出量不应大于 5%。

（4）混凝土和砂浆用再生细骨料的颗粒级配应符合表 2.2-3 的规定。

再生细骨料颗粒级配 表 2.2-3

方孔筛筛孔边长	累计筛余（%）		
	Ⅰ级配区	Ⅱ级配区	Ⅲ级配区
4.75mm	10～0	10～0	10～0
2.36mm	35～5	25～0	15～0
1.18mm	65～35	50～10	25～0
630μm	85～71	70～41	40～16
300μm	95～80	92～70	85～55
150μm	100～85	100～80	100～75

注：再生细骨料的实际颗粒级配与表中所列数字相比，除 4.75mm 和 600μm 筛档外，可以略有超出，但是超出总量应小于 5%。

（5）当天然砂的实际颗粒级配不符合要求时，宜采取相应的技术措施，并经试验证明能确保混凝土质量后，方允许使用。

（6）配制混凝土时宜优先使用Ⅱ区砂。当采用Ⅰ区砂时，应提高砂率，并保持足够的水泥用量，满足混凝土的和易性；当采用Ⅲ区砂时，宜适当降低砂率；当采用特细砂时，应符合相应的规定。

（7）配置高强度混凝土宜采用细度模数为 2.6～3.0 的Ⅱ区中砂。

（8）砌体砌筑砂浆和预制构件宜采用中砂。

（9）泵送混凝土、大体积混凝土宜采用中砂，泵送混凝土用砂通过 0.315mm 筛孔的颗粒含量不应少于 15%。

（10）砌筑砂浆和水泥砂浆防水层用砂宜选用中砂，其中毛石砌体宜选用粗砂。

（11）水泥砂浆面层用砂应为中粗砂。

（12）大体积混凝土用细骨料宜采用中砂，细度模数宜大于 2.3。

（13）抗渗混凝土用细骨料宜采用中砂。

（14）配制结构加固用混凝土、砂浆，所采用的细骨料应为中、粗砂，其细度模数不应小于 2.5。

2. 天然砂含泥量

（1）普通混凝土用天然砂中含泥量应符合表 2.2-4 的规定。

天然砂中含泥量 **表 2.2-4**

混凝土强度等级	≥C60	C30～C55	≤C25
含泥量（按质量计，%）	≤2.0	≤3.0	≤5.0

（2）对于有抗冻、抗渗或其他特殊要求的小于或等于 C25 混凝土用砂，其含泥量不应大于 3.0%。

（3）配置高强度混凝土时，砂的含泥量不应大于 2.0%。

（4）砌筑砂浆用砂的含泥量不应超过 5%。强度等级为 M2.5 的水泥混合砂浆，砂的含泥量不应超过 10%，水泥砂浆防水层用砂含泥量不得大于 1%。

（5）用于混凝土中的海砂，含泥量不得大于 1.0%。

（6）大体积混凝土用细骨料含泥量不应大于 3.0%。

3. 泥块含量

（1）普通混凝土用天然砂中泥块含量应符合表 2.2-5 的规定。

砂中泥块含量 **表 2.2-5**

混凝土强度等级	≥C60	C30～C55	≤C25
泥块含量（按质量计，%）	≤0.5	≤1.0	≤2.0

（2）对于有抗冻、抗渗或其他特殊要求的小于或等于 C25 混凝土用砂，其泥块含量不应大于 1.0%。

（3）混凝土和砂浆用再生细骨料的泥块含量应符合表 2.2-6 的规定。

再生细骨料的泥块含量 **表 2.2-6**

项目	Ⅰ类	Ⅱ类	Ⅲ类
泥块含量（按质量计，%）	<1.0	<2.0	<3.0

（4）用于混凝土中的海砂，泥块含量不应大于 0.5%。

（5）配置高强度混凝土时，砂的泥块含量不应大于 0.5%。

4. 人工砂或混合砂石粉含量

（1）人工砂或混合砂中石粉含量应符合表 2.2-7 的规定。

人工砂或混合砂中石粉含量 **表 2.2-7**

混凝土强度等级		≥C60	C30～C55	≤C25
石粉含量（%）	*MB*<1.4（合格）	≤5.0	≤7.0	≤10.0
	MB≥1.4（不合格）	≤2.0	≤3.0	≤5.0

（2）配制高强度混凝土，当采用人工砂时，石粉亚甲蓝（*MB*）值应小于 1.4，石粉含量不应大于 5%。

5. 坚固性

砂的坚固性应采用硫酸钠溶液检验，试样经 5 次循环后，其质量损失应符合表 2.2-8 的规定。

砂的坚固性指标 **表 2.2-8**

混凝土所处的环境条件及其性能要求	5 次循环后的质量损失（%）
在严寒及寒冷地区室外使用，并经常处于潮湿或干湿交替状态下的混凝土 对于有抗疲劳、耐磨、抗冲击要求的混凝土 有腐蚀介质作用或经常处于水位变化区的地下结构混凝土	≤8
其他条件下使用的混凝土	≤10

6. 压碎指标

（1）人工砂的总压碎指标值应小于 30%。

（2）配制高强混凝土时，人工砂的压碎指标值应小于 25%。

7. 有害物质含量

（1）当砂中含有云母、轻物质、有机物、硫化物及硫酸盐等有害物质时，其含量应符合表 2.2-9 的规定。

砂中的有害物质含量 **表 2.2-9**

项目	质量指标
云母含量（按质量计，%）	≤2.0
轻物质含量（按质量计，%）	≤1.0
硫化物及硫酸盐含量（折算成 SO_3 按质量计，%）	≤1.0
有机物含量（用比色法试验）	颜色不应深于标准色。当颜色深于标准色时，应按水泥胶砂强度试验方法进行强度对比试验，抗压强度比不应低于 0.95

（2）对于有抗冻、抗渗要求的混凝土用砂，其云母含量不应大于 1.0%。

（3）当砂中含有颗粒状的硫酸盐或硫化物杂质时，应进行专门检验，确认能满足混凝土耐久性要求后，方可采用。

（4）用于混凝土中的海砂，云母含量不应大于1.0%。

8. 碱含量

（1）对于长期处于潮湿环境的重要混凝土结构用砂，应采用砂浆棒（快速法）或砂浆长度法进行骨料的碱活性检验。经上述检验判断为有潜在危害时，应控制混凝土中的碱含量不超过3kg/m^3，或采用能抑制碱-骨料反应的有效措施。

（2）高强混凝土用砂宜为非碱活性。

（3）用于混凝土中的海砂，应进行碱活性检验。

9. 氯离子含量

（1）对于钢筋混凝土用砂，其氯离子含量不得大于0.06%（以干砂的质量百分率计）。

（2）对于预应力混凝土用砂，其氯离子含量不得大于0.02%（以干砂的质量百分率计）。

（3）当采用海砂配制混凝土时，氯离子含量不应大于0.03%。

（4）混凝土和砂浆用再生细骨料的氯离子含量应不大于0.06%。

10. 贝壳含量

（1）依据《普通混凝土用砂、石质量及检验方法标准》JGJ 52—2006，海砂中贝壳含量应符合表2.2-10的规定。

海砂中贝壳含量 **表2.2-10**

混凝土强度等级	≥C40	C35～C30	C25～C15
贝壳含量（按质量计，%）	≤3	≤5	≤8

（2）依据《海砂混凝土应用技术规范》JGJ 206—2010，海砂中贝壳含量应符合表2.2-11的规定，对于有抗冻、抗渗或其他特殊要求的强度等级不大于C25的混凝土用砂，贝壳含量不应大于8%。

海砂中贝壳含量 **表2.2-11**

混凝土强度等级	≥C60	C40～C55	C30～C35	C15～C25
贝壳含量（按质量计，%）	≤3	≤5	≤8	≤10

（3）对于有抗冻、抗渗或其他特殊要求的小于或等于C25混凝土用砂，其贝壳含量不应大于5%。

11. 含水量

现场拌制混凝土前，应测定砂含水率，并根据测试结果调整材料用量，提出施工配合比。

12. 混凝土和砂浆用再生细骨料再生胶砂需水量比

应符合表2.2-12的规定。

再生胶砂需水量比 **表2.2-12**

项目	Ⅰ类			Ⅱ类			Ⅲ类		
	细	中	粗	细	中	粗	细	中	粗
需水量比	<1.35	<1.30	<1.20	<1.55	<1.45	<1.35	<1.80	<1.70	<1.50

13. 混凝土和砂浆用再生细骨料的表观密度、堆积密度和空隙率

应符合表 2.2-13 的规定。

再生细骨料的表观密度、堆积密度和空隙率　　表 2.2-13

项目	Ⅰ类	Ⅱ类	Ⅲ类
表观密度（kg/m^3）	＞2450	＞2350	＞2250
堆积密度（kg/m^3）	＞1350	＞1300	＞1200
空隙率（%）	＜46	＜48	＜52

14. 复验

除筛分析外，当其余检测项目存在不合格项时，应加倍取样进行复验。当复验仍有一项不满足标准要求时，应按不合格品处理。

2.3 建筑用石

2.3.1 概述

建筑用石为建筑工程中水泥混凝土及其制品用石，由天然岩石或卵石经破碎、筛分而得的，公称粒径大于 5.00mm 的岩石颗粒。

2.3.2 依据标准

1. 《混凝土结构工程施工质量验收规范》GB 50204—2015。
2. 《大体积混凝土施工标准》GB 50496—2018。
3. 《建筑结构加固工程施工质量验收规范》GB 50550—2010。
4. 《混凝土用再生粗骨料》GB/T 25177—2010。
5. 《普通混凝土用砂、石质量及检验方法标准》JGJ 52—2006。
6. 《普通混凝土配合比设计规程》JGJ 55—2011。
7. 《高强混凝土应用技术规程》JGJ/T 281—2012。
8. 《再生骨料应用技术规程》JGJ/T 240—2011。

2.3.3 检验内容和使用要求

1. 检验内容

（1）混凝土用碎石或卵石每验收批至少应进行颗粒级配、含泥量、泥块含量、针片状颗粒含量检测；对于长期处于潮湿环境的重要混凝土结构用石，应进行碱活性检验；对于重要工程及特殊工程，应根据工程要求增加检测项目；对其他指标的合格性有怀疑时，应予检验（依据 JGJ 52—2006）。

（2）制备混凝土的再生粗骨料，应对其泥块含量、吸水率、压碎指标和表观密度进行检验。

2. 使用要求

（1）混凝土中用石，其最大颗粒粒径不得超过构件截面最小尺寸的 1/4，且不得超过

钢筋最小净间距的3/4；对混凝土实心板，石材的最大粒径不宜超过板厚的1/3，且不得超过40mm。

（2）石材在运输、装卸和堆放过程中，应防止颗粒离析、混入杂质，并应按产地、种类、规格分别堆放。碎石或卵石的堆料高度不宜超过5m，对于单粒级或最大粒径不超过20mm的连续粒级，其堆料高度可增加到10m。

（3）Ⅰ类再生粗骨料可用于配制各种强度等级的混凝土；Ⅱ类再生粗骨料宜用于配制C40及以下强度等级的混凝土；Ⅲ类再生粗骨料可用于配制C25及以下强度等级的混凝土，不宜用于配制有抗冻性要求的混凝土。

（4）再生骨料不得用于配制预应力混凝土。

（5）再生粗骨料储存时，应按类别、规格分别堆放，防止人为碾压和产品污染。

2.3.4 取样要求

1. 取样批量

（1）使用单位应按石的同产地同规格分批验收。采用大型工具（如火车、货船或汽车）运输的，应以400m³或600t为一验收批；采用小型工具（如拖拉机等）运输的，应以200m³或300t为一验收批。不足上述量者，应按一验收批进行验收。

（2）当石的质量比较稳定、进料量又较大时，可以1000t为一验收批。

（3）石的数量验收，可按重量计算，也可按体积计算。测定重量，可用汽车地量衡或船舶吃水线；测定体积，可按车皮或船舶的容积为依据。采用其他小型运输工具时，可按量方确定。

（4）再生骨料进场应按同一厂家、同一类别、同一规格、同一批次，每400m³或600t为一个检验批，不足400m³或600t的应按一批计。

2. 试样数量

（1）对于每一单项检验项目，碎石或卵石的每组样品取样数量应满足表2.3-1的规定。当需要做多项检验时，可在确保样品经一项试验后不致影响其他试验结果的前提下，用同组样品进行多项不同的试验。

每一单项检验项目所需碎石或卵石的最小取样重量（kg） 表2.3-1

试验项目	最大公称粒径（mm）							
	10.0	16.0	20.0	25.0	31.5	40.0	63.0	80.0
筛分析	8	15	16	20	25	32	50	64
含泥量	8	8	24	24	40	40	80	80
泥块含量	8	8	24	24	40	40	80	80
针、片状含量	1.2	4	8	12	20	40	—	—
表观密度	8	8	8	8	12	16	24	24
含水率	2	2	2	2	3	3	4	6
吸水率	8	8	16	16	16	24	24	32
堆积密度、紧密密度	40	40	40	40	80	80	120	120
硫化物及硫酸盐	1.0							

注：有机物含量、坚固性、压碎值指标及碱骨料反应检验，应按试验要求的粒级及重量取样。

（2）混凝土用再生粗骨料单项试验的最小取样数量应符合表2.3-2的规定。

再生粗骨料单项试验取样数量（kg） **表 2.3-2**

试验项目	各最大粒径（mm）下的最小取样数量				
	9.5	16.0	19.0	26.5	31.5
颗粒级配	10	16	19	25	32
微粉含量	8	8	24	24	40
泥块含量	8	8	24	24	40
针、片状颗粒含量	8	8	16	16	20
表观密度	8	8	8	8	12
空隙率	40	40	40	40	80
吸水率	8	8	24	24	40

注：有机物含量、坚固性、硫化物及硫酸盐含量、压碎值指标及氯化物含量检验，应按试验要求的粒级及数量取样。

3. 取样方法

每验收批取样方法应按下列规定执行：

(1) 从料堆上取样时，取样部位应均匀分布。取样前应先将取样部位表层铲除，然后由各部位抽取大致相等的石材 16 份，组成一组样品。

(2) 从皮带运输机上取样时，应在皮带运输机机尾的出料处用接料器定时抽取石材 8 份组成一组样品。

(3) 从火车、汽车、货船上取样时，应从不同部位和深度抽取大致相等的石材 16 份，组成一组样品。

(4) 每组样品应妥善包装，避免细料散失，防止污染，并附样品卡片，标明样品的编号、取样时间、代表数量、产地、样品量、要求检验项目及取样方式等。

2.3.5 技术要求

1. 颗粒级配

(1) 碎石或卵石的颗粒级配，应符合表 2.3-3 的规定，混凝土用石应采用连续粒级。

碎石或卵石的颗粒级配范围 **表 2.3-3**

级配情况	公称粒级（mm）	累计筛余，按质量（%）											
		方孔筛筛孔边长尺寸（mm）											
		2.36	4.75	9.5	16.0	19.0	26.5	31.5	37.5	53	63	75	90
连续粒级	5～10	95～100	80～100	0～15	0	—	—	—	—	—	—	—	—
	5～16	95～100	85～100	30～60	0～10	0	—	—	—	—	—	—	—
	5～20	95～100	90～100	40～80	—	0～10	0	—	—	—	—	—	—
	5～25	95～100	90～100	—	30～70	—	0～5	0	—	—	—	—	—
	5～31.5	95～100	90～100	70～90	—	15～45	—	0～5	0	—	—	—	—
	5～40	—	95～100	70～90	—	30～65	—	—	0～5	0	—	—	—
单粒级	10～20	—	95～100	85～100	—	0～13	0	—	—	—	—	—	—
	16～31.5	—	95～100	—	85～100	—	—	0～10	—	—	—	—	—
	20～40	—	—	95～100	—	80～100	—	—	0～10	0	—	—	—
	31.5～63	—	—	—	95～100	—	—	75～100	45～75	—	0～10	0	—
	40～80	—	—	—	—	95～100	—	—	70～100	—	30～60	0～10	0

（2）再生粗骨料的颗粒级配应符合表 2.3-4 的规定。

再生粗骨料颗粒级配　　表 2.3-4

公称粒径（mm）		累计筛余（%）							
		方孔筛筛孔边长尺寸（mm）							
		2.36	4.75	9.5	16.0	19.0	26.5	31.5	37.5
连续粒级	5～16	95～100	85～100	30～60	0～10	0	—	—	—
	5～20	95～100	90～100	40～80	—	0～10	0	—	—
	5～25	95～100	90～100	—	30～70	—	0～5	0	—
	5～31.5	95～100	90～100	70～90	—	15～45	—	0～5	0
单粒级	5～10	95～100	80～100	0～15	0	—	—	—	—
	10～20	—	95～100	85～100	—	0～13	0	—	—
	16～31.5	—	95～100	—	85～100	—	—	0～10	—

（3）单粒级宜用于组合成满足要求的连续粒级；也可与连续粒级混合使用，以改善其级配或配成较大粒度的连续粒级。

（4）当卵石的颗粒级配不符合表 2.3-3 的要求时，应采取措施并经试验证实能确保工程质量后，方允许使用。

（5）配制抗渗、抗冻混凝土时宜采用连续级配，抗渗混凝土其碎石最大粒径不宜大于 40mm。

（6）对于强度等级为 C60 的混凝土，最大粒径不应大于 31.5mm，对强度等级高于 C60 级的混凝土，其最大粒径不应大于 25mm。

（7）泵送混凝土粗骨料宜采用连续级配，泵送混凝土粗骨料最大粒径与输送管径之比宜符合下列要求：泵送高度小于 50m 时，小于等于 1∶3.0；泵送高度 50～100m 时，小于等于 1∶4.0；泵送高度大于 100m 时，小于等于 1∶5.0。

（8）大体积混凝土所采用的粗骨料，粒径宜为 5.0～31.5mm，并应连续级配。

（9）配制结构加固用混凝土，对拌合混凝土骨料最大粒径不应大于 20mm；对于喷射混凝土骨料最大粒径不应大于 12mm；对掺加短纤维的混凝土骨料最大粒径不应大于 10mm。

2. 针、片状颗粒含量

（1）碎石或卵石中针、片状颗粒含量应符合表 2.3-5 的规定。

针、片状颗粒含量　　表 2.3-5

混凝土强度等级	≥C60	C55～C30	≤C25
针、片状颗粒含量（按质量计，%）	≤8	≤15	≤25

（2）对高强混凝土，粗骨料中针、片状颗粒含量不宜大于 5.0%，且不应大于 8%。

（3）对泵送混凝土，粗骨料中针、片状颗粒含量不宜大于 10%。

3. 含泥量

（1）碎石或卵石中含泥量应符合表 2.3-6 的规定。

碎石或卵石中含泥量 **表 2.3-6**

混凝土强度等级	≥C60	C30～C55	≤C25
含泥量（按质量计，%）	≤0.5	≤1.0	≤2.0

（2）对于有抗冻、抗渗或其他特殊要求的混凝土，其所用碎石或卵石中含泥量不应大于1.0%。

（3）当碎石或卵石的含泥是非黏土质的石粉时，其含泥量可由表 2.3-7 的 0.5%、1.0%、2.0%，分别提高到 1.0%、1.5%、3.0%。

（4）大体积混凝土粗骨料含泥量不应大于 1%。

4. 泥块含量

（1）碎石或卵石中泥块含量应符合表 2.3-7 的规定。

碎石或卵石中泥块含量 **表 2.3-7**

混凝土强度等级	≥C60	C30～C55	≤C25
泥块含量（按质量计，%）	≤0.2	≤0.5	≤0.7

（2）再生粗骨料的泥块含量应符合表 2.3-8 的规定。

再生粗骨料的泥块含量 **表 2.3-8**

项目	Ⅰ类	Ⅱ类	Ⅲ类
泥块含量（按质量计，%）	<1.0	<2.0	<3.0

（3）对于有抗冻、抗渗或其他特殊要求的强度等级小于 C30 的混凝土，其所用碎石或卵石中泥块含量不应大于 0.5%。

5. 强度

（1）碎石的强度可用岩石的抗压强度和压碎值指标表示。

（2）当混凝土强度等级大于或等于 C60 时，应进行岩石抗压强度检验。岩石的抗压强度应比所配制的混凝土强度至少高 20%。

（3）岩石强度首先应由生产单位提供，工程中可采用压碎值指标进行质量控制。碎石的压碎值指标应符合表 2.3-9 的规定。

碎石的压碎值指标 **表 2.3-9**

岩石品种	混凝土强度等级	碎石压碎值指标（%）
沉积岩	C40～C60	≤10
	≤C35	≤16
变质岩或深成的火成岩	C40～C60	≤12
	≤C35	≤20
喷出的火成岩	C40～C60	≤13
	≤C35	≤30

注：沉积岩包括石灰岩、砂岩等；变质岩包括片麻岩、石英岩等；深成火成岩包括花岗石、正长岩、闪长岩和橄榄岩等；喷出的火成岩包括玄武岩和辉绿岩等。

（4）卵石的强度可用压碎值指标表示，其压碎值指标宜符合表 2.3-10 的规定。

卵石的压碎值指标 **表 2.3-10**

混凝土强度等级	C40～C60	≤C35
压碎值指标（%）	≤12	≤16

（5）再生粗骨料的压碎指标值应符合表 2.3-11 的规定。

再生粗骨料的压碎指标值 **表 2.3-11**

项目	Ⅰ类	Ⅱ类	Ⅲ类
压碎指标（按质量计，%）	<12	<20	<30

6. 坚固性

碎石或卵石的坚固性应用硫酸钠溶液法检验，试样经 5 次循环后，其质量损失应符合表 2.3-12 的规定。

碎石或卵石的坚固性指标 **表 2.3-12**

混凝土所处的环境条件及其性能要求	5 次循环后的质量损失（%）
在严寒及寒冷地区室外使用，并经常处于潮湿或干湿交替状态下的混凝土；有腐蚀性介质作用或经常处于水位变化区的地下结构或有抗疲劳、耐磨、抗冲击等要求的混凝土	≤8
在其他条件下使用的混凝土	≤12

7. 有害物质含量

当碎石或卵石中含有颗粒状硫酸盐或硫化物杂质时，应进行专门检验，确认能满足混凝土耐久性要求后，方可采用。碎石或卵石中的硫化物和硫酸盐含量以及卵石中有机物等有害物质含量，应符合表 2.3-13 要求。

建筑用石中的有害物质含量 **表 2.3-13**

项目	质量要求
硫化物及硫酸盐含量（折算成 SO_3，按质量计，%）	≤1.0
卵石中有机物含量（用比色法试验）	颜色应不深于标准色。当颜色深于标准色时，应配置成混凝土进行强度对比试验，抗压强度比应不低于 0.95

8. 碱活性检验

（1）对于长期处于潮湿环境的重要结构混凝土，其所使用的碎石或卵石应进行碱活性检验。

（2）当判定骨料存在碱-碳酸盐反应危害时，不宜用作混凝土骨料；否则，应通过专门的混凝土试验，做最后评定。

（3）当判定骨料存在潜在碱-硅反应危害时，应控制混凝土中的碱含量不超过 $3kg/m^3$，或采用能抑制碱-骨料反应的有效措施。

（4）大体积混凝土应选用非碱活性的粗骨料。

（5）经碱骨料反应试验后，由再生粗骨料制备的试件无裂缝、酥裂或胶体外溢等现象，膨胀率应小于0.10%。

9. 含水量

现场拌制混凝土前，应测定石含水率，并根据测试结果调整材料用量，提出施工配合比。

10. 混凝土用再生骨料的表观密度和空隙率应符合表2.3-14的规定。

再生骨料的表观密度和空隙率 表2.3-14

项目	Ⅰ类	Ⅱ类	Ⅲ类
表观密度（kg/m³）	>2450	>2350	>2250
空隙率（%）	<47	<50	<53

11. 复验

除筛分析外，当其余检测项目存在不合格项时，应加倍取样进行复验。当复验仍有一项不满足标准要求时，应按不合格品处理。

2.4 混凝土用外加剂和掺合料

2.4.1 概述

混凝土外加剂是混凝土中除胶凝材料、骨料、水和纤维组分以外，在混凝土拌制之前或拌制过程中加入的，用以改善新拌合（或）硬化混凝土性能，对人、生物及环境全无有害影响的材料。各种混凝土外加剂的应用促进了混凝土新技术的发展，促进了工业副产品在胶凝材料系统中更多的应用，还有助于节约资源和环境保护，已经逐步成为优质混凝土必不可少的材料。作为混凝土不可或缺的第五组分，科学、合理和有效的应用，对满足设计和施工要求、保证工程质量和促进外加剂技术进步具有重要的意义。常用混凝土外加剂种类较多，按《混凝土外加剂术语》GB/T 8075—2017所明确的外加剂产品共有23类，其中常用的有：普通减水剂、高效减水剂、聚羧酸系高性能减水剂、引气剂、引气减水剂、早强剂、缓凝剂、泵送剂、防冻剂、速凝剂、膨胀剂、防水剂、阻锈剂等。

混凝土用矿物掺合料是以硅、铝、钙等一种或多种氧化物为主要成分，具有规定细度，掺入混凝土中能改善混凝土性能的粉体材料。矿物掺合料科学合理地广泛应用，改善了混凝土的性能、提高了工程质量、延长混凝土结构物使用寿命。矿物掺合料主要有：粉煤灰、粒化高炉矿渣粉、硅灰、石灰石粉、钢渣粉、磷渣粉、沸石粉、复合矿物掺合料等。

2.4.2 依据标准

1.《混凝土外加剂》GB 8076—2008。
2.《混凝土外加剂应用技术规范》GB 50119—2013。
3.《混凝土结构工程施工质量验收规范》GB 50204—2015。
4.《建筑结构加固工程施工质量验收规范》GB 50550—2010。
5.《用于水泥和混凝土中的粉煤灰》GB/T 1596—2017。

6.《用于水泥、砂浆和混凝土中的粒化高炉矿渣粉》GB/T 18046—2017。

7.《混凝土膨胀剂》GB/T 23439—2017。

8.《砂浆和混凝土用硅灰》GB/T 27690—2011。

9.《钢铁渣粉》GB/T 28293—2012。

10.《矿物掺合料应用技术规范》GB/T 51003—2014。

11.《砂浆、混凝土防水剂》JC 474—2008。

12.《混凝土防冻剂》JC 475—2004。

13.《普通混凝土配合比设计规程》JGJ 55—2011。

14.《钢筋阻锈剂应用技术规程》JGJ/T 192—2009。

15.《石灰石粉在混凝土中应用技术规程》JGJ/T 318—2014。

16.《混凝土用粒化电炉磷渣粉》JG/T 317—2011。

2.4.3 检验内容和使用要求

1. 检验内容

（1）根据《混凝土外加剂应用技术规范》GB 50119—2013 要求，外加剂进场时，应对其相关性能指标进行检验，检验项目应符合表 2.4-1 的规定。

外加剂进场检验项目 表 2.4-1

外加剂品种		检验项目
普通减水剂	标准型	pH 值、密度（细度）、含固量（含水率）、减水率
	早强型	pH 值、密度（细度）、含固量（含水率）、减水率、1d 抗压强度比
	缓凝型	pH 值、密度（细度）、含固量（含水率）、减水率、凝结时间差
高效减水剂	标准型	pH 值、密度（细度）、含固量（含水率）、减水率
	缓凝型	pH 值、密度（细度）、含固量（含水率）、减水率、凝结时间差
高性能减水剂（聚羧酸）	标准型	pH 值、密度（细度）、含固量（含水率）、减水率
	早强型	pH 值、密度（细度）、含固量（含水率）、减水率、1d 抗压强度比
	缓凝型	pH 值、密度（细度）、含固量（含水率）、减水率、凝结时间差
引气剂		pH 值、密度（细度）、含固量（含水率）、含气量、含气量经时损失
引气减水剂		pH 值、密度（细度）、含固量（含水率）、减水率、含气量、含气量经时损失
早强剂		密度（细度）、含固量（含水率）、1d 抗压强度比
缓凝剂		密度（细度）、含固量（含水率）、凝结时间差
泵送剂		pH 值、密度（细度）、含固量（含水率）、减水率、坍落度 1h 经时变化值
防冻剂	标准型	密度（细度）、含固量（含水率）、含气量、碱含量、氯离子含量
	复合型	密度（细度）、含固量（含水率）、减水率、含气量、碱含量、氯离子含量
速凝剂		密度、水泥净浆初终凝
膨胀剂		水中 7d 限制膨胀率、细度
防水剂		密度（细度）、含固量（含水率）
阻锈剂		pH 值、密度（细度）、含固量（含水率）

注：密度、含固量检验适用于液体外加剂，细度、含水量检验适用于粉状外加剂。

（2）根据《矿物掺合料应用技术规范》GB/T 51003—2014 要求，混凝土用矿物掺合料进场时，应对其相关技术指标进行检验，检验项目应符合表 2.4-2 的要求。

矿物掺合料检验项目 表 2.4-2

掺合料品种	检验项目
粉煤灰	细度（45μm 筛余）、需水量比、烧失量、安定性（C类粉煤灰）
粒化高炉矿渣粉	比表面积、活性指数（7d、28d）、流动度比
硅灰	烧失量、需水量比
石灰石粉	细度（45μm 筛余）、活性指数（7d、28d）、流动度比、安定性
钢渣粉	比表面积、活性指数（7d、28d）、流动度比、安定性
磷渣粉	比表面积、活性指数（7d、28d）、流动度比、安定性
沸石粉	活性指数（28d）、细度（80μm 筛余）、需水量比、吸铵值
复合矿物掺合料	细度（比表面积或筛余量）、活性指数（7d、28d）、流动度比

2. 使用要求

(1) 当不同供方、不同品种的外加剂同时使用时，应经试验验证，并应确保混凝土性能满足设计和施工要求后再使用。

(2) 含有六价铬盐、亚硝酸盐和硫氰酸盐成分的混凝土外加剂，严禁用于饮水工程中建成后与饮用水直接接触的混凝土。

(3) 含有强电解质无机盐的早强型普通减水剂、早强剂、防冻剂和防水剂，严禁用于下列混凝土结构：

① 与镀锌钢材或铝铁相接触部位的混凝土结构；

② 有外露钢筋预埋铁件而无防护措施的混凝土结构；

③ 使用直流电源的混凝土结构；

④ 距高压直流电源 100m 以内的混凝土结构。

(4) 含有氯盐的早强型普遍减水剂、早强剂、防水剂和氯盐类防冻剂，严禁用于预应力混凝土、钢筋混凝土和钢纤维混凝土结构。

(5) 含有硝酸铵、碳酸铵的早强型普遍减水剂、早强剂和含有硝酸铵、碳酸铵、尿素的防冻剂，严禁用于办公、居住等有人员活动的建筑工程。

(6) 含有亚硝酸盐、碳酸盐的早强型普通减水剂、早强剂、防冻剂和合亚硝酸盐的阻锈剂，严禁用于预应力混凝土结构。

(7) 应检验外加剂与混凝土原材料的相容性，符合要求后再使用。

(8) 粉状外加剂应防止受潮结块，有结块时，应进行检验，合格者应经粉碎至全部通过公称直径为 630μm 方孔筛后再使用；液体外加剂应贮存在密闭容器内，并应防晒和防冻，有沉淀、异味、漂浮等现象时，应经检验合格后再使用。

(9) 外加剂在贮存、运输和使用过程中应根据不同种类和品种分别采取安全防护措施。

(10) 抗冻等级不小于 F100 的抗冻混凝土宜掺用引气剂。

(11) 高强混凝土宜采用减水率不小于 25%的高性能减水剂。

(12) 抗渗混凝土宜掺用外加剂和矿物掺合料，粉煤灰等级应为Ⅰ级或Ⅱ级。

(13) 矿物掺合料储存期超过 3 个月时，使用前应按表 2.4-2 进行复验。

（14）高强混凝土宜复合掺用粒化高炉矿渣粉、粉煤灰和硅灰等矿物掺合料；粉煤灰等级不应低于Ⅱ级；对强度等级不低于 C80 的高强混凝土宜掺用硅灰。

（15）泵送混凝土应掺用泵送剂或减水剂，并宜掺用矿物掺合料。

（16）大体积混凝土宜掺用矿物掺合料和缓凝型减水剂。

（17）矿物掺合料在混凝土中的掺量应通过试验确定，且不应超过《普通混凝土配合比设计规程》JGJ 55—2011 所规定的最大掺量。

（18）矿物掺合料储存时，应符合有关环境保护的规定，不得与其他材料混杂。

2.4.4 取样要求

1. 根据《混凝土结构工程施工质量验收规范》GB 50204—2015 要求，混凝土外加剂进场时，应按同一厂家、同一品种、同一性能、同一批号且连续进场的混凝土外加剂，不超过 50t 为一批，每批抽样数量不应少于一次。

2. 根据《混凝土外加剂应用技术规范》GB 50119—2013 规定，外加剂进场时，同一供方、同一品种的外加剂，应按表 2.4-3 规定的检验项目与检验批量进行检验与验收。

外加剂组批规则和取样数量　　表 2.4-3

<table>
<tr><th>外加剂种类</th><th>组批规则</th><th>取样数量</th></tr>
<tr><td>普通减水剂</td><td rowspan="9">按每 50t 为一检验批，不足 50t 也应按一个检验批计</td><td rowspan="12">取样量不少于 0.2t 胶凝材料所需用的减水剂量。每一检验批取样应充分混匀，并应分为两等份：其中一份按本表要求进行检验，另一份应密封封存留样保存半年，有疑问时，应进行对比检验</td></tr>
<tr><td>高效减水剂</td></tr>
<tr><td>高性能减水剂</td></tr>
<tr><td>早强剂</td></tr>
<tr><td>泵送剂</td></tr>
<tr><td>速凝剂</td></tr>
<tr><td>防水剂</td></tr>
<tr><td>引气减水剂</td></tr>
<tr><td>阻锈剂</td></tr>
<tr><td>防冻剂</td><td>按每 100t 为一检验批，不足 100t 也应按一个检验批计</td></tr>
<tr><td>缓凝剂</td><td>按每 20t 为一检验批，不足 20t 也应按一个检验批计</td></tr>
<tr><td>引气剂</td><td>按每 10t 为一检验批，不足 10t 也应按一个检验批计</td></tr>
<tr><td>膨胀剂</td><td>按每 200t 为一检验批，不足 200t 也应按一个检验批计</td><td>取样量不少于 10kg。每一检验批取样应充分混匀，并应分为两等份：其中一份按本表要求进行检验，另一份应密封封存留样保存半年，有疑问时，应进行对比检验</td></tr>
</table>

3. 根据《混凝土结构工程施工质量验收规范》GB 50204—2015 及《矿物掺合料应用技术规范》GB/T 51003—2014 规定，矿物掺合料进场时，应按批进行检验，其组批条件及批量应符合表 2.4-4 规定。

矿物掺合料组批条件及批量 **表 2.4-4**

矿物掺合料名称	组批条件	批量	取样数量
粉煤灰	同一厂家、同一品种、同一技术指标、同一批号且连续供应	200t 为一批，不足 200t 按一批计	散装矿物掺合料：从每批连续购进的任意3个罐体各取等量试样一份，每份不少于5.0kg，混合搅拌均匀，用四分法缩取比试验需要量大一倍的试样量。 袋装矿物掺合料：从每批中任抽10袋，从每袋中各取等量试样一份，每份不少于1.0kg，混合搅拌均匀，用四分法缩取比试验需要量大一倍的试样量
石灰石粉			
钢渣粉			
磷渣粉			
粒化高炉矿渣粉		500t 为一批，不足 500t 按一批计	
复合矿物掺合料			
硅灰		30t 为一批，不足 30t 按一批计	
沸石粉		120t 为一批，不足 120t 按一批计	

2.4.5 技术要求

1. 依据《混凝土外加剂》GB 8076—2008，混凝土用外加剂的性能指标应符合表 2.4-5～表 2.4-9 的要求。

外加剂性能指标 **表 2.4-5**

外加剂品种		检验项目							
		减水率（%），不小于	1d 抗压强度比（%），不小于	凝结时间差（min）	含气量（%）	含气量经时损失（%）	碱含量	坍落度 1h 经时变化值（mm）	水泥净浆初终凝（min）
普通减水剂	标准型	8	—	—	—	—	—	—	—
	早强型	8	135	—	—	—	—	—	—
	缓凝型	8	—	初凝＞+90	—	—	—	—	—
高效减水剂	标准型	14	—	—	—	—	—	—	—
	缓凝型	14	—	初凝＞+90	—	—	—	—	—
高性能减水剂（聚羧酸）	标准型	25	—	—	—	—	—	—	—
	早强型	25	180	—	—	—	—	—	—
	缓凝型	25	—	初凝＞+90	—	—	—	—	—
引气剂		—	—	—	≥3.0	−1.5～+1.5	—	—	—
引气减水剂		10	—	—	≥3.0	−1.5～+1.5	—	—	—
早强剂		—	135	—	—	—	不超过生产厂提供最大值	—	—
缓凝剂		—	—	初凝＞+90	—	—	—	—	—
泵送剂		12	—	—	—	—	—	等候时间＜60min，≤80	—
防冻剂	标准型	—	—	—	≥2.5	—	不超过生产厂提供最大值	—	—
	复合型	10	—	—	≥2.5	—		—	—
速凝剂		—	—	—	—	—	—	—	初凝≤3；终凝≤8

外加剂匀质性指标　　表 2.4-6

项目	指标
氯离子含量（%）	不超过生产厂控制值
总碱量（%）	不超过生产厂控制值
含固量（%）	S＞25%时，应控制在 0.95S～1.05S； S≤25%时，应控制在 0.90S～1.10S
含水率（%）	W＞5%时，应控制在 0.90W～1.10W； W≤5%时，应控制在 0.80W～1.20W
密度（g/cm^3）	D＞1.1 时，应控制在 D±0.03； D≤1.1 时，应控制在 D±0.02
细度	应在生产厂控制范围内
pH 值	应在生产厂控制范围内
硫酸钠含量（%）	不超过生产厂控制值

注：1. 生产厂应在相关的技术资料中明示产品匀质性指标的控制值；
2. 对相同和不同批次之间的匀质性和等效性的其他要求，可由供需双方商定；
3. 表中的 S、W 和 D 分别为含固量、含水率和密度的生产厂控制值。

2. 依据《混凝土膨胀剂》GB/T 23439—2017，混凝土用膨胀剂的性能指标应符合表 2.4-7 的要求。

混凝土膨胀剂性能指标　　表 2.4-7

检验项目			性能指标	
			Ⅰ型	Ⅱ型
限制膨胀率	水中 7d	≥	0.035	0.050
细度	比表面积（m^2/kg）	≥	200	
	1.18mm 筛余（%）	≤	0.5	

3. 依据《砂浆、混凝土防水剂》JC 474—2008，防水剂的性能指标应符合表 2.4-8 的要求。

砂浆、混凝土防水剂性能指标　　表 2.4-8

试验项目	指标
密度（g/cm^3）	D＞1.1 时，要求为 D±0.03 D≤1.1 时，要求为 D±0.02 D 是生产厂提供的密度值
细度（%）	0.315mm 筛筛余应小于 15%
含水率（%）	W≥5%时，0.90W≤X＜1.10W W＜5%时，0.80W≤X＜1.20W W 是生产厂提供的含水率（质量%） X 是测试的含水率（质量%）
固体含量（%）	S≥20%时，0.95S≤X＜1.05S S＜20%时，0.90S≤X＜1.10W S 是生产厂提供的固体含量（质量%） X 是测试的固体含量（质量%）

4. 混凝土用矿物掺合料的技术指标应符合表 2.4-9 的要求。

矿物掺合料 **表 2.4-9**

掺合料品种		细度（筛余，%）		比表面积（m^2/kg）	需水量比（%）	烧失量（%）	安定性	活性指数（%）		流动度比（%）	吸铵值（mmol/100g）
		45μm	80μm					7d	28d		
粉煤灰F类	Ⅰ级	≤12.0	—	—	≤95	≤5.0	—	—	—	—	—
	Ⅱ级	≤25.0	—	—	≤105	≤8.0	—	—	—	—	—
粉煤灰C类	Ⅰ级	≤12.0	—	—	≤95	≤5.0	合格	—	—	—	—
	Ⅱ级	≤25.0	—	—	≤105	≤8.0		—	—	—	—
粒化高炉矿渣粉	S105	—	—	≥500	—	—	—	≥95	≥105	≥95	—
	S95	—	—	≥400	—	—	—	≥75	≥95	≥95	—
	S75	—	—	≥300	—	—	—	≥55	≥75	≥95	—
硅灰		—	—	—	≤125	≤6.0	—	—	—	—	—
石灰石粉		≤15	—	—	—	—	合格	≥60	≥60	≥100	—
钢渣粉	一级	—	—	≥400	—	—	合格	≥65	≥80	≥90	—
	二级	—	—		—	—		≥55	≥65		—
磷渣粉	L95	—	—	≥350	—	—	合格	≥70	≥95	≥90	—
	L85	—	—		—	—		≥60	≥85		—
	L70	—	—		—	—		≥50	≥70		—
沸石粉	Ⅰ级	—	≤4	—	≤125	—	—	—	≥75	—	≥130
	Ⅱ级	—	≤10	—	≤120	—	—	—	≥70	—	≥100
复合矿物掺合料		≤12	—	≥350	—	—	—	≥50	≥75	≥100	—

2.5 混凝土

2.5.1 概述

混凝土是由胶凝材料、水、粗细骨料，按适当比例配合，必要时掺入一定数量的外加剂和矿物掺合料，经均匀搅拌、密实成型和养护硬化而成的人造石材。混凝土的原材料丰富、成本低，具有适应性强、抗压强度高、耐久性好、施工方便，且能消纳大量的工业废料等优点，是各项建设工程不可缺少的重要的工程材料。

根据表观密度分类，混凝土可分为重混凝土、普通混凝土、轻混凝土等；根据采用胶凝材料的不同，混凝土可分为水泥混凝土、石膏混凝土、沥青混凝土、聚合物水泥混凝土、水玻璃混凝土等；按生产工艺和施工方法分类，可分为泵送混凝土、喷射混凝土、压力混凝土、离心混凝土、碾压混凝土等；按使用功能可分为结构混凝土、水工混凝土、道路混凝土、特种混凝土等。

根据拌合方式的不同，混凝土分为自拌混凝土和预拌混凝土。自拌混凝土是指将原材料（水泥、砂、石等）运送到施工现场，在施工现场人工加水后拌合使用的混凝土。由于原材料质量不稳定、施工现场存储环境不良以及混合比例不精确，自拌混凝土质量波动较大，文明施工程度低并容易造成污染环境。因此，国家早于2003年即已发布相关法规（商改发［2003］341号文），明文规定在全国124个城市城区范围内禁止现场搅拌混凝土，并同时规定预拌混凝土和干混砂浆生产企业全部使用散装水泥。预拌混凝土是指水泥、砂、石、水以及根据需要掺入的外加剂、矿物掺合料等组分按一定比例，在搅拌站经计量、集中拌制后出售的并采用搅拌运输车，在规定时间内运至使用地点的混凝土拌合物。

2.5.2 依据标准

1.《混凝土结构设计规范》GB 50010—2010。
2.《混凝土质量控制标准》GB 50164—2011。
3.《建筑地基基础工程施工质量验收标准》GB 50202—2018。
4.《混凝土结构工程施工质量验收规范》GB 50204—2015。
5.《地下防水工程质量验收规范》GB 50208—2011。
6.《建筑地面工程施工质量验收规范》GB 50209—2010。
7.《人民防空工程施工及验收规范》GB 50134—2004。
8.《大体积混凝土施工标准》GB 50496—2018。
9.《建筑结构加固工程施工质量验收规范》GB 50550—2010。
10.《混凝土结构工程施工规范》GB 50666—2011
11.《预拌混凝土》GB/T 14902—2012。
12.《普通混凝土拌合物性能试验方法标准》GB/T 50080—2016。
13.《混凝土物理力学性能试验方法标准》GB/T 50081—2019。
14.《混凝土强度检验评定标准》GB/T 50107—2010。
15.《普通混凝土长期性能和耐久性能试验方法标准》GB/T 50082—2009。
16.《普通混凝土配合比设计规程》JGJ 55—2011。
17.《无粘结预应力混凝土结构技术规程》JGJ 92—2016。
18.《海砂混凝土应用技术规范》JGJ 206—2010。
19.《混凝土耐久性能检验评定标准》JGJ/T 193—2009。
20.《高强混凝土应用技术规程》JGJ/T 281—2012。

2.5.3 检验内容和使用要求

1. 检验内容

（1）配合比

混凝土配合比设计应满足混凝土配制强度及其他力学性能、拌合物性能、长期性能和耐久性能的设计要求。

（2）混凝土强度

混凝土强度应分批进行检验评定。一个检验批的混凝土应由强度等级相同、试验龄期相同、生产工艺条件和配合比基本相同的混凝土组成。按《混凝土结构工程施工质量验收规范》GB 50204—2015 规定，划入同一检验批的混凝土，其施工持续时间不宜超过 3 个月，检验评定混凝土强度时，应采用 28d 或设计龄期的标准养护试件。

混凝土强度等级应按立方体抗压强度标准值确定，立方体抗压强度标准值系指按照标准方法制作养护的边长为 150mm 的立方体试件，在 28d 或设计规定龄期以标准试验方法测得的具有 95％保证率的抗压强度值。混凝土强度等级应按立方体抗压强度标准值确定，包括C10、C15、C20、C25、C30、C35、C40、C45、C50、C55、C60、C65、C70、C75、C80、C85、C90、C95和C100共19个强度等级。

（3）结构实体混凝土强度

结构实体混凝土强度应按不同强度等级分别检验，检验方法宜采用同条件养护试件方法；当未取得同条件养护试件强度或同条件养护试件强度不符合要求时，可采用回弹—取芯法进行检验（详见“3.2 结构混凝土抗压强度现场检测”）。混凝土强度检验时的等效养护龄期可取日平均温度逐日累计达到600℃·d时所对应的龄期，且不应小于14d。日平均温度为0℃及以下的龄期不计入。对于设计规定标准养护试件验收龄期大于28d的大体积混凝土，混凝土实体强度检验的等效养护龄期也应相应按比例延长，如规定龄期为60d时，等效养护龄期的度日积为1200℃·d。

（4）混凝土耐久性能

混凝土耐久性检验项目可包括抗水渗透性能、抗冻性能、抗硫酸盐侵蚀性能、抗氯离子渗透性能、抗碳化性能和早期抗裂性能等。当有需要时，混凝土应按《混凝土耐久性能检验评定标准》JGJ/T 193—2009进行耐久性检验评定，检验评定的项目及其等级或限值应根据设计要求确定。

① 混凝土在含水状态下能经受多次冻融循环作用而不破坏，强度也不显著降低的性质，称为混凝土的抗冻性能。严寒及寒冷地区的潮湿环境中，结构混凝土应满足抗冻要求，混凝土抗冻等级应符合有关标准的要求。

② 混凝土抵抗压力水渗透的性能，称为混凝土的抗水渗透性能。抗水渗透试验所用试件应按现行国家标准《混凝土物理力学性能试验方法标准》GB/T 50081—2019中的规定制作和养护。混凝土抗水渗透性能分为：P4、P6、P8、P10、P12、＞P12，6个等级。有抗渗要求的混凝土结构，混凝土的抗渗等级应符合有关标准的要求。

③ 耐久性环境类别为四类（海水环境）和五类（受人为或自然的侵蚀性物质影响的环境）的混凝土结构，其耐久性要求应符合有关标准的规定。

（5）混凝土拌合物性能

① 对于骨料最大粒径不大于40mm、坍落度不小于10mm的混凝土拌合物以坍落度法测定其稠度；对于骨料最大粒径不大于40mm、坍落度不小于160mm的混凝土拌合物以扩展度法测定其稠度；对于骨料最大粒径不大于40mm、维勃稠度在5～30s的混凝土拌合物以维勃稠度法测试其干硬性。

混凝土拌合物稠度应满足施工方案的要求。

② 混凝土中的氯离子，可能引起混凝土结构中钢筋的锈蚀；混凝土含碱量过高，在一定条件下会导致碱骨料反应。钢筋锈蚀或碱骨料反应都将严重影响结构构件受力性能和耐久性。因此混凝土拌合物中水溶性氯离子含量应符合《混凝土质量控制标准》GB 50164—2011、《海砂混凝土应用技术规范》JGJ 206—2010的有关要求。

③ 当混凝土有抗冻要求时，应在施工现场进行混凝土含气量检验，含气量检验应按现行国家标准《普通混凝土拌合物性能试验方法标准》GB/T 50080—2016的规定进行，其检验结果应符合国家现行有关标准的规定和设计要求。

2. 使用要求

（1）素混凝土结构的混凝土强度等级不应低于C15；钢筋混凝土结构的混凝土强度等

级不应低于 C20；采用强度等级 400MPa 及以上的钢筋时，混凝土强度等级不应低于 C25。

（2）预应力混凝土结构的混凝土强度等级不宜低于 C40，且不应低于 C30。

（3）承受重复荷载的钢筋混凝土构件，混凝土强度等级不应低于 C30。

（4）大体积混凝土的设计强度宜为 C25～C50，并可采用混凝土 60d 或 90d 的强度作为混凝土配合比设计、混凝土强度评定及工程验收的依据。

（5）建筑地面用混凝土强度等级不应小于 C20。

2.5.4 取样要求

1. 取样批量及数量

（1）混凝土结构工程混凝土强度

用于检验结构构件混凝土强度的试件，应在混凝土浇筑地点随机抽取，对同一配合比混凝土，取样与试件留置应符合下列规定：

① 每拌制 100 盘且不超过 $100m^3$ 时，取样不得少于一次。

② 每工作班拌制不足 100 盘时，取样不得少于一次。

③ 当一次连续浇筑超过 $1000m^3$ 时，每 $200m^3$ 取样不得少于一次。

④ 每一楼层取样不得少于一次。

⑤ 每次取样应至少留置一组试件。

（2）混凝土结构工程结构实体混凝土强度（同条件养护）

对涉及混凝土结构安全的有代表性的部位应进行结构实体检验。其中，混凝土强度检验宜采用同条件养护试件方法。同条件养护试件的取样和留置，应符合下列规定：

① 同条件养护试件所对应的结构构件或结构部位，应由施工、监理等各方共同选定，且同条件养护试件的取样宜均匀分布于工程施工周期内；

② 同条件养护试件应在混凝土浇筑入模处见证取样；

③ 同条件养护试件应留置在靠近相应结构构件的适当位置，并应采取相同的养护方法；

④ 同一强度等级的同条件养护试件不宜少于 10 组，且不应少于 3 组。每连续两层楼取样不应少于 1 组；每 $2000m^3$ 取样不得少于 1 组。

（3）建筑地面工程水泥混凝土强度

检验同一施工批次、同一配合比水泥混凝土强度的试块，应按每一层（或检验批）建筑地面工程不应小于 1 组。当每一层（或检验批）建筑地面工程面积大于 $1000m^2$ 时，每增加 $1000m^2$ 应增做 1 组试块；小于 $1000m^2$ 按 $1000m^2$ 计算，取样 1 组；检验同一施工批次、同一配合比的散水、明沟、踏步、台阶、坡道的水泥混凝土强度的试块，应按每 150 延长米不少于 1 组。

（4）大体积混凝土强度

大体积混凝土施工过程中混凝土强度现场取样应符合以下规定：

① 当一次连续浇筑不大于 $1000m^3$ 同配合比的大体积混凝土时，混凝土强度试件现场取样不应少于 10 组。

② 当一次连续浇筑 $1000\sim5000m^3$ 混凝土配合比的大体积混凝土时，超出 $1000m^3$ 的混凝土，每增加 $500m^3$ 取样不应少于一组，增加不足 $500m^3$ 时取样一组。

③ 当一次连续浇筑大于 $5000m^3$ 同配合比的大体积混凝土时，超出 $5000m^3$ 的混凝土，每增加 $1000m^3$ 取样不应少于一组，增加不足 $1000m^3$ 时取样一组。

(5) 地基基础混凝土强度

① 灌注桩混凝土强度检验的试件应在施工现场随机抽取。来自同一搅拌站的混凝土，每 $50m^3$ 必须至少留置 1 组试件；当混凝土浇筑量不足 $50m^3$ 时，每连续浇筑 12h 必须至少留置 1 组试件。对单柱单桩，每根桩应至少留置 1 组试件。

② 地下连续墙墙身混凝土抗压强度试块每 $100m^3$ 混凝土不应少于 1 组，且每幅槽段不应少于 1 组，每组为 3 件。

(6) 人民防空工程混凝土强度

人民防空工程浇筑混凝土时，应按下列规定制作试块：

① 口部、防护密闭段应各制作一组试块。

② 每浇筑 $100m^3$ 混凝土应制作一组试块。

③ 变更水泥品种或混凝土配合比时，应分别制作试块。

(7) 建筑结构加固工程新增截面混凝土强度

加固工程中检查新增混凝土强度的试件，取样与留置试块应符合下列规定：

① 每拌制 50 盘（不足 50 盘，按 50 盘计）同一配合比的混凝土，取样不得少于一次。

② 每次取样应至少留置一组标准养护试块，同条件养护试块的留置组数应根据混凝土工程量及其重要性确定，且不应少于 3 组。

(8) 混凝土抗水渗透性能

对有抗渗要求的混凝土结构，其混凝土试件应在浇筑地点随机取样。同一工程、同一配合比的混凝土，取样不应少于一次，留置组数可根据实际需要确定。地下防水工程中防水混凝土抗渗试件应在浇筑地点制作。连续浇筑混凝土每 $500m^3$ 应留置一组标准养护抗渗试件（一组为 6 个抗渗试件），且每项工程不得少于两组。对于地下连续墙每 5 幅槽段不应少于 1 组。采用预拌混凝土的抗渗试件，留置组数应视结构的规模和要求而定。

(9) 结构混凝土拌合物稠度

混凝土拌合物稠度应满足施工方案的要求。检查数量：同上述"(1) 混凝土结构工程混凝土强度"。

(10) 混凝土拌合物氯离子含量

同一工程、同一配合比的混凝土拌合物的氯离子含量应至少检验 1 次；同一工程同一配合比和采用同一批海砂的混凝土的氯离子含量应至少检验 1 次。

(11) 其他耐久性指标

混凝土有其他耐久性指标要求时，应在施工现场随机抽取试件进行耐久性试验，检查数量：同一配合比的混凝土，取样不应少于一次。

2. 试件尺寸

混凝土试件的最小横截面尺寸应根据混凝土中骨料的最大粒径按表 2.5-1 选定。

混凝土抗压强度试块允许最小尺寸 **表 2.5-1**

骨料最大粒径（mm）	试件最小横截面尺寸（mm×mm）
31.5	100×100
37.5	150×150
63.0	200×200

（1）混凝土抗压强度试件

测定混凝土立方体抗压强度试验的试件尺寸和数量应符合下列规定：

① 根据骨料最大粒径，按表 2.5-1 选定相应混凝土试模尺寸。

② 标准试件是边长为 150mm 的立方体试件。

③ 边长为 100mm 和 200mm 的立方体试件是非标准试件。

④ 每组试件为 3 块。

⑤ 当混凝土强度等级不低于 C60 时，宜采用标准尺寸试件。

⑥ 当混凝土强度等级不低于 C60 时，宜采用铸铁或铸钢试模成型。

（2）混凝土抗渗试件采用顶面直径为 175mm，底面直径为 185mm，高度为 150mm 的圆台体，每组 6 块，试块在移入标准养护室以前，应用钢丝刷将顶面的水泥薄膜刷去。

（3）试模应符合现行行业标准《混凝土试模》JG 237 的有关规定，并应定期对试模进行核查，核查周期不宜超过三个月。

（4）混凝土抗压强度试件尺寸的测量

混凝土抗压强度试件尺寸的测量应符合下列规定：

① 试件的边长和高度宜采用游标卡尺进行测量，应精确至 0.01mm。

② 试件承压面的平面度可采用钢板尺和塞尺进行测量，结果应精确至 0.1mm。

③ 试件相邻面间的夹角应采用游标量角器进行测量，应精确至 0.1°。

试件的尺寸应符合下列规定：

① 试件各边长、直径和高的尺寸公差不得超过 1mm。

② 试件承压面的平面度公差不得超过 0.0005d，d 为试件边长。

③ 试件相邻面间的夹角应为 90°，其公差不得超过 0.5°。

3. 试件制作

（1）每组试件所用的拌合物应从同一盘混凝土或同一车混凝土中取样。

（2）用于交货检验的预拌混凝土试样应在交货地点采取。交货检验的混凝土试样的采取及坍落度试验应在混凝土运送到交货地点时开始算起 20min 内完成，强度试件的制作应在 40min 内完成。强度和坍落度试件的取样频率应符合结构混凝土强度试件取样的要求。每个试样应随机地从一盘或一运输车中抽取；混凝土试样应在卸料过程中卸料量的 1/4～3/4 之间采取。每个试样量应满足混凝土质量检验项目所需用量的 1.5 倍，且不宜少于 0.02m^3。预拌混凝土必须现场制作试块，作为结构混凝土强度评定依据。

（3）在制作试件前应检查试模尺寸并符合《混凝土试模》JG 237 的有关规定，试模内表面应涂一薄层矿物油或其他不与混凝土发生反应的隔离剂。

（4）根据混凝土拌合物的稠度或试验目的确定适宜的成型方法，混凝土应充分密实，避免分层离析。

（5）试件用振动台振实制作试件时，混凝土拌合物应一次装入试模，装料时应用抹刀沿试模壁插捣，并使混凝土拌合物高出试模口。试模应附着或固定在振动台上，振动应防止试模在振动台上自由跳动，振动应持续到混凝土表面出浆且无明显大气泡为止，不得过振。

（6）用人工插捣制作试件时，混凝土拌合物应分两层装入试模，每层装料厚度应大致相等。插捣按螺旋方向从边缘向中心均匀进行。在插捣底层混凝土时，捣棒（长 600mm，直径 16mm，端部磨圆）应达到试模底部，插捣上层时，捣棒应贯穿上层后插入下层 20～30mm。插捣时捣棒应保持垂直，不得倾斜，然后用抹刀沿试模内壁插拔数次。每层的插捣次数按 $10000mm^2$ 截面面积内不得少于 12 次。插捣后应用橡皮锤轻轻敲击试模四周，直至插捣棒留下的空洞消失为止。

（7）用插入式振动棒振实制作试件，应将混凝土拌合物一次装入试模，装料时应用抹刀沿各试模壁插捣，并使混凝土拌合物高出试模口。宜用直径为 ϕ25mm 的插入式振捣棒，插入试模振捣时，振捣棒距试模底板宜为 10～20mm 且不得触及试模底板，振动应持续到表面出浆且无明显大气泡为止，不得过振。振捣时间宜为 20s。振动棒拔出时应缓慢，拔出后不得留有孔洞。

（8）试件成型后刮除试模上口多余的混凝土，待混凝土临近初凝时，用抹刀沿着试模口抹平。试件表面与试模边缘的高度差不得超过 0.5mm。

（9）试块制作后应在终凝前用铁钉刻上制作日期、工程部位、设计强度等，不允许试块在终凝后用毛笔等书写。

（10）试件成型抹面后应立即用塑料薄膜覆盖表面。试件成型后应在温度为 20±5℃，相对湿度大于 50％的室内静置 1～2d，然后拆模。拆模后应立即放入标准养护室中养护。试件的养护龄期可分为 1d、3d、7d、28d、56d 或 60d、84d 或 90d、180d 等，也可根据设计龄期或需要进行确定，龄期应从搅拌加水开始计时。同条件养护试件的拆模时间可与实际构件的拆模时间相同；拆模后，其养护条件与实体结构部位养护条件相同，并应妥善保管。

（11）施工单位应在监理的见证下，在工程现场取样，进行坍落度试验和试件制作。从事混凝土取样、试件制作和试验的工作人员应经过岗位培训。预拌混凝土应按有关标准的要求进行浇筑、振捣和养护。预拌混凝土在施工现场和泵送过程中不得加水。

（12）施工现场不得留有未标识的空白试件。预拌混凝土生产企业不得代替施工单位制作和养护混凝土强度试件。

4. 坍落度试验

本试验方法适用于骨料最大公称粒径不大于 40mm、坍落度不小于 10mm 的混凝土拌合物坍落度的测定。

（1）坍落度筒内壁和底板（平面尺寸不小于 1500mm×1500mm，厚度不小于 3mm 的钢板）应润湿无明水；底板应放置在坚实的水平面上，并把坍落度筒放在底板中心，然后用脚踩住两边的脚踏板，坍落度筒在装料时应保持在固定的位置；

（2）混凝土拌合物试样应分三层均匀地装入坍落度筒内，每装一层混凝土拌合物，应用捣棒由边缘到中心按螺旋形均匀插捣 25 次，捣实后每层混凝土拌合物试样高度约为筒高的三分之一；

（3）插捣底层时，捣棒应贯穿整个深度，插捣第二层和顶层时，捣棒应插透本层至下一层的表面；

（4）顶层混凝土拌合物装料应高出筒口，插捣过程中，混凝土拌合物低于筒口时，应随时添加；

（5）顶层插捣完后，取下装料漏斗，应将多余混凝土拌合物刮去，并沿筒口抹平；

（6）清除筒边底板上的混凝土后，应垂直平稳地提起坍落度筒，并轻放于试样旁边；

当试样不再继续坍落或坍落时间达30s时，用钢尺测量出筒高与坍落后混凝土试体最高点之间的高度差，作为该混凝土拌合物的坍落度值；

（7）坍落度筒的提离过程宜控制在3～7s；从开始装料到提坍落度筒的整个过程应连续进行，并应在150s内完成；

（8）将坍落度筒提起后混凝土发生一边崩坍或剪坏现象时，应重新取样另行测定；第二次试验仍出现一边崩坍或剪坏现象，应予记录说明；

（9）混凝土拌合物坍落度值测量应精确至1mm，结果应修约至5mm。

5. 扩展度试验

本试验方法宜用于骨料最大公称粒径不大于40mm、坍落度不小于160mm混凝土扩展度的测定。

（1）试验设备准备、混凝土拌合物装料和插捣应符合“4. 坍落度试验”中第1～5款的规定。

（2）清除筒边底板上的混凝土后，应垂直平稳地提起坍落度筒，坍落度筒的提离过程宜控制在3～7s；当混凝土拌合物不再扩散或扩散持续时间已达50s时，应使用钢尺测量混凝土拌合物展开扩展面的最大直径以及与最大直径呈垂直方向的直径。

（3）当两直径之差小于50mm时，应取其算术平均值作为扩展度试验结果；当两直径之差不小于50mm时，应重新取样另行测定。

（4）发现粗骨料在中央堆集或边缘有浆体析出时，应记录说明。

（5）扩展度试验从开始装料到测得混凝土扩展度值的整个过程应连续进行，并应在4min内完成。

（6）混凝土拌合物扩展度值测量应精确至1mm，结果应修约至5mm。

2.5.5 现场养护

1. 建设工程应在施工现场设置相关试件的养护室，混凝土试块的标准养护室的设置应符合以下要求：

混凝土试块的标准养护空间按规模大小分三种，由大到小依次是标准养护室、标准养护池和标准养护箱。

（1）考虑使用和维护方便、容量大等特点，大部分施工现场采用标准养护室。标准养护室的面积视工程混凝土量的大小和试块委托时间间隔长短而定，一般不宜小于6m^2，应保证混凝土浇筑高峰时期所有的标准养护试块的养护。标准养护室应密封良好，并针对建筑工程所处严寒地区、寒冷地区、温暖地区、炎热地区等不同气候区域，合理选择和使用墙体和屋面材料，使其具有良好的隔热保温效果，最终保证温湿度符合相关标准（本节第4条）的规定。标准养护室内应设置温湿度控制装置和温湿度保证装置，但禁止使用电炉及挂壁电热器。标准养护室内温、湿度宜采用自动装置控制，温度调节夏季可采用空调降温，冬季可采用电湿加热或空调加热；湿度调节优先采用加湿器，也可采用喷淋装置，日喷淋水量较大时，宜设置喷淋水沉淀池，以循环使用喷淋水，节约水资源，但喷出的水必须保证是雾化状态，但不能用水直接冲淋试块，要确保试块表面一直处于潮湿状态。室内还应配置一定数量的多层试块架子，架子宽度一般可设计为350～400mm（适宜放置100mm×100mm×100mm的混凝土试块）和500～550mm（适宜放置150mm×150mm×

150mm 的混凝土试块和抗渗试块）两个尺寸范围，总高度一般为 1700mm 左右，每层净高在 150～250mm 之间。架子的数量应保证混凝土浇筑高峰时期，所有的标准养护试块均能上架养护。

（2）如混凝土浇筑量不大，标准养护试块留置数量较少，可以不设标准养护室，而在一密闭的室内砌一标准养护池，池子的长、宽依据房屋的尺寸而定，深度宜为 600mm。池内试块允许按组叠放。采用养护池养护试块时，必须有可行的控温措施。

（3）如混凝土浇筑量很小且混凝土标准养护试块存放时间较短时，可采用标准养护箱养护试块。

砂浆、节能材料、水泥基灌浆材料、灌浆套筒连接接头等试件的养护要求详见相关章节。

2. 养护室由施工单位负责建立和管理，建设、监理单位负责督促检查，工程质量监督机构负责监督抽查。供应单位确认人员可随时对现场养护情况进行确认，发现有不符合规定要求的情况，应及时向见证单位、工程质量监督机构等有关单位反映。

3. 养护室应配备温度计、湿度计，以及合适的控温、保湿设备和设施，确保混凝土、砂浆试块的静置、养护条件符合相关标准的规定。温湿度记录至少每天上午、下午各一次。

4. 混凝土标准养护室温度为 20±2℃，相对湿度为 95%以上，标准养护室内的试件应放在支架上，彼此间隔 10～20mm，试件表面应保持潮湿，并不得被水直接冲淋。混凝土试件也可在温度为 20±2℃的不流动 $Ca(OH)_2$ 饱和溶液中养护。养护龄期从搅拌加水开始计时。

5. 混凝土标准养护试块在现场养护室的养护时间不宜少于 7d，同条件养护混凝土试块必须在达到规定的累计温度值后方可送检测机构。

6. 工程开工前，施工单位应制定混凝土试块同条件养护计划。监理单位应审查施工单位制定的混凝土同条件养护计划，核对施工单位留取试件的数量，检查试件的养护情况，督促施工单位做好温度累计工作。

7. 同条件养护试件应留置在靠近相应结构构件的适当位置，并应采取相同的养护方法。

8. 施工单位应使用日平均温度进行温度累计，当无实测值时，可采用当地天气预报的最高温、最低温的平均值。当采用同条件养护试件法检验结构实体混凝土强度时，实际操作宜取日平均温度逐日累计达到 560～640（℃·d）时所对应的龄期。

9. 冬期施工时，同条件养护的养护条件、养护温度应与结构构件相同，等效养护龄期计算时，温度可以取结构构件实际养护温度，也可以根据结构构件的实际养护条件，按照同条件养护试件强度与在标准养护条件下 28d 龄期试件强度相等的原则由监理、施工等各方共同确定。

2.5.6 技术要求

1. 混凝土强度根据《混凝土强度检验评定标准》GB/T 50107—2010 规定进行评定。划入同一检验批混凝土，其施工持续时间不宜超过 3 个月。

（1）当连续生产的混凝土，生产条件在较长时间内保持一致，且同一品种、同一强度等级混凝土的强度变异性保持稳定时，应按以下规定进行评定。

一个检验批的样本容量应为连续的3组试件，其强度应同时符合下列规定：

$$mf_{cu} \geqslant f_{cu,k} + 0.7\sigma_0 \tag{2.5-1}$$

$$f_{vu,min} \geqslant f_{cu,k} - 0.7\sigma_0 \tag{2.5-2}$$

检验批混凝土立方体抗压强度的标准差按下式计算：

$$\sigma_0 = \sqrt{\frac{\sum_{i=1}^{n} f_{cu,i}^2 - nmf_{cu}^2}{n-1}} \tag{2.5-3}$$

当混凝土强度等级不高于C20时，其强度的最小值尚应满足下式要求：

$$f_{vu,min} \geqslant 0.85 f_{cu,k} \tag{2.5-4}$$

当混凝土强度等级高于C20时，其强度的最小值尚应满足下式要求：

$$f_{vu,min} \geqslant 0.90 f_{cu,k} \tag{2.5-5}$$

式中 mf_{cu}——同一验收批混凝土立方体抗压强度的平均值（N/mm^2），精确到0.1（N/mm^2）；

$f_{cu,k}$——混凝土立方体抗压强度标准值（N/mm^2），精确到0.1（N/mm^2）；

$f_{cu,i}$——前一个检验期内同一品种、同一强度等级的第i组混凝土试件的立方体抗压强度代表值（N/mm^2），精确到0.1（N/mm^2）；该检验期不应少于60d，也不得大于90d；

σ_0——检验批混凝土立方体抗压强度的标准差（N/mm^2），精确到0.01（N/mm^2）；当检验批混凝土强度标准差σ_0计算值小于2.5N/mm^2时，应取2.5N/mm^2；

n——前一检验期内的样本容量，在该期间内样本容量不应少于45；

$f_{cu,min}$——同一验收批混凝土立方体抗压强度的最小值（N/mm^2），精确到0.1（N/mm^2）。

（2）当样品容量不少于10组时，其强度应同时满足下列要求：

$$mf_{cu} \geqslant \lambda_1 s_{fcu} + f_{cu,k} \tag{2.5-6}$$

$$f_{cu,min} \geqslant \lambda_2 f_{cu,k} \tag{2.5-7}$$

同一检验批混凝土立方体抗压强度的标准差应按下式计算：

$$s_{fcu} = \sqrt{\frac{\sum_{i=1}^{n} f_{cu,i}^2 - nmf_{cu}^2}{n-1}} \tag{2.5-8}$$

式中 s_{fcu}——同一检验批混凝土立方体抗压强度的标准差（N/mm^2），精确到0.01（N/mm^2）；当检验批混凝土强度标准差s_{fcu}计算值小于2.5N/mm^2时，应取2.5N/mm^2；

λ_1，λ_2——合格评定系数，按表2.5-2取用；

n——本检验期内的样本容量。

混凝土强度的合格评定系数 **表2.5-2**

试件组数	10～14	15～19	≥20
λ_1	1.15	1.05	0.95
λ_2	0.90	0.85	

(3) 用非统计方法评定

当用于评定的样本容量小于10组时，应采用非统计方法评定混凝土强度。

按非统计方法评定混凝土强度时，其强度应同时符合下列规定：

$$mf_{cu} \geqslant \lambda_3 f_{cu,k} \tag{2.5-9}$$

$$f_{cu,min} \geqslant \lambda_4 f_{cu,k} \tag{2.5-10}$$

式中 λ_3、λ_4——合格评定系数，应按表2.5-3取用。

混凝土强度的非统计法合格评定系数 **表2.5-3**

混凝土强度等级	<C60	≥C60
λ_3	1.15	1.10
λ_4	0.95	

(4) 当检验结果能满足 (1)、(2)、(3) 条的规定时，则该批混凝土强度应评定为合格；当不能满足上述规定时，该批混凝土强度评定为不合格。

(5) 对评定为不合格批的混凝土，可按国家现行的有关标准进行处理。

2. 结构实体混凝土强度

当采用同条件养护试件方法作为结构实体混凝土强度评定依据时，对同一强度等级的同条件养护试件，其强度值除以0.88后按本节第1条的要求进行评定，评定结果符合要求时可判结构实体混凝土强度合格。

3. 抗渗

混凝土的抗渗等级以每组6个试件中4个试件未出现渗水时的最大水压力计算，其结果应满足设计的抗渗等级。

4. 混凝土拌合物的坍落度和扩展度等级划分应分别符合表2.5-4、表2.5-5的规定。

混凝土拌合物的坍落度等级划分 **表2.5-4**

等级	坍落度 (mm)
S1	10～40
S2	50～90
S3	100～150
S4	160～210
S5	≥220

混凝土拌合物的扩展度等级划分 **表2.5-5**

等级	扩展度 (mm)
F1	≤340
F2	350～410
F3	420～480
F4	490～550
F5	560～620
F6	≥630

5. 混凝土拌合物稠度允许偏差应符合表2.5-6的规定。

混凝土拌合物稠度允许偏差 **表 2.5-6**

拌合物性能		允许偏差		
坍落度（mm）	设计值	≤40	50～90	≥100
	允许偏差	±10	±20	±30
扩展度（mm）	设计值	≥350		
	允许偏差	±30		

6. 混凝土拌合物中水溶性氯离子最大含量应符合表 2.5-7 的要求。

混凝土拌合物中水溶性氯离子最大含量 **表 2.5-7**

环境条件	水溶性氯离子最大含量		
	钢筋混凝土	预应力混凝土	素混凝土
干燥环境	0.30	0.06	1.00
潮湿但不含氯离子的环境	0.20		
潮湿且含有氯离子的环境、盐渍土环境	0.10		
除冰盐等侵蚀性物质的腐蚀环境	0.06		

7. 混凝土抗冻性能等级应符合设计要求。

2.5.7 不合格处理

当施工中或验收时出现混凝土强度试块缺乏代表性或试块数量不足、对混凝土强度试块的试验结果有怀疑或有争议、混凝土强度试块的检测结果不能满足设计要求，且同一验收批混凝土强度评定不合格的，可采用非破损或局部破损的检测方法（详见“3.2 结构混凝土抗压强度现场检测”），按国家现行有关标准的规定对结构构件中的混凝土强度进行推定，作为处理依据。

2.6 建筑砂浆

2.6.1 概述

建筑砂浆是由胶凝材料、细骨料和水按一定比例配制而成的建筑材料，有时也掺入某些外加剂和掺合料。根据用途又可分为砌筑砂浆、抹灰砂浆、防水砂浆及特种砂浆等。

1. 砌筑砂浆

将砖、石、砌块等粘结成为砌体的砂浆称为砌筑砂浆。砌筑砂浆的主要作用是：把分散的块状材料胶结成坚固的整体，提高砌体的强度、稳定性；使上层块状材料所受的荷载能够均匀传递到下层；填充块状材料之间缝隙，提高建筑物的保温、隔声、防潮等性能。

2. 抹灰砂浆

抹灰砂浆也称抹面砂浆，以薄层涂抹在建筑物内外表面。既可以保护墙体不受风雨、潮气等侵蚀，提高墙体耐久性；同时也使建筑物表面平整、光滑、清洁美观。与砌筑砂浆不同，对抹面砂浆的要求不是抗压强度，而是和易性以及与基底材料的粘结力。

3. 防水砂浆

用作防水层的砂浆叫作防水砂浆，防水砂浆又叫刚性防水层，适用于不受振动和具有一定刚度的混凝土或砖石砌体工程，应用于地下室、水塔、水池等防水工程。

4. 特种砂浆

包括保温砂浆、陶瓷砖粘结砂浆、界面砂浆、保温板粘结砂浆、自流平砂浆、耐磨地坪砂浆、饰面砂浆等。

根据拌合方式的不同，建筑砂浆分为现场配置砂浆和预拌砂浆。

1. 现场配置砂浆

将原材料（胶凝材料、细骨料）运送到施工现场，在施工现场人工加水后小批量拌合使用的砂浆。由于原材料质量不稳定、施工现场存储环境不良以及混合比例不精确，砂浆质量波动较大，文明施工程度低并容易造成污染环境。

2. 预拌砂浆

指由专业生产厂生产的湿拌砂浆或干混砂浆。其中湿拌砂浆系指由水泥、细骨料、矿物掺合料、水、外加剂和添加剂等按一定比例，在专业生产厂经计量、拌制后，运至使用地点，并在规定时间内使用的拌合物。干混砂浆系指胶凝材料、添加剂以及根据性能确定的其他组分，按一定比例，在专业生产厂经计量、混合而成的干态混合物，在使用地点按规定比例加水或配套组分拌合使用。

随着建筑业技术进步和文明施工要求的提高，现场配置砂浆日益显示出其固有的缺陷，取消现场配置砂浆，采用工业化生产的预拌砂浆势在必行，它是保证建筑工程质量、提高建筑施工现代化水平、实现资源综合利用、减少城市污染、改善大气环境、实现可持续发展的一项重要举措。

2.6.2 依据标准

1.《砌体结构设计规范》GB 50003—2011。

2.《砌体结构工程施工质量验收规范》GB 50203—2011。

3.《地下防水工程质量验收规范》GB 50208—2011。

4.《建筑地面工程施工质量验收规范》GB 50209—2010。

5.《建筑装饰装修工程质量验收规范》GB 50210—2018。

6.《建筑结构加固工程施工质量验收规范》GB 50550—2010。

7.《预拌砂浆》GB/T 25181—2019。

8.《建筑砂浆基本性能试验方法标准》JGJ/T 70—2009。

9.《砌筑砂浆配合比设计规程》JGJ/T 98—2010。

10.《抹灰砂浆技术规程》JGJ/T 220—2010。

11.《预拌砂浆应用技术规程》JGJ/T 223—2010。

2.6.3 检验内容和使用要求

1. 检验内容

（1）现场配置的砌筑砂浆、抹灰砂浆和地面砂浆应通过试配确定配合比。当砂浆的组成材料有变更时，其配合比应重新确定。

（2）根据《预拌砂浆应用技术规程》JGJ/T 223—2010 要求，预拌砂浆进场时，应按表 2.6-1 的规定进行进场检验，进场检验项目应符合《预拌砂浆》GB/T 25181—2019 的要求。

预拌砂浆进场检验项目　　表 2.6-1

砂浆品种		代号	检测项目
湿拌砌筑砂浆		WM	保水率、抗压强度
湿拌抹灰砂浆		WP	保水率、抗压强度、拉伸粘结强度
湿拌地面砂浆		WS	保水率、抗压强度
湿拌防水砂浆		WW	保水率、抗压强度、抗渗压力、拉伸粘结强度
干混砌筑砂浆	普通砌筑砂浆	DM	保水率、抗压强度
	薄层砌筑砂浆		保水率、抗压强度
干混抹灰砂浆	普通抹灰砂浆	DP	保水率、抗压强度、拉伸粘结强度
	薄层抹灰砂浆		保水率、抗压强度、拉伸粘结强度
干混地面砂浆		DS	保水率、抗压强度
干混普通防水砂浆		DW	保水率、抗压强度、抗渗压力、拉伸粘结强度
聚合物水泥防水砂浆		DWS	凝结时间、耐碱性、耐热性
界面砂浆		DIT	14d 常温常态拉伸粘结强度
陶瓷砖粘结砂浆		DTA	常温常态拉伸粘结强度、晾置时间

（3）砌筑砂浆、抹灰砂浆和地面砂浆现场施工时应制作砂浆强度试块，试块制作按 2.6.4 中第 2 条的要求进行。

砂浆强度分为 M30、M25、M20、M15、M10、M7.5、M5 等等级，以标准养护，龄期为 28d 的试块抗压试验结果为准，砂浆强度应满足设计要求。

（4）砌筑砂浆、抹灰砂浆和地面砂浆的施工稠度应满足 2.6.6 的要求，砂浆稠度检测按 2.6.4 中第 3 条的要求进行。

砂浆稠度指砂浆在自重或外力作用下流动的性能，用砂浆稠度仪测定，以沉入度（mm）表示。沉入度越大，流动性越好。对砂浆稠度进行检测，以达到控制用水量的目的，确保其满足和易性要求。

（5）抹灰砂浆施工配合比确定后，在进行外墙及顶棚抹灰施工前，宜在实地制作样板，并在抹灰层施工完成 28d 后进行现场实体拉伸粘结强度试验。

外墙及顶棚抹灰工程施工完成 28d 后还应进行现场实体拉伸粘结强度试验。

（6）当预拌抹灰砂浆外表面粘结饰面砖时，应按现行行业标准《外墙饰面砖工程施工及验收规范》JGJ 126—2015、《建筑工程饰面砖粘结强度检验标准》JGJ/T 110—2017 的规定进行验收。

（7）除模塑聚苯板和挤塑聚苯板表面涂抹界面砂浆外，涂抹预拌界面砂浆的工程应在 28d 龄期进行实体拉伸粘结强度检验，检验方法可按现行行业标准《抹灰砂浆技术规程》JGJ/T 220—2010 的规定进行（详见“3.3 砌筑、抹灰砂浆现场检测”），也可根据对涂抹在界面砂浆外表面的抹灰砂浆层实体拉伸强度的检验结果进行判定。

（8）对于预拌陶瓷砖粘结砂浆，施工前施工单位应和砂浆生产单位、监理单位等共同制作样板并经拉伸粘结强度检验合格后再施工。外墙饰面砖工程还应检测预拌陶瓷粘结砂浆的实体拉伸粘结强度。

2. 使用要求

（1）现场配置砂浆应采用机械搅拌，自投料完算起，搅拌时间应符合下列规定：

① 水泥砂浆和水泥混合砂浆不得少于 2min。

② 水泥粉煤灰砂浆和掺用外加剂的砂浆不得少于3min。

③ 掺用有机塑化剂的砂浆，应为3～5min。

(2) 现场配置砂浆应随拌随用，水泥砂浆和水泥混合砂浆应分别在3h和4h内使用完毕；当施工期间最高温度超过30℃时，应分别在拌成后2h和3h内使用完毕。对掺用缓凝剂的砂浆，其使用时间可根据具体情况延长。

(3) 预拌砂浆进场时应进行外观检验，并符合下列规定：

① 湿拌砂浆应外观均匀，无离析、泌水现象。

② 散装干混砂浆应外观均匀，无结块、受潮现象。

③ 袋装干混砂浆应包装完整，无受潮现象。

(4) 施工现场宜配备湿拌砂浆储存容器，并符合下列规定：

① 储存容器应密闭、不吸水。

② 储存容器的数量、容量应满足砂浆品种、供货量的要求。

③ 储存容器使用时，内部应无杂物、无明水。

④ 储存容器应便于储运、清洗和砂浆存取。

⑤ 砂浆存取时，应有防雨措施。

⑥ 储存容器宜采取遮阳、保温等措施。

(5) 不同品种、强度等级的湿拌砂浆应分别存放在不同的储存容器中，并应对储存容器进行标识，标识内容应包括砂浆的品种、强度等级和使用时限等。砂浆应先存先用。

(6) 湿拌砂浆在储存及使用过程中不应加水。砂浆存放过程中，当出现少量泌水时，应拌合均匀后使用。砂浆用完后，应立即清理其储存容器。

(7) 湿拌砂浆储存地点的环境温度宜为5～35℃。

(8) 不同品种的散装干混砂浆应分别储存在散装移动筒仓中，不得混存混用，并应对筒仓进行标识。筒仓数量应满足砂浆品种及施工要求。更换砂浆品种时，筒仓应清空。

(9) 筒仓应符合现行行业标准《干混砂浆散装移动筒仓》SB/T 10461—2008的规定，并应在现场安装牢固。

(10) 袋装干混砂浆应储存在干燥、通风、防潮、不受雨淋的场所，并应按品种、批号分别堆放，不得混堆混用，且应先存先用。配套组分中的有机类材料应储存在阴凉、干燥、通风、远离火和热源的场所，不应露天存放和曝晒，储存环境温度应为5～35℃。

(11) 散装干混砂浆在储存及使用过程中，当对砂浆质量的均匀性有疑问或争议时，应检验其均匀性。

(12) 干混砂浆应按产品说明书的要求加水或其他配套组分拌合，不得添加其他成分。

(13) 干混砂浆拌合水应符合现行行业标准《混凝土用水标准》JGJ 63—2006中对混凝土拌合用水的规定。

(14) 干混砂浆应采用机械搅拌，搅拌时间应符合产品说明书的要求外，尚应符合下列规定：

① 采用连续式搅拌器搅拌时，应搅拌均匀，并应使砂浆拌合物均匀稳定。

② 采用手持式电动搅拌器搅拌时，应先在容器中加入规定量的水或配套液体，再加入干混砂浆搅拌，搅拌时间宜为3～5min，且应搅拌均匀。应按产品说明书的要求静停后再拌合均匀。

③ 搅拌结束后，应及时清洗搅拌设备。

（15）砂浆拌合物应在砂浆可操作时间内用完，且满足工程施工的需要。

（16）当砂浆拌合物出现少量泌水时，应拌合均匀后使用。

2.6.4 取样要求

1. 取样批量、数量及方法

（1）进场检验

根据《预拌砂浆应用技术规程》JGJ/T 223—2010 规定，预拌砂浆进场检验取样批量和取样数量见表 2.6-2。

预拌砂浆进场检验取样批量及取样数量　　表 2.6-2

<table>
<tr><th colspan="2">砂浆品种</th><th>取样批量</th><th>取样数量</th></tr>
<tr><td colspan="2">湿拌砌筑砂浆</td><td rowspan="4">同一生产厂家、同一品种、同一等级、同一批号且连续进场的湿拌砂浆，每 250m³ 为一个检验批，不足 250m³ 时，应按一个检验批计</td><td rowspan="4">10L</td></tr>
<tr><td colspan="2">湿拌抹灰砂浆</td></tr>
<tr><td colspan="2">湿拌地面砂浆</td></tr>
<tr><td colspan="2">湿拌防水砂浆</td></tr>
<tr><td rowspan="2">干混砌筑砂浆</td><td>普通砌筑砂浆</td><td rowspan="6">同一生产厂家、同一品种、同一等级、同一批号且连续进场的干混砂浆，每 500t 为一个检验批，不足 500t 时，应按一个检验批计</td><td rowspan="7">25kg</td></tr>
<tr><td>薄层砌筑砂浆</td></tr>
<tr><td rowspan="2">干混抹灰砂浆</td><td>普通抹灰砂浆</td></tr>
<tr><td>薄层抹灰砂浆</td></tr>
<tr><td colspan="2">干混地面砂浆</td></tr>
<tr><td colspan="2">干混普通防水砂浆</td></tr>
<tr><td colspan="2">聚合物水泥防水砂浆</td><td>同一生产厂家、同一品种、同一批号且连续进场的砂浆，每 50t 为一个检验批，不足 50t 时，应按一个检验批计</td></tr>
<tr><td colspan="2">界面砂浆</td><td>同一生产厂家、同一品种、同一批号且连续进场的砂浆，每 30t 为一个检验批，不足 30t 时，应按一个检验批计</td><td rowspan="2">7kg</td></tr>
<tr><td colspan="2">陶瓷砖粘结砂浆</td><td>同一生产厂家、同一品种、同一批号且连续进场的砂浆，每 50t 为一个检验批，不足 50t 时，应按一个检验批计</td></tr>
</table>

（2）砂浆强度

砂浆强度检验取样批量和取样数量应按以下规定进行：

① 根据《预拌砂浆应用技术规程》JGJ/T 223—2010 规定，对同品种、同强度等级的预拌砌筑砂浆，湿拌砌筑砂浆应以 50m³ 为一个检验批，干混砌筑砂浆应以 100t 为一个检验批；不足一个检验批的数量时，应按一个检验批计。每检验批应至少留置 1 组抗压强度试块。砌筑砂浆取样时，干混砌筑砂浆宜从搅拌机出料口、湿拌砌筑砂浆宜从运输车出料口或储存容器随机取样。

② 根据《砌体结构工程施工质量验收规范》GB 50203—2011 规定，每一检验批且不超过 250m³ 砌体的各类、各强度等级的普通砌筑砂浆，每台搅拌机应至少抽检一次。验收批的预拌砂浆、蒸压加气混凝土砌块专用砂浆，抽检可为 3 组。在砂浆搅拌机出料口或在湿拌砂浆的储存容器出料口随机取样制作砂浆试块（现场拌制的砂浆，同盘砂浆只应做 1

组试块），试块标养 28d 后作强度试验。

③ 根据《抹灰砂浆技术规程》JGJ/T 220—2010 要求，相同材料、工艺和施工条件的室外抹灰工程，每 1000m^{2}应划分为一个检验批，不足 1000m^{2}的，也应划分为一个检验批。相同材料、工艺和施工条件的室内抹灰工程，每 50 个自然间（大面积房间和走廊按抹灰面积 30m^{2}为一间）应划分为一个检验批，不足 50 间的，也应划分为一个检验批。抹灰砂浆抗压强度验收时，同一验收批砂浆试块不应少于 3 组。

④ 根据《预拌砂浆应用技术规程》JGJ/T 223—2010、《抹灰砂浆技术规程》JGJ/T 220—2010 要求，室外预拌抹灰砂浆层应在 28d 龄期时，应进行实体拉伸粘结强度检验（详见“3.3 砌筑、抹灰砂浆现场检测”）。

⑤ 根据《预拌砂浆应用技术规程》JGJ/T 223—2010 要求，对同一品种、同一强度等级的地面砂浆，每检验批且不超过 1000m^{2}应至少留置一组抗压强度试块。

⑥ 根据《预拌砂浆应用技术规程》JGJ/T 223—2010 要求，相同材料、相同施工工艺的涂抹预拌界面砂浆的工程，每 5000m^{2}应至少取一组试件做实体拉伸粘结强度检验；不足 5000m^{2}时，也应取一组。

⑦ 根据《预拌砂浆应用技术规程》JGJ/T 223—2010 要求，同类墙体、相同材料和施工工艺的外墙饰面砖工程，每 1000m^{2}应划分为一个检验批，不足 1000m^{2}时，应按一个检验批计。对外墙饰面砖工程，每检验批应至少检验一组实体拉伸粘结强度，一组试样由 3 个试件组成，每相邻的三个楼层应至少取一组试样。

⑧ 根据《建筑地面工程施工质量验收规范》GB 50209—2010 规定，建筑地面工程砂浆强度检验，同一施工批次、同一配合比水泥砂浆强度的试块，应按每一层（或检验批）建筑地面工程不应小于 1 组。当每一层（或检验批）建筑地面工程面积大于 1000m^{2}时，每增加 1000m^{2}应增做 1 组试块；小于 1000m^{2}按 1000m^{2}计算，取样 1 组；检验同一施工批次、同一配合比的散水、明沟、踏步、台阶、坡道的水泥砂浆强度的试块，应按每 150 延长米不少于 1 组。

⑨ 当改变配合比时，亦应相应地制作试块组数。

2. 砂浆强度试件的制作及养护

(1) 一组砂浆试块为 3 块 70.7mm×70.7mm×70.7mm 立方体试件。

(2) 试模为 70.7mm×70.7mm×70.7mm 立方体带底试模，符合《混凝土试模》JG 237—2008 的规定，并具有足够的刚度并拆装方便。试模的内表面应机械加工，其不平度应为每 100mm 不超过 0.05mm。组装后各相邻面的不垂直度不应超过±0.5°。

(3) 砂浆拌合物取样后，应尽快进行试验。现场取来的试样，在试验前应经人工再翻拌，以保证其质量均匀。

(4) 应采用黄油等密封材料涂抹试模的外接缝，试模内应涂刷薄层机油或隔离剂。应将拌制好的砂浆一次性装满砂浆试模，成型方法应根据稠度而确定。当稠度大于 50mm 时，宜采用人工振捣成型，当稠度不大于 50mm 时采用振动台振实成型。

① 人工振捣：应采用捣棒（长 350mm，直径 10mm 端部磨圆）均匀地由边缘向中心按螺旋方式插捣 25 次，插捣过程中如砂浆沉落低于试模口时，应随时添加砂浆，可用油灰刀插捣数次，并用手将试模一边抬高 5～10mm 各振动 5 次，砂浆应高出试模顶面 6～8mm。

② 机械振动：将砂浆一次装满试模，放置到振动台上，振动时试模不得跳动，振动 5～10s 或持续到表面出浆为止；不得过振。

（5）应待表面水分稍干后，再将高出试模部分的砂浆沿试模顶面刮去并抹平。

（6）试块制作后应在终凝前用铁钉刻上制作日期、工程部位、设计强度等，不允许在终凝后用毛笔等书写。

（7）试件制作后应在室温为20±5℃的环境下静置24±2h，对试件进行拆模。当气温较低时，或者凝结时间大于24h的砂浆，可适当延长时间，但不应超过2d。试件拆模后应立即放入温度为20±2℃，相对湿度为90%以上的标准养护室中养护。养护期间，试件彼此间隔不小于10mm，混合砂浆、湿拌砂浆试件上面应覆盖，防止有水滴在试件上。

3. 砂浆稠度试验

使用砂浆稠度仪测定砂浆稠度，稠度试验按下列步骤进行：

（1）试样的采取及稠度试验应在砂浆运送到交货地点时开始算起20min内完成，试件的制作应在30min内完成。砂浆拌合物取样后，应尽快进行试验。现场取来的试样，在试验前应经人工再翻拌，以保证其质量均匀。

（2）盛浆容器和试锥表面用湿布擦干净，并用少量润滑油轻擦滑杆，后将滑杆上多余的油用吸油纸擦净，使滑杆能自由滑动。

（3）将砂浆拌合物一次装入容器，使砂浆表面低于容器口约10mm，用捣棒自容器中心向边缘均匀地插捣25次，然后轻轻地将容器摇动或敲击5～6下，使砂浆表面平整，随后将容器置于稠度测定仪的底座上。

（4）拧开试锥滑杆的制动螺丝，向下移动滑杆，当试锥尖端与砂浆表面刚接触时，拧紧制动螺丝，使齿条测杆下端刚接触滑杆上端，并将指针对准零点上。

（5）拧开制动螺丝，同时计时间，待10s立即固定螺丝，将齿条测杆下端接触滑杆上端，从刻度盘上读出下沉深度（精确至1mm）即为砂浆的稠度值。

（6）圆锥形容器内的砂浆，只允许测定一次稠度，测定时，应重新取样测定之。

（7）同盘砂浆稠度试验取两次试验结果的算术平均值作为测定值，并精确至1mm。当两次试验值之差大于10mm时，应重新取样测定。

2.6.5 现场养护

应建立施工现场砂浆养护室，并符合2.5.5的要求。砂浆试块的标准养护条件应满足“2.6.4取样要求”中“2.砂浆强度试件的制作及养护”的要求。

2.6.6 技术要求

1. 预拌砂浆进场检验结果应符合表2.6-3～表2.6-8的要求。

预拌砂浆性能指标　　表2.6-3

项目	湿拌砌筑砂浆	湿拌抹灰砂浆	湿拌地面砂浆	湿拌防水砂浆	干混砌筑砂浆		干混抹灰砂浆		干混地面砂浆	干混普通防水砂浆
					普通砌筑砂浆	薄层砌筑砂浆	普通抹灰砂浆	薄层抹灰砂浆		
保水率（%）	≥88.0	≥88.0	≥88.0	≥88.0	≥88.0	≥99.0	≥88.0	≥99.0	≥88.0	≥88.0
14d拉伸粘结强度（MPa）	—	M5：≥0.15 >M5：≥0.20	—	≥0.20	—	—	M5：≥0.15 >M5：≥0.20	≥0.30	—	≥0.20

干混陶瓷砖粘结砂浆性能指标　　表 2.6-4

项目		性能指标		
		Ⅰ（室内）		E（室外）
		Ⅰ型	Ⅱ型	
拉伸粘结强度（MPa）	常温状态	≥0.5		≥0.5
	晾置时间，20min	≥0.5		≥0.5

干混界面砂浆性能指标　　表 2.6-5

项目	性能指标	
	C（混凝土界面）	AC（加气混凝土界面）
14d 常温状态拉伸粘结强度	≥0.6	≥0.5

聚合物水泥防水砂浆性能指标　　表 2.6-6

序号	项目		技术指标	
			Ⅰ型	Ⅱ型
1	凝结时间	初凝（min），≥	45	
2		终凝（h），≤	24	
3	耐碱度		无开裂、剥落	
4	耐热度		无开裂、剥落	

砂浆抗压强度　　表 2.6-7

强度等级	M5	M7.5	M10	M15	M20	M25	M30
28d 抗压强度（MPa）	≥5.0	≥7.5	≥10.0	≥15.0	≥20.0	≥25.0	≥30.0

砂浆抗渗压力　　表 2.6-8

抗渗等级	P6	P8	P10
28d 抗渗压力（MPa）	≥0.6	≥0.8	≥1.0

2. 砂浆强度

（1）砌筑砂浆试块强度验收时其强度合格标准必须符合以下规定：

① 同一验收批砂浆试块强度平均值应大于或等于设计强度等级值的 1.10 倍；

② 同一验收批砂浆试块抗压强度的最小一组平均值应大于或等于设计强度等级值的 85%。

注：砌筑砂浆的验收批，同一类型、强度等级的砂浆试块不应少于 3 组；同一验收批砂浆只有 1 组或 2 组试块时，每组试块抗压强度平均值应大于或等于设计强度等级值的 1.10 倍；对于建筑结构的安全等级为一级或设计使用年限为 50 年及以上的房屋，同一验收批砂浆试块的数量不得少于 3 组。制作砂浆试块的砂浆稠度应与配合比设计一致。

（2）建筑地面工程砂浆面层强度

砂浆面层的强度等级必须符合设计要求，强度等级不应小于 M15。

（3）抹灰砂浆

① 抹灰砂浆同一验收批的砂浆试块抗压强度平均值应大于或等于设计强度等级值，且抗压强度最小值应大于或等于设计强度值的 75%。当同一验收批试块少于 3 组时，每组试块抗压强度均应大于或等于设计强度等级值。

② 抹灰砂浆抹灰层拉伸粘结强度要求详见“3.3 砌筑、抹灰砂浆现场检测”。

（4）预拌砂浆

① 同一验收批预拌砌筑砂浆试块抗压强度平均值应大于或等于设计强度等级所对应的立方体抗压强度的1.10倍；且最小值应大于或等于设计强度等级所对应的立方体抗压强度的0.85倍。

当同一批预拌砌筑砂浆抗压强度试块少于3组时，每组试块抗压强度应大于或等于设计强度等级所对应的立方体抗压强度的1.10倍。

② 室外预拌抹灰砂浆实体拉伸粘结强度应按验收批进行评定。当同一验收批实体拉伸粘结强度的平均值不小于0.25MPa时，可判为合格；否则，应判定为不合格。

③ 砂浆面层的强度等级必须符合设计要求，强度等级不应小于M15。预拌地面砂浆抗压强度应按批进行评定。当同一验收批地面砂浆试块抗压强度平均值大于或等于设计强度等级对应的立方体抗压强度值时，可判定该批地面砂浆的抗压强度为合格。

④ 预拌界面砂浆当实体拉伸粘结强度检验时的破坏面发生在非界面砂浆层时，可判定为合格；否则，应判定为不合格。

⑤ 外墙饰面砖拉伸粘结强度的检验可按“3.10 装饰装修施工质量现场检测”进行。

3. 稠度

（1）砌筑砂浆的稠度应符合表2.6-9的规定。

砌筑砂浆的稠度 **表2.6-9**

砌体种类	砂浆稠度（mm）
烧结普通砖砌体、粉煤灰砖砌体	70～90
混凝土砖砌体、普通混凝土小型空心砌块砌体、灰砂砖砌体	50～70
烧结多孔砖砌体，烧结空心砖砌体、轻骨料混凝土小型空心砌块砌体、蒸压加气混凝土砌块砌体	60～80
石砌体	30～50

注：1. 砌筑其他块材时，砌筑砂浆的稠度可根据块材吸水特性及气候条件确定；
2. 采用薄层砂浆施工法砌筑蒸压加气混凝土砌块等砌体时，砌筑砂浆稠度可根据产品说明书确定。

（2）抹灰砂浆的稠度应符合表2.6-10的规定。

抹灰砂浆的稠度 **表2.6-10**

抹灰层	施工稠度（mm）
底层	90～110
中层	70～90
面层	70～80

注：聚合物水泥砂浆的施工稠度宜为50～60mm，石膏抹灰砂浆的施工稠度宜为50～70mm。

（3）地面面层砂浆的稠度宜为50±10mm。

（4）湿拌砂浆稠度偏差应满足表2.6-11的要求。

湿拌砂浆稠度偏差 **表2.6-11**

规定稠度（mm）	允许偏差（mm）
50、70、90	±10
110	+5；−10

2.6.7 不合格处理

1. 当施工中或验收时出现砌筑砂浆试块缺乏代表性或试块数量不足、对砂浆试块的试验结果有怀疑或有争议、砂浆试块的试验结果不能满足设计要求时，可采用现场检验方法对砂浆和砌体强度进行原位检测或取样检测，并判定其强度。

2. 当内墙抹灰工程中抗压强度检验不合格时，应在现场对内墙抹灰层进行拉伸粘结强度检测，并应以其检测结果为准。当外墙或顶棚抹灰施工中抗压强度检验不合格时，应对外墙或顶棚抹灰砂浆加倍取样进行抹灰层拉伸粘结强度检测，并应以其检测结果为准。

2.7 钢筋混凝土结构用钢

2.7.1 概述

建筑钢材是指建筑工程中使用的各种钢材，它是一种重要的建筑材料，广泛应用于现代建筑中。建筑钢材包括钢筋混凝土结构用钢以及钢结构工程用钢，钢结构用钢详见“2.10 钢结构材料”。

按化学成分分类，建筑钢材可以分为碳素钢和合金钢两大类。碳素钢按其含碳量的多少又分为低碳钢、中碳钢和高碳钢；合金钢按其合金元素总量的多少，分为低合金钢、中合金钢和高合金钢。在工程中应用的钢材主要是碳素结构钢和低合金高强度结构钢。

钢筋混凝土结构用钢与混凝土组成的钢筋混凝土结构，虽然自重较大，但节省钢材，同时由于混凝土的保护作用，很大程度上克服了钢材易锈蚀、维修费用高的缺点。

钢筋混凝土结构用钢包括钢筋、钢丝、钢绞线和钢棒，主要品种有热轧光圆钢筋、热轧带肋钢筋、冷轧带肋钢筋、余热处理钢筋、冷拔低碳钢丝、预应力钢丝和钢绞线、预应力钢棒等。

2.7.2 依据标准

1.《混凝土结构工程　施工质量验收规范》GB 50204—2015。
2.《钢筋混凝土用钢　第 2 部分：热轧带肋钢筋》GB 1499.2—2018。
3.《钢筋混凝土用钢　第 1 部分：热轧光圆钢筋》GB 1499.1—2017。
4.《钢筋混凝土用余热处理钢筋》GB 13014—2013。
5.《碳素结构钢》GB/T 700—2006。
6.《冷轧带肋钢筋》GB 13788—2017。
7.《型钢验收、包装、标志及质量证明书的一般规定》GB/T 2101—2017。
8.《钢及钢产品交货一般技术要求》GB/T 17505—2016。
9.《混凝土结构工程施工规范》GB 50666—2011。
10.《预应力混凝土用螺纹钢筋》GB/T 20065—2016。
11.《预应力混凝土用钢绞线》GB/T 5224—2014。
12.《无粘结预应力钢绞线》JG/T 161—2016。
13.《预应力混凝土用钢丝》GB/T 5223—2014。

14.《预应力混凝土用钢材试验方法》GB/T 21839—2008。

15.《钢丝验收、包装、标志及质量证明书的一般规定》GB/T 2103—2008。

16.《混凝土结构成型钢筋应用技术规程》JGJ 366—2015。

2.7.3 检验内容和使用要求

1. 检验内容

（1）钢筋进场时，应按国家现行相关标准的规定抽取试件作屈服强度、抗拉强度、伸长率、弯曲性能和重量偏差检验，检验结果应符合相应标准的规定。

（2）预应力筋进场时，应按国家现行相关标准的规定抽取试件作抗拉强度、伸长率检验，其检验结果应符合相应标准的规定。

（3）钢筋调直后应进行力学性能和重量偏差的检验，其强度、断后伸长率和重量负偏差应符合有关标准的规定。

（4）各类钢材检验项目见表2.7-1。

钢筋检测项目表　　表2.7-1

<table>
<tr><th>序号</th><th>钢筋品种</th><th>检测项目</th></tr>
<tr><td>1</td><td>热轧带肋钢筋</td><td rowspan="3">拉伸、弯曲、反向弯曲（牌号带“E”的热轧带肋钢筋）、重量偏差</td></tr>
<tr><td>2</td><td>钢筋混凝土用热轧光圆钢筋</td></tr>
<tr><td>3</td><td>钢筋混凝土用余热处理钢筋</td></tr>
<tr><td>4</td><td>碳素结构钢</td><td>拉伸、弯曲</td></tr>
<tr><td>5</td><td>冷轧带肋钢筋</td><td>拉伸、弯曲（CRB550、CRB600H、CRB680H[注1]）或反复弯曲（CRB650、CRB680H[注1]、CRB800、CRB800H）、重量偏差</td></tr>
<tr><td>6</td><td>调直后钢筋</td><td rowspan="2">拉伸、重量偏差</td></tr>
<tr><td>7</td><td>成型钢筋</td></tr>
<tr><td>8</td><td>预应力混凝土用螺纹钢筋</td><td rowspan="4">拉伸</td></tr>
<tr><td>9</td><td>预应力混凝土用钢丝</td></tr>
<tr><td>10</td><td>预应力混凝土用钢绞线</td></tr>
<tr><td>11</td><td>无粘结预应力钢绞线</td></tr>
</table>

注：1. 当该牌号钢筋作为普通钢筋混凝土用钢筋使用时，对反复弯曲不做要求；当该牌号钢筋作为预应力混凝土用钢筋使用时应进行反复弯曲试验代替180°弯曲试验。

2. 采用无延伸功能的机械设备调直的钢筋，可不进行调直后的检测。对钢筋调直机械是否有延伸功能的判定，可由施工单位检查并经监理单位确认，当不能判断或对判断结果有争议时，应进行调直后的检测。

3. 拉伸试验包括：屈服强度、抗拉强度、断后伸长率、最大力下总伸长率等，按有关现行标准选择相应检验项目。

4. 无粘结预应力钢绞线进场时，应进行防腐润滑脂量和护套厚度的检验。检验结果应符合现行行业标准《无粘结预应力钢绞线》JG/T 161的规定；经观察认为涂包质量有保证，且有厂家提供的涂包质量检验报告时，可不作此检验。

5. 对由热轧钢筋组成的成型钢筋，当有施工单位或监理单位的代表驻厂监督加工过程，并能提交该批成型钢筋第三方检验报告时，可只进行重量偏差检验。

（5）当钢筋在加工过程中，如发现脆断、焊接性能不良或力学性能显著不正常等现象，应根据现行国家标准对该批钢筋进行化学成分检验或其他专项检验。

（6）对于钢筋伸长率，牌号带“E”的钢筋必须检验最大力下总伸长率。

2. 使用要求

（1）国家对钢筋混凝土用热轧钢筋、冷轧带肋钢筋和预应力混凝土用钢材（钢丝、钢棒、钢绞线）产品实施工业产品生产许可证管理，钢材生产企业必须取得《全国工业产品生产许可证》。获证企业及其产品可通过国家市场监督管理总局网站 www. samr. gov. cn 查询。

（2）使用现场的钢材应按产品规格分开堆放，并清晰标明生产单位、产品规格、进场数量、质量检测状态等。在条件允许的情况下，建筑钢材应尽可能存放在库房或料棚内（特别是有精度要求的冷拉、冷拔等钢材），若采用露天存放，则料场应选择地势较高而又平坦的地面，经平整、夯实、预设排水沟道、安排好垛底后方能使用。为避免因潮湿环境而引起的钢材表面锈蚀现象，雨雪季节建筑钢材要用防雨材料覆盖。

（3）热轧带肋钢筋应在其表面轧上牌号标志、生产企业序号（许可证后 3 位数字）和公称直径毫米数字、还可轧上经注册的厂名或商标。钢筋牌号以阿拉伯数字或阿拉伯数字加英文表示，HRB400、HRB500、HRB600 分别以 4、5、6 表示，HRBF400、HRBF500 分别以 C4、C5 表示，HRB400E、HRB500E 分别以 4E、5E 表示，HRBF400E、HRBF500E 分别以 C4E、C5E 表示。厂名以汉语拼音字头表示，公称直径毫米数以阿拉伯数字表示。

（4）检测单位出具的热轧带肋钢筋检测报告中应标明被检产品的表面标志。

（5）预应力混凝土用钢材，每一盘卷或捆应拴挂标牌，其上注明供方名称、产品名称、牌号、批号、尺寸、重量及件数等。预应力混凝土用螺纹钢筋还应按强度级别进行端头涂色。

（6）成型钢筋进场检验合格后，在施工现场应按进场批次分类、分结构部位或者流水作业段对方整齐，并应防止油污、锈蚀及碾压。

2.7.4 取样要求

1. 取样批量和数量（表 2.7-2）

钢材取样批量及数量　　表 2.7-2

<table>
<tr><th>钢筋品种</th><th>批量</th><th>试件数量</th><th>备注</th></tr>
<tr><td>热轧带肋钢筋</td><td>每批由同一牌号、同一炉罐号、同一规格的钢筋组成。每批重量通常不大于 60t</td><td>每批钢筋 2 个拉伸试样、2 个弯曲试样和 5 个重量偏差试样，反向弯曲试样为 1 个</td><td rowspan="3">超过 60t 的部分，每增加 40t（或不足 40t 的余数），增加 1 个拉伸试样、1 个弯曲试样和 5 个重量偏差试样</td></tr>
<tr><td>热轧光圆钢筋</td><td>每批由同一牌号、同一炉罐号、同一尺寸的钢筋组成。每批重量通常不大于 60t</td><td rowspan="2">每批钢筋 2 个拉伸试样、2 个弯曲试样和 5 个重量偏差试样</td></tr>
<tr><td>余热处理钢筋</td><td>每批由同一牌号、同一炉罐号、同一规格、同一余热处理制度的钢筋组成。每批重量不大于 60t</td></tr>
<tr><td>碳素结构钢</td><td>每批由同一牌号、同一炉号、同一质量等级、同一品种、同一尺寸、同一交货状态的钢材组成。每批重量不应大于 60t</td><td>用《碳素结构钢》GB/T 700—2006 验收的直条钢筋每批 1 个拉伸试样、1 个弯曲试样</td><td>—</td></tr>
<tr><td>冷轧带肋钢筋</td><td>每批应由同一牌号、同一外形、同一规格、同一生产工艺和同一交货状态的钢筋组成，每批不大于 60t</td><td>每批 2 个弯曲或反复弯曲试样、1 个重量偏差试样，每盘 1 个拉伸试样</td><td>—</td></tr>
<tr><td>调直后钢筋</td><td>同一加工设备、同一牌号、同一规格的调直钢筋，重量不大于 30t 为一批</td><td>每批钢筋抽取 3 个试样，先进行重量偏差检验，再取其中 2 个试样进拉伸检验</td><td>—</td></tr>
</table>

续表

钢筋品种	批量	试件数量	备注
成型钢筋	同一厂家、同一类型、同一钢筋来源的成型钢筋，不超过 30t 为一批	每批中每种钢筋牌号、规格均应至少抽取 1 个钢筋试样，总数不应少于 3 个，做拉伸、重量偏差试验	对由热轧钢筋制成的成型钢筋，当有施工单位或建立单位的代表驻厂监督生产过程，并提供原材钢筋力学性能报告，可仅进行重量偏差检验
预应力混凝土用螺纹钢筋	每批由同一炉号、同一规格、同一交货状态的钢筋组成，每批重量不大于 60t	每批随机抽取 2 个试样	超过 60t 的部分，每增加 40t（或不足 40t 的余数），增加 1 个拉伸试样
预应力混凝土用钢丝	每批由同一牌号、同一规格、同一加工状态的钢筋组成，每批重量不大于 60t	每批在不同盘中抽取 3 个拉伸试样	—
预应力混凝土用钢绞线	每批由同一牌号、同一规格、同一生产工艺捻制的钢绞线组成，每批重量不大于 60t	每批随机抽取 3 个拉伸试样	—
无粘结预应力钢绞线	每批由同一公称抗拉强度、同一公称直径、同一生产工艺生产的钢绞线组成，每批重量不大于 60t	每批从任一盘卷的任意一端端部 1m 后的部位截取 3 个拉伸试样	—

注：1. 热轧带肋钢筋、热轧光圆钢筋、调直钢筋，重量偏差项目不合格时不得复验。
2. 热轧带肋钢筋、热轧光圆钢筋及余热处理钢筋允许由同一牌号、同一冶炼方法、同一浇筑方法的不同炉罐号组成混合批，但各炉罐号含碳量之差不大于 0.02%，含锰量之差不大于 0.15%，混合批的重量不大于 60t。

钢筋、成型钢筋、预应力筋进场检验，当满足下列条件之一时，其检验批容量可扩大一倍：

（1）获得认证的钢筋、成型钢筋；

（2）同一厂家、同一牌号、同一规格的钢筋，连续三批均一次检验合格；

（3）同一厂家、同一类型、同一钢筋来源的成型钢筋，连续三批均一次检验合格。

检验批容量只可扩大一次，当扩大检验批后的检验出现一次不合格情况时，应按扩大前的检验批容量重新验收，并不得再次扩大检验批容量。

2. 试样长度

拉伸试样和弯曲试样长度根据试样直径和所使用的设备确定。日常取样参考长度见表 2.7-3。

钢材试样取样参考长度（mm） **表 2.7-3**

试验项目 / 钢材种类	拉伸试样	弯曲试样	重量偏差试样	反向弯曲试样
钢筋混凝土用钢	400～500	350～400	≥500	≥800
预应力混凝土用螺纹钢筋	≥500	—	—	—
预应力混凝土用钢丝	≥500	—	—	—
预应力混凝土用钢绞线	≥1200	—	—	—

3. 取样方法

(1) 取样应有代表性、随机性。宜采用分层随机抽样方法进行抽样，分层按堆垛、捆扎（或盘卷）进行；也可按均布、随机的原则从堆场的多处不同部位进行抽样。

(2) 钢筋、预应力筋端部500mm不宜取样。同一检测项目的多根试样应分别从同一批的不同根（盘）钢筋、预应力筋上取样。

(3) 重量偏差试验的试样应从不同根钢筋上截取，试样切口应平滑且与长度方向垂直；在进行重量偏差检验后，再取其中试件进行拉伸试验、弯曲性能试验，钢筋试样不需作任何加工。

(4) 成型钢筋每批抽取的试件应在不同成型钢筋上截取。

2.7.5　技术要求

1. 钢筋混凝土用热轧光圆钢筋（包括热轧直条、盘卷光圆钢筋）力学性能应满足表2.7-4的要求。

钢筋混凝土用热轧光圆钢筋　　**表2.7-4**

牌号	下屈服强度 R_{eL}（MPa）不小于	抗拉强度 R_m（MPa）不小于	断后伸长率 A(%) 不小于	最大总延伸率 A_{gt}(%) 不小于	冷弯180°，d-弯心直径，a-钢筋直径
HPB300	300	420	25	10.0	$d=a$

2. 钢筋混凝土用热轧带肋钢筋力学性能应满足表2.7-5的要求。

钢筋混凝土用热轧带肋钢筋　　**表2.7-5**

牌号	公称直径(mm)	下屈服强度 R_{eL}(MPa)	抗拉强度 R_m(MPa)	断后伸长率 A（%）	最大力总延伸率 A_{gt}（%）	R_m^0/R_{eL}^0	R_{eL}^0/R_{eL}	冷弯180°，d-弯心直径，a-钢筋直径
		不小于					不大于	
HRB400 HRBF400	6～25 28～40 >40～50	400	540	16	7.5	—	—	4d 5d 6d
HRB400E HRBF400E				—	9.0	1.25	1.30	
HRB500 HRBF500	6～25 28～40 >40～50	500	630	15	7.5	—	—	6d 7d 8d
HRB500E HRBF500E				—	9.0	1.25	1.30	
HRB600	6～25 28～40 >40～50	600	730	14	7.5	—	—	6d 7d 8d

注：1. R_m^0 为钢筋实测抗拉强度；R_{eL}^0 为钢筋实测下屈服强度。

2. 对按一、二、三级抗震等级设计的框架和斜撑构件（含梯段）中的纵向受力普通钢筋应采用HRB400E、HRB500E、HRBF400E、HRBF500E，其强度和最大力下总伸长率的实测值应符合上表要求。按《钢筋混凝土用钢　第2部分：热轧带肋钢筋》GB 1499.2—2018要求，牌号带“E”的钢筋还需进行反向弯曲试验。

3. 钢筋混凝土用余热处理钢筋力学性能应满足表2.7-6的要求。

钢筋混凝土用余热处理钢筋　　表 2.7-6

牌号	公称直径（mm）	R_{eL}（MPa）不小于	R_m（MPa）不小于	A（%）不小于	A_{gt}（%）不小于	冷弯 d-弯心直径 a-钢筋直径
RRB400	8～25 32～50	400	540	14	5.0	$d=4a$ $d=5a$
RRB400W	8～25 28～40	430	570	16	7.5	$d=4a$ $d=5a$
RRB500	8～25 32～50	500	630	13	5.0	$d=6a$

注：1. 时效后检验结果；
2. 直径 28～40mm 各牌号钢筋的断后伸长率 A 可降低 1%；直径大于 40mm 各牌号钢筋的断后伸长率可降低 2F%；
3. 对于没有明显屈服强度的钢，屈服强度特征值 R_{eL} 应采用规定非比例延伸强度 $R_{p0.2}$。

4. 按《碳素结构钢》GB/T 700—2006 验收的直条钢筋力学性能应满足表 2.7-7 的要求。

碳素结构钢（节选）　　表 2.7-7

级别	牌号	直径（mm）	上屈服强度 R_{eH}（MPa）不小于	抗拉强度 R_m（MPa）	伸长率 A（%）不小于	冷弯，d-弯心直径，a-钢筋直径
A	Q235	＞16～40	≥225	375～500	≥25	$180^\circ d=a$

5. 冷轧带肋钢筋力学性能应满足表 2.7-8 的要求。

冷轧带肋钢筋　　表 2.7-8

分类	牌号	$R_{p0.2}$（MPa）不小于	R_m（MPa）不小于	$R_m/R_{p0.2}$ 不小于	伸长率不小于（%）		弯曲试验[a]180°	反复弯曲次数
					$A_{11.3}$	A_{100}		
普通钢筋混凝土用	CRB550	500	550	1.05	11.0	—	$D=3d$	—
	CRB600H	540	600	1.05	14.0	—	$D=3d$	
	CRB680H	600	680	1.05	14.0	—	$D=3d$	4
预应力混凝土用	CRB650	585	650	1.05	—	4.0	—	3
	CRB800	720	800	1.05	—	4.0	—	3
	CRB800H	720	800	1.05	—	7.0	—	4

[a] D 为弯心直径，d 为钢筋公称直径

6. 预应力混凝土用螺纹钢筋里的性能应满足表 2.7-9 的要求。

预应力混凝土用螺纹钢筋　　表 2.7-9

级别	屈服强度 R_{eL}（MPa）	抗拉强度 R_m（MPa）	断后伸长率 A（%）	最大力总延伸率 A_{gt}（%）
	不小于			
PSB785	785	980	8	3.5
PSB830	830	1030	7	
PSB930	930	1080	7	
PSB1080	1080	1230	6	
PSB1200	1200	1330	6	

注：无明显屈服时，用规定非比例延伸强度（$R_{p0.2}$）代替。

7. 预应力混凝土用钢丝力学性能应满足表 2.7-10 的要求。

预应力混凝土用钢丝 **表 2.7-10**

公称直径 d_m(mm)	公称抗拉强度 R_m(MPa)	0.2%屈服力 $F_{p0.2}$(kN)≥	最大力总伸长率 A_{gt}(%)≥
5	1570	27.12	3.5
	1860	32.13	
7	1570	53.16	
9	1470	82.07	
	1570	87.89	

8. 无粘结预应力钢绞线应满足表 2.7-11 的要求。

无粘结预应力钢绞线 **表 2.7-11**

钢绞线			防腐润滑脂的含量(g/m)	护套厚度(mm)
公称直径(mm)	公称横截面面积(mm^2)	公称抗拉强度(MPa)		
9.50	54.80	1720	≥32	≥1.0
		1860		
		1960		
12.70	98.70	1720	≥43	≥1.0
		1860		
		1960		
15.20	140.00	1720	≥50	≥1.0
		1860		
		1960		
15.70	150.00	1720	≥53	≥1.0
		1860		
		1960		

9. 预应力混凝土用钢绞线力学性能应满足表 2.7-12。

预应力混凝土用钢绞线力学性能 **表 2.7-12**

种类	公称直径 d_m(mm)	公称抗拉强度 R_m(MPa)	0.2%屈服力 $F_{p0.2}$(kN)≥	最大力总伸长率 A_{gt}(%)≥
1×3(三股)	8.60	1570	52.1	3.5
	10.80		81.4	
	12.90		117	
	8.60	1860	61.7	
	10.80		96.8	
	12.90		139	
	8.60	1960	65.0	
	10.80		101	
	12.90		146	
1×7(三股)	9.50	1720	83.0	
	12.70		150	
	15.20		212	
	17.80		288	

续表

种类	公称直径 d_m(mm)	公称抗拉强度 R_m(MPa)	0.2%屈服力 $F_{p0.2}$(kN) ≥	最大力总伸长率 A_{gt}(%) ≥
1×7（三股）	9.50	1860	89.8	3.5
	12.70		162	
	15.20		229	
	17.80		311	
	9.50	1960	94.2	
	12.70		170	
	15.20		241	
	21.60	1860	466	

10. 盘卷钢筋调直后的强度应满足表 2.7-4～表 2.7-6 的要求，断后伸长率、重量负偏差应符合表 2.7-13 的要求。

盘卷钢筋调直后的断后伸长率、重量负偏差要求　　表 2.7-13

钢筋牌号	断后伸长率 A(%)	重量偏差（%）	
		直径 6～12mm	直径 14～16mm
HPB300	≥21	≥−10	—
HRB400、HRBF400	≥15	≥−8	≥−6
RRB400	≥13		
HRB500、HRBF500	≥14		

注：断后伸长率 A 的量测标距为 5 倍钢筋直径。

11. 钢筋实际重量与理论重量的允许偏差应符合表 2.7-14 的要求。

钢筋实际重量与理论重量的允许偏差　　表 2.7-14

钢筋品种	直径（mm）	实际重量与理论重量的允许偏差（%）
热轧带肋钢筋	6～12 14～20 22～50	±6.0 ±5.0 ±4.0
热轧光圆钢筋	6～12 14～22	±6 ±5
钢筋混凝土用余热处理钢筋	6～12 14～20 22～50	±6 ±5 ±4
冷轧带肋钢筋	4～12	±4

2.7.6 不合格处理

钢筋首次复验不合格后，使用单位的加倍取样、样品封存以及送检应当有监理单位的见证和生产（销售）单位的现场确认，其中，钢筋的重量偏差项目不允许加倍复验。加倍复验不合格，使用单位应当会同监理单位就不合格钢筋的处理情况及时上报工程质量监督部门。

2.8 钢筋焊接件

2.8.1 概述

钢筋焊接是钢筋连接的一种，其形式多样，常见的有：电阻点焊、闪光对焊、电弧焊、电渣压力焊、气压焊、预埋件埋弧压力焊等。其中电弧焊又分为：帮条焊（双面焊、单面焊）、搭接焊（双面焊、单面焊）、熔槽帮条焊、坡口焊（平焊、立焊）、钢筋与钢板搭接焊、窄间隙焊、预埋件电弧焊（角焊、穿孔塞焊）等。

2.8.2 依据标准

1.《混凝土结构工程施工质量验收规范》GB 50204—2015。

2.《钢筋焊接及验收规程》JGJ 18—2012。

2.8.3 检验内容和使用要求

1. 检验内容

（1）钢筋焊接接头的力学性能、弯曲性能应符合国家现行相关标准的规定。接头试件应从工程实体中截取。

（2）闪光对焊接头每批应进行拉伸和弯曲检测，异径钢筋接头可只做拉伸试验。

（3）气压焊接头在柱、墙竖向钢筋连接中，每批应做拉伸试验，在梁、板的水平钢筋连接中，应另增加弯曲试验。在同一批中，异径钢筋气压焊接头可只做拉伸试验。

（4）箍筋闪光对焊接头、电弧焊接头、电渣压力焊接头、预埋件钢筋T形接头每批应做拉伸试验。

2. 使用要求

（1）在钢筋工程焊接开工之前，参与该项工程施焊的焊工必须进行现场条件下的焊接工艺试验，应经试验合格后，方准予焊接生产。试验结果应符合质量检验与验收时的要求。

（2）电渣压力焊适用于柱、墙等构筑物现浇混凝土结构中竖向受力钢筋连接。

（3）从事钢筋焊接施工的焊工必须持有焊工考试合格证，才能上岗操作。

（4）施焊的各种钢筋、钢板均应有质量证明书；焊条、焊丝、氧气、溶解乙炔、液化石油气、二氧化碳气体、焊剂应有产品合格证。

钢筋进场时，应按国家现行相关标准的规定抽取试件并作力学性能和重量偏差检验，检验结果必须符合国家现行有关标准的规定。

（5）各种焊接材料应分类存放、妥善管理；应采取防止锈蚀、受潮变质的措施。

2.8.4 取样要求

1. 样品要求

力学性能检验时，应在接头外观检查合格后随机抽取试件进行试验。

（1）闪光对焊接头外观检查结果，应符合下列要求：

① 对焊接头表面应呈圆滑、带毛刺状，不得有肉眼可见的裂纹；

② 与电极接触处的钢筋表面不得有明显烧伤；

③ 接头处的弯折角不得大于 2°；

④ 接头处的轴线偏移不得大于钢筋直径的 1/10，且不得大于 1mm。

（2）电弧焊接头外观检查结果，应符合下列要求：

① 焊缝表面应平整，不得有凹陷或焊瘤；

② 焊接接头区域不得有肉眼可见的裂纹；

③ 咬边深度、气孔、夹渣等缺陷允许值及接头尺寸的允许偏差，应符合相应的规定；

④ 焊缝余高应为 2～4mm。

（3）电渣压力焊接头外观检查结果，应符合下列要求：

① 四周焊包凸出钢筋表面的高度，当钢筋直径为 25mm 及以下时，不得小于 4mm；当钢筋直径为 28mm 及以上时，不得小于 6mm；

② 钢筋与电极接触处，应无烧伤缺陷；

③ 接头处的弯折角不得大于 2°；

④ 接头处的轴线偏移不得大于 1mm。

（4）气压焊接头外观检查结果，应符合下列要求：

① 接头处的轴线偏移 e 不得大于钢筋直径的 1/10，且不得大于 1mm；当不同直径钢筋焊接时，应按较小钢筋直径计算；当大于上述规定值，但在钢筋直径的 3/10 时，可加热矫正；当大于 3/10 时，应切除重焊；

② 接头处的弯折角不得大于 2°；当大于规定值时，应重新加热矫正；

③ 固态气压焊接头镦粗直径 d 不得小于钢筋直径的 1.4 倍，熔态气压焊接头镦粗直径不得小于钢筋直径的 1.2 倍；当小于上述规定值时，应重新加热镦粗；

④ 镦粗长度 l 不得小于钢筋直径的 1.0 倍，且凸起部分平缓圆滑；当小于上述规定值时，应重新加热镦长；

⑤ 接头处表面不得有肉眼可见的裂纹。

（5）预埋件钢筋 T 形接头外观检查结果，应符合下列要求：

① 焊条电弧焊时，角焊缝焊脚尺寸（k）应符合相应规定；

② 埋弧压力焊或埋弧螺柱焊时，四周焊包凸出钢筋表面的高度，当钢筋直径为 18mm 及以下时，不得小于 3mm；当钢筋直径为 20mm 及以上时，不得小于 4mm；

③ 焊缝表面不得有气孔、夹渣和肉眼可见裂纹；

④ 钢筋咬边深度不得超过 0.5mm；

⑤ 钢筋相对钢板的直角偏差不得大于 2°。

（6）箍筋闪光对焊外观检查结果，应符合下列要求：

① 对焊接头表面应呈圆滑、带毛刺状，不得有肉眼可见的裂纹；

② 与电极接触处的钢筋表面不得有明显烧伤；

③ 对焊接头所在直线边的顺直度检测结果凹凸不得大于 5mm；

④ 轴线偏移不得大于钢筋直径的 1/10，且不得大于 1mm；

⑤ 对焊箍筋外皮尺寸应符合设计图纸的规定，允许偏差应为±5mm。

2. 取样批量、数量和方法

(1) 闪光对焊接头

在同一台班内，由同一焊工完成的300个同牌号、同直径钢筋焊接接头作为一批。当同一台班内焊接的接头数量较少，可在一周之内累计计算；累计不足300个接头时，应按一批计算。

应从每批接头中随机切取6个接头，其中3个做拉伸试验，3个做弯曲试验。

异径钢筋接头可只做拉伸试验。

(2) 电弧焊接头

在现浇混凝土结构中，应以300个同牌号钢筋、同形式接头作为一批；在房屋结构中，应在不超过连续两楼层中300个同牌号钢筋、同形式接头作为一批。每批随机切取3个接头，做拉伸试验。

在装配式结构中，可按生产条件制作模拟试件，每批3个，做拉伸试验。

钢筋与钢板电弧搭接焊接头可只进行外观检查。

在同一批中若有3种不同直径的钢筋焊接接头，应在最大直径钢筋接头和最小直径钢筋接头中切取3个试件进行拉伸试验。

当模拟试件试验结果不符合要求时，应进行复验。复验应从现场焊接接头中切取，其数量和要求与初始试验时相同。

(3) 电渣压力焊接头

在现浇钢筋混凝土结构中，应以300个同牌号钢筋接头作为一批；在房屋结构中，应在不超过连续两楼层中300个同牌号钢筋接头作为一批；当不足300个接头时，仍应作为一批。每批随机切取3个接头做拉伸试验。

在同一批中若有3种不同直径的钢筋焊接接头，应在最大直径钢筋接头和最小直径钢筋接头中切取3个试件进行拉伸试验。

(4) 气压焊接头

在现浇钢筋混凝土结构中，应以300个同牌号钢筋接头作为一批；在房屋结构中，应在不超过连续两楼层中300个同牌号钢筋接头作为一批；当不足300个接头时，仍应作为一批。在柱、墙的竖向钢筋连接中，应从每批接头中随机切取3个接头做拉伸试验；在梁、板的水平钢筋连接中，应另切取3个接头做弯曲试验。

在同一批中若有3种不同直径的钢筋焊接接头，应在最大直径钢筋接头和最小直径钢筋接头中切取3个试件进行拉伸试验。

在同一批中，异径钢筋气压焊接头可只做拉伸试验。

(5) 箍筋闪光对焊接头

在同一台班内，由同一焊工完成的600个同牌号、同直径箍筋闪光对焊接头作为一批。如超出600个接头，其超出部分可以与下一台班完成接头累计计算。

应从每批接头中随机切取3个接头做拉伸试验。

(6) 预埋件钢筋T形接头

以300个同类型预埋件作为一批。一周内连续焊接时，可累计计算。当不足300个时，亦应按一批计算。

应从每批预埋件中随机切取3个接头做拉伸试验，试件的钢筋长度应大于或等于

200mm，钢板（锚板）的长度和宽度应等于 60mm，并视钢筋直径的增大而适当增大。

3. 样品长度

拉伸试样和弯曲试样长度根据试样直径和所使用的设备确定。日常取样参考长度见表 2.8-1。

焊接试样取样参考长度（mm） **表 2.8-1**

闪光对焊、电渣压力焊、气压焊拉伸试样长度	电弧焊拉伸试样长度	T 形预埋件	弯曲试样长度
400～450	450～550	≥200	350～400

2.8.5 技术要求

1. 钢筋闪光对焊接头、电弧焊接头、电渣压力焊接头、气压焊接头、箍筋闪光对焊接头、预埋件钢筋 T 形接头的拉伸试验结果符合下列条件一，应评定该检验批接头拉伸试验合格：

（1）3 个试件均断于母材，呈延性断裂，其抗拉强度大于或等于钢筋母材抗拉强度标准值。

（2）2 个试件断于钢筋母材，呈延性断裂，其抗拉强度大于或等于钢筋母材抗拉强度标准值；另一试件断于焊缝，呈脆性断裂，其抗拉强度大于或等于钢筋母材抗拉强度标准值的 1.0 倍。试件断于热影响区，呈延性断裂，应视作与断于钢筋母材等同；试件断于热影响区，呈脆性断裂，应视作与断于焊缝等同。

2. 符合下列条件之一，应进行复验：

（1）2 个试件断于钢筋母材，呈延性断裂，其抗拉强度大于或等于钢筋母材抗拉强度标准值；另一试件断于焊缝，或热影响区，呈脆性断裂，其抗拉强度小于钢筋母材抗拉强度标准值的 1.0 倍。

（2）1 个试件断于钢筋母材，呈延性断裂，其抗拉强度大于或等于钢筋母材抗拉强度标准值；另 2 个试件断于焊缝或热影响区，呈脆性断裂。

3. 3 个试件均断于焊缝，呈脆性断裂，其抗拉强度均大于或等于钢筋母材抗拉强度标准值的 1.0 倍，应进行复验。当 3 个试件中有 1 个试件抗拉强度小于钢筋母材抗拉强度标准值的 1.0 倍，应评定该检验批接头拉伸试验不合格。

4. 复验时，应切取 6 个试件进行试验。试验结果，若有 4 个或 4 个以上试件断于钢筋母材，呈延性断裂，其抗拉强度大于或等于钢筋母材抗拉强度标准值，另 2 个或 2 个以下试件断于焊缝，呈脆性断裂，其抗拉强度大于或等于钢筋母材抗拉强度标准值的 1.0 倍，应评定该检验批接头拉伸试验复验合格。

5. 可焊接余热处理钢筋 RRB400W 焊接接头拉伸试验结果，其抗拉强度应符合同级别热轧带肋钢筋抗拉强度标准值 540MPa 的规定。

6. 预埋件钢筋 T 形接头拉伸试验结果，3 个试件的抗拉强度均大于或等于表 2.8-2 的规定值时，应评定该检验批接头拉伸试验合格。若有一个接头试件抗拉强度小于表 2.8-2 的规定值，应进行复验。

复验时，应切取 6 个试件进行试验。复验结果，其抗拉强度均大于或等于表 2.8-2 的规定值时，应评定该检验批接头拉伸试验复验合格。

预埋件钢筋 T 形接头抗拉强度规定值 **表 2.8-2**

钢筋牌号	抗拉强度规定值（MPa）
HPB300	400
HRB335、HRBF335	435
HRB400、HRBF400	520
HRB500、HRBF500	610
RRB400W	520

7. 钢筋闪光对焊接头、气压焊接头进行弯曲试验时，应从每一个检验批接头中随机切取 3 个接头，焊缝应处于弯曲中心点，弯心直径和弯曲角度应符合表 2.8-3 的规定。

接头弯曲试验指标 **表 2.8-3**

钢筋牌号	弯心直径	弯曲角度（°）
HPB300	$2d$	90
HRB335、HRBF335	$4d$	90
HRB400、HRBF400、RRB400W	$5d$	90
HRB500、HRBF500	$7d$	90

注：1. d 为钢筋直径（mm）；
2. 直径大于 25mm 的钢筋焊接接头，弯心直径应增加 1 倍钢筋直径。

弯曲试验结果应按下列规定进行评定：

（1）当试验结果，弯曲至 90°，有 2 个或 3 个试件外侧（含焊缝和热影响区）未发生宽度达到 0.5mm 的裂纹，应评定该检验批接头弯曲试验合格。

（2）有 2 个试件发生宽度达到 0.5mm 的裂纹，应进行复验。

（3）有 3 个试件发生宽度达到 0.5mm 的裂纹，应评定该检验批接头弯曲试验不合格。

（4）复验时，应切取 6 个试件进行试验。复验结果，当不超过 2 个试件发生宽度达到 0.5mm 的裂纹时，应评定该检验批接头弯曲试验复验合格。

2.9 钢筋机械连接件

2.9.1 概述

钢筋机械连接是也是钢筋连接的一种，是指通过钢筋与连接件的机械咬合作用或钢筋端面的承压作用，将一根钢筋中的力传递至另一根钢筋的连接方法。常见的钢筋机械连接有：

1. 套筒挤压接头：通过挤压力使连接件钢套筒塑性变形与带肋钢筋紧密咬合形成的接头。

2. 锥螺纹接头：通过钢筋端头特制的锥形螺纹和连接件锥螺纹咬合形成的接头。

3. 镦粗直螺纹接头：通过钢筋端头镦粗后制作的直螺纹和连接件螺纹咬合形成的接头。

4. 滚轧直螺纹接头：通过钢筋端头直接滚轧或剥肋后滚轧制作的直螺纹和连接件螺纹咬合形成的接头。

5. 套筒灌浆接头：在金属套筒中插入单根带肋钢筋并注入灌浆料拌合物，通过拌合物硬化形成整体并实现传力的钢筋对接连接（套筒灌浆接头详见“2.18 装配式结构连接用材料”中单独描述）。

2.9.2 检验依据

《钢筋机械连接技术规程》JGJ 107—2016。

2.9.3 检验内容和使用要求

1. 检验内容

(1) 工艺检验

钢筋连接工程开始前，应对不同钢厂的进场钢筋进行接头工艺检验，检验项目包括单向拉伸极限抗拉强度和残余变形。

(2) 对于钢筋丝头加工应按 JGJ 107 相关要求进行自检，当监理或质监部门对现场丝头加工质量有异议时，应随机抽取接头进行极限抗拉强度和单向拉伸残余变形检验。

(3) 套筒挤压接头应按 JGJ 107 相关要求进行压痕直径或挤压后套筒长度、钢筋插入套筒深度的检查，当检查不合格数超过 10%时，可在本批外观检验不合格的接头中抽取试件做极限抗拉强度试验。

(4) 对接头的每一验收批，应在工程结构中随机截取试件做极限抗拉强度试验。对不宜在工程中随机截取的接头，允许见证取样，在已加工好并检验合格的钢筋丝头成品中随机割取钢筋试件与随机抽取的进场套筒组装成试件做极限抗拉强度试验。

2. 使用要求

钢筋机械连接接头根据极限抗拉强度、残余变形、最大力下总伸长率以及高应力和大变形条件下反复拉压性能的差异分为Ⅰ级、Ⅱ级、Ⅲ级三个性能等级。混凝土结构中接头等级的选定应符合下列规定：

(1) 混凝土结构中要求充分发挥钢筋强度或对延性要求高的部位应优先选用Ⅱ级或Ⅰ级接头；当在同一连接区段内钢筋接头面积百分率为 100%时，应选用Ⅰ级接头。

(2) 混凝土结构中钢筋应力较高但对延性要求不高的部位可采用Ⅲ级接头。

2.9.4 取样要求

1. 取样批量、数量和方法

(1) 工艺检验：接头工艺检验应针对不同钢筋生产厂的钢筋进行，施工过程中更换钢筋生产厂或接头技术提供单位时，应补充进行工艺检验。各种类型和型式接头都应进行工艺检验，每种规格钢筋接头试件不应少于 3 根。工艺检验不合格时，应进行工艺参数调整，合格后方可按最终确认的工艺参数进行接头批量加工。

(2) 现场检验：接头的现场检验按检验批进行，同钢筋生产厂、同强度等级、同规格、同类型和同型式接头应以 500 个为一个验收批进行检验与验收，不足 500 个也作为一个验收批。对接头的每一验收批，应在工程结构中随机截取 3 个接头试件做极限抗拉强度试验，按设计要求的接头等级进行评定。

（3）现场检验连续10个验收批抽样试件极限抗拉强度一次合格率为100%时，验收批接头数量可以扩大为1000个；当验收批接头数量少于200个时，可抽取2个试件做极限抗拉强度试验。

（4）对有效认证的接头产品，验收批数量可扩大至1000个；当现场检验连续10个验收批抽样试件极限抗拉强度一次合格率为100%时，验收批接头数量可以扩大为1500个。当扩大后的各验收批中出现抽样试件不合格的结果时，各检验批数量恢复为500个，且不得再次扩大验收批数量。

2. 试样长度

拉伸试样长度根据试样直径和所使用的设备确定，通常取450～500mm。

2.9.5 技术要求

1. 工艺检验应符合下列规定：

（1）各种类型和型式接头都应进行工艺检验，检验项目包括单向拉伸极限抗拉强度和残余变形；

（2）每种规格钢筋接头试件不应少于3根；

（3）接头试件测量残余变形后可继续进行极限抗拉强度试验；

（4）每根试件极限抗拉强度和3根接头试件残余变形的平均值均应按接头等级分别符合表2.9-1和表2.9-2的规定。

接头极限抗拉强度 表2.9-1

接头等级	Ⅰ级	Ⅱ级	Ⅲ级
极限抗拉强度	$f_{mst}^{0} \geqslant f_{stk}$ 钢筋拉断 或 $f_{mst}^{0} \geqslant 1.10 f_{stk}$ 连接件破坏	$f_{mst}^{0} \geqslant f_{stk}$	$f_{mst}^{0} \geqslant 1.25 f_{yk}$

注：1. 钢筋拉断指断于母材、套筒外钢筋丝头和钢筋镦粗过渡段；
2. 连接件破坏指断于套筒、套筒纵向开裂或钢筋从套筒中拔出以及其他连接组件破坏。

接头变形性能表 表2.9-2

接头等级		Ⅰ级	Ⅱ级	Ⅲ级
单向拉伸	残余变形（mm）	$u_0 \leqslant 0.10$（$d \leqslant 32$） $u_0 \leqslant 0.14$（$d > 32$）	$u_0 \leqslant 0.14$（$d \leqslant 32$） $u_0 \leqslant 0.16$（$d > 32$）	$u_0 \leqslant 0.14$（$d \leqslant 32$） $u_0 \leqslant 0.16$（$d > 32$）
	最大力下总伸长率（%）	$A_{sgt} \geqslant 6.0$	$A_{sgt} \geqslant 6.0$	$A_{sgt} \geqslant 3.0$
高应力反复拉压	残余变形（mm）	$u_{20} \leqslant 0.3$	$u_{20} \leqslant 0.3$	$u_{20} \leqslant 0.3$
大变形反复拉压	残余变形（mm）	$u_4 \leqslant 0.3$ 且 $u_8 \leqslant 0.6$	$u_4 \leqslant 0.3$ 且 $u_8 \leqslant 0.6$	$u_4 \leqslant 0.6$

2. 现场检验：

机械连接接头应符合下列规定：

（1）机械连接接头的极限抗拉强度必须符合表2.9-1相应等级的规定。

（2）现场检验时，当3个接头试件的极限抗拉强度均符合表2.9-1中相应等级的强度要求时，该批验收应评为合格。当仅有1个试件的极限抗拉强度不符合要求，应再取6个试件进行复检。复检中仍有1个试件的抗拉强度不符合要求，该验收批应评为不合格。当有2～3个试件的极限抗拉强度不符合要求，则直接评定该验收批为不合格。

（3）当验收批接头数量少于 200 个，且抽取 2 个试件做极限抗拉强度试验，当 2 个试件的极限抗拉强度均满足表 2.9-1 的强度要求时，该验收批评为合格。当有 1 个试件的极限抗拉强度不满足要求，应再取 4 个试件进行复检，复检中仍有 1 个试件极限抗拉强度不满足要求，该验收批应评为不合格。

（4）设计对接头疲劳性能要求进行现场检验的工程，应选取工程中大、中、小三种直径钢筋各组装 3 根接头试件进行疲劳试验。全部试件均通过 200 万次重复加载未破坏，应评定该批接头试件疲劳性能合格，每组中仅一根试件不合格，应再取同类型和规格的 3 根接头进行复验，复验中仍有 1 根试件不合格时，该验收批应评定为不合格。

（5）现场截取抽样试件后，原接头位置的钢筋可采用同等规格的钢筋进行绑扎搭接连接、焊接或机械连接方法补接。

（6）对抽检不合格的接头验收批，应由工程有关各方研究后提出处理方案。例如：可在采取补救措施后再按上文所述方法重新检验；或设计部门研究能否降级使用；或增补钢筋；或拆除后重新制作等。

2.10 钢结构材料

2.10.1 概述

钢结构材料指建设工程所用的各种钢材，如：板材、管材和型材等热轧钢材或冷弯成型的薄壁型钢、钢结构焊接及材料、钢结构紧固件材料和钢结构用其他材料。这些材料具有相对重量轻、跨度大、用料少、造价低、节省基础、施工周期短、安全可靠、造型美观等优点。

钢结构材料包含钢材、焊接材料、紧固件材料和防腐防火涂料等。钢材是组成钢结构的主体材料，直接影响建筑结构的安全使用，应根据钢结构工程特点选择适宜的强度、塑性、韧性，具有良好的冷或热加工和可焊性能的钢材，当钢结构处于某种特定的环境或接触一些特殊的介质时还应具有相应的抵御能力，如使用环境温度常年较低时，应考虑钢材的低温特性要求，如经常接触腐蚀介质就应考虑介质对厚度的侵蚀，如在钢材板厚方向受力较大应考虑钢材的 Z 向性能等。

影响钢结构适用性能的因素是很多的，尤其作为钢结构用钢材、焊接材料和紧固件材料具有更加特殊的地位，焊接和紧固件连接是组成钢结构整体的首选条件，将影响钢结构整体安全使用。钢结构中有些特殊的材料，如钢网架连接件和防腐防火涂料也会被视为钢结构材料对待，在相应规范和技术标准对其检验验收有专门的描述。

2.10.2 检验依据

1.《钢结构设计标准》GB 50017—2017。

2.《钢结构工程施工质量验收标准》GB 50205—2020。

3.《钢结构焊接规范》GB 50661—2011。

4.《钢结构工程施工规范》GB 50755—2012。

5.《优质碳素结构钢》GB/T 699—2015。

6.《碳素结构钢》GB/T 700—2006。

7.《热轧型钢》GB/T 706—2016。

8.《热轧钢板和钢带的尺寸、外形、重量及允许偏差》GB/T 709—2019。

9.《碳素结构钢和低合金结构钢热轧钢板和钢带》GB/T 3274—2017。

10.《低合金高强度结构钢》GB/T 1591—2018。

11.《合金结构钢》GB/T 3077—2015。

12.《冷轧钢板和钢带的尺寸、外形、重量及允许偏差》GB/T 708—2019。

13.《钢板和钢带包装、标志及质量证明书的一般规定》GB/T 247—2008。

14.《钢及钢产品交货一般技术要求》GB/T 17505—2016。

15.《型钢验收、包装、标志及质量证明书的一般规定》GB/T 2101—2017。

16.《耐候结构钢》GB/T 4171—2008。

17.《厚度方向性能钢板》GB/T 5313—2010。

18.《结构用无缝钢管》GB/T 8162—2018。

19.《热轧 H 型钢和剖分 T 型钢》GB/T 11263—2017。

20.《直缝电焊钢管》GB/T 13793—2016。

21.《建筑用压型钢板》GB/T 12755—2008。

22.《建筑结构用钢板》GB/T 19879—2015。

23.《焊接 H 型钢》YB/T 3301—2005。

24.《非合金钢及细晶粒钢焊条》GB/T 5117—2012。

25.《热强钢焊条》GB/T 5118—2012。

26.《埋弧焊用非合金钢及细晶粒钢实心焊丝、药芯焊丝和焊丝-焊剂组合分类要求》GB/T 5293—2018。

27.《气体保护电弧焊用碳钢、低合金钢焊丝》GB/T 8110—2008。

28.《非合金钢及细晶粒钢药芯焊丝》GB/T 10045—2018。

29.《熔化焊用钢丝》GB/T 14957—1994。

30.《热强钢药芯焊丝》GB/T 17493—2018。

31.《埋弧焊用热强钢实心焊丝、药芯焊丝和焊丝-焊剂组合分类要求》GB/T 12470—2018。

32.《氩》GB/T 4842—2017。

33.《焊接用混合气体 二氧化碳-氧/氩》HG/T 4984—2016。

34.《电弧螺柱焊用圆柱头焊钉》GB/T 10433—2002。

35.《六角头螺栓　C 级》GB/T 5780—2016。

36.《六角头螺栓》GB/T 5782—2016。

37.《钢结构用高强度大六角头螺栓》GB/T 1228—2006。

38.《钢结构用高强度大六角螺母》GB/T 1229—2006。

39.《钢结构用高强度垫圈》GB/T 1230—2006。

40.《钢结构用高强度大六角头螺栓、大六角螺母、垫圈技术条件》GB/T 1231—2006。

41.《紧固件机械性能　螺栓、螺钉和螺柱》GB/T 3098.1—2010。

42.《钢结构用扭剪型高强度螺栓连接副》GB/T 3632—2008。

43.《钢网架螺栓球节点用高强度螺栓》GB/T 16939—2016。

44.《钢和铁　化学成分测定用试样的取样和制样方法》GB/T 20066—2006。

45.《钢结构防火涂料》GB 14907—2018。

46.《焊接结构用铸钢件》GB/T 7659—2010。

47.《预应力钢结构技术规程》CECS 212：2006。

2.10.3　检验内容和使用要求

1. 检验内容

钢结构工程施工质量的验收，必须采用经计量检定、校准合格的计量器具。钢结构工程见证取样送样、检测应由具有相应资质的检测机构进行，制作单位可委托具有制作所在地中国计量认证（CMA）或中国合格评定国家认可委员会（CNAS）认证的检测机构检测，建设单位可委托工程所在地具有建设行业主管部门资质的检测机构进行。采用的原材料及成品应进行进场验收，凡涉及安全、功能的原材料及成品应按《钢结构工程施工质量验收标准》GB 50205—2020、《钢结构设计标准》GB 50017—2017、《钢结构工程施工规范》GB 50755—2012 规定，对以下材料或项目进行复验，并应经监理工程师（建设单位技术负责人）见证取样送样：

（1）对属于下列情况之一的钢结构工程用钢材，应进行见证抽样复验：

① 结构安全等级为一级的重要建筑主体结构用钢材；

② 结构安全等级为二级的一般建筑，当其结构跨度大于 60m 或高度大于 100m 时或承受动力荷载需要验算疲劳的主体结构用钢材；

③ 板厚不小于 40mm，且设计有 Z 向性能要求的厚板；

④ 强度等级大于或等于 420MPa 高强度钢材；

⑤ 进口钢材、混批钢材或质量证明文件不齐全的钢材；

⑥ 设计文件或合同工文件要求复检的钢材。

钢材的复验项目应满足设计文件的要求，当设计文件无要求时，可按表 2.10-1 执行。

钢结构用钢材复验项目　　表 2.10-1

序号	种类	复验项目	备注
1	钢板、型材、管材、铸钢件、拉索、拉杆、锚具	屈服强度、抗拉强度、伸长率	承重结构采用的钢材
2	钢板、型材、管材	冷弯性能	焊接承重结构和弯曲成型构件采用的钢材
3	钢板、型材、管材、铸钢件（设计要求时）	冲击韧性	需要验算疲劳的承重结构采用的钢材
4	钢板、型材、管材	厚度方向断面收缩率	焊接承重结构采用的 Z 向钢
5	钢板、型材、管材、铸钢件	化学成分	焊接结构采用的钢材保证项目：P、S、C（CEV）；非焊接结构采用的钢材保证项目：P、S
6	其他		由设计提出要求

（2）对于下列情况之一的钢结构所采用的焊接材料应按其产品标准进行抽样复验：

① 结构安全等级为一级的一、二级焊缝；

② 结构安全等级为二级的一级焊缝；

③ 需要进行疲劳验算构件的焊缝；

④ 材料混批或质量证明文件不齐全的焊接材料；

⑤ 设计文件或合同工文件要求复检的焊接材料。

钢结构所用焊接材料进行抽样复验时，应按现行国家产品标准进行检验，常用的检验项目有钢丝的化学成分、熔敷金属化学成分、熔敷金属力学性能以及焊条药皮的含水量等。

另外，施工单位还应对焊钉的机械性能和焊接性能进行见证取样送样、复验。

（3）对于钢结构工程连接用紧固标准件，应对下列产品进行复验：

① 高强度大六角头螺栓连接副进场时应进行扭矩系数的复验；

② 扭剪型高强度螺栓连接副进场时应进行紧固轴力（预拉力）复验；

③ 对普通螺栓作为永久性连接螺栓时，当设计有要求或对其质量有疑义时，应进行螺栓实物最小拉力荷载复验；

④ 钢结构安装单位应进行高强度螺栓连接摩擦面（含涂层摩擦面）的抗滑移系数复验，现场处理的构件摩擦面应单独进行摩擦面抗滑移系数试验。

（4）对下列情况之一的金属屋面系统应进行抗风能力试验：

① 结构安全等级为一级的金属屋面；

② 防水等级为Ⅰ、Ⅱ级的大型公共建（构）筑物金属屋面；

③ 采用新材料、新板型或新构造的金属屋面；

④ 设计文件提出检测要求的金属屋面。

（5）对于膜结构用膜材展开面积大于 1000m^2 时，应对膜材的断裂强度、撕裂强度进行见证取样送样复验。

（6）当钢结构防火涂料每使用 100t 或不足 100t 薄涂型防火涂料应抽检一次粘结强度，每使用 500t 或不足 500t 厚涂型防火涂料应抽检一次粘结强度和抗压强度。

（7）对于设计要求的一、二级焊缝应进行内部缺陷的无损检测。焊缝无损探伤检测分为施工单位自检及第三方监检，其中施工单位自检可由施工单位具有相应要求的检测人员或由其委托的具有相应要求的检测机构进行检测，第三方监检则由业主或其代表委托的具有相应要求的独立第三方检测机构进行检测并出具检测报告。钢结构焊缝内部缺陷的无损检测详见“3.8 钢结构工程现场检测”。

（8）钢结构工程中，对于以下项目，应进行现场见证检测：

① 焊缝外观质量；

② 焊缝尺寸；

③ 高强度螺栓终拧质量；

④ 基础和支座安装；

⑤ 钢材表面处理；

⑥ 涂料附着力；

⑦ 防腐涂层厚度；

⑧ 防火涂层厚度；

⑨ 主要构件安装精度；

⑩ 主体结构整体尺寸。

现场见证检测应由监理工程师或业主方代表指定抽样样本，见证检测过程应由施工单位质检人员或由其委托的检测机构进行检测。钢结构工程现场见证检测详见“3.8 钢结构工程现场检测”。

2. 使用要求

（1）对国外进口的钢材当具有国家进出口质量检验部门的复验商检报告时，可以不再进行复验。

（2）当钢板表面锈蚀、麻点或划痕等缺陷深度超过其厚度允许偏差值的 1/2，且大于等于 0.5mm 时不得使用。

（3）焊条外观不应有药皮脱落、焊芯生锈等缺陷，焊剂不应受潮结块。

（4）焊接材料与母材的匹配应符合设计文件的要求及国家现行标准的规定。焊接材料在使用前，应按其产品说明书及焊接工艺文件的规定进行烘焙和存放。

（5）焊缝无损检测人员应取得国家专业考核机构颁发的等级证书，并应按证书合格项目及权限从事焊缝无损检测工作。

（6）持证焊工必须在其焊工合格证书规定的认可范围内施焊，严禁无证焊工施焊。

（7）施工单位应按现行国家标准《钢结构焊接规范》GB 50661—2011 的规定进行焊接工艺评定，根据评定报告确定焊接工艺，编写焊接工艺规程并进行全过程质量控制。

（8）施工应在高强度大六角螺栓连接副的扭矩系数和扭剪型高强度螺栓连接副使用前及产品质量保证期内对紧固轴力（预拉力）进行见证取样送样检验。

（9）高强度螺栓连接副在储存、运输、施工过程中，应严格按票号存放、使用。不同批号的螺栓、螺母、垫圈不得混杂使用。高强度螺栓连接副的表面经特殊处理，在使用前尽可能地保持其出厂状态，以免扭矩系数或紧固轴力（预拉力）发生变化。

（10）涂装材料进场验收时需要开桶抽查，除检查涂料结皮、结块、凝胶等现象外，还要与质量证明文件对照涂料的型号、名称、颜色及有效期等。涂装材料还应按产品说明的要求进行存储。

2.10.4 取样要求

1. 取样批量和数量

（1）钢结构用钢材的组批规则及取样数量应符合以下要求：

① 复验检验批量标准值时根据同批钢材量确定的，同批钢材应由同一牌号、同一质量等级、同一规格、同一交货条件的钢材组成。检验批量标准值可按表 2.10-2 采用。

钢结构用钢材复验检验批量标准值（t） 表 2.10-2

同批钢材量	检验批量标准值
≤500	180
501～900	240
901～1500	300
1501～3000	360
3001～5400	420
5401～9000	500
>9000	600

注：同一规格可参照板厚度分组：≤16mm；>16mm，≤40mm；>40mm，≤63mm；>63mm，≤80mm；>80mm，≤100mm；>100mm。

② 根据建筑结构的重要性及钢材品种不同，对检验批量标准值进行修正，检验批量值取 10 的整倍数。修正系数可按表 2.10-3 采用。

钢材复验检验批量修正系数　　表 2.10-3

项目	修正系数
1. 建筑结构安全等级一级，且设计使用年限 100 年重要建筑用钢材； 2. 强度等级大于或等于 420MPa 高强度钢材	0.85
获得认证且连续首三批均检验合格的钢材产品	2.00
其他情况	1.00

注：修正系数为 2.00 的钢材产品，当检验出现不合格时，应按照修正系数 1.00 重新确定检验批量。

③ 钢材的复验项目应满足设计文件的要求，当设计文件无要求时可按表 2.10-4 执行。

钢结构用钢材每个检验批复验项目及取样数量　　表 2.10-4

序号	复验项目	取样数量
1	屈服强度、抗拉强度、伸长率	1
2	冷弯性能	3
3	冲击韧性	3
4	厚度方向断面收缩率	3
5	化学成分	1
6	其他	由设计提出要求

④ 铸钢件的检验，应按同一类型构件、同一炉浇筑、同一热处理方法划分为一个检验批；厂家在安排浇铸过程中应连体铸出试样坯，经同炉热处理后加工成试件两组，其中一组用于出厂检验，另一组随铸钢件产品进场进行见证复验。铸钢件按批进行检验，每批 1 个化学成分试件、1 个拉伸试件和 3 个冲击韧性试件（设计要求时）。

⑤ 拉索、拉杆、锚具复验应对应于同一炉批号原材料，按统一轧制工艺及热处理制作的同一规格拉杆或拉索为一批；组装数量以不超过 50 套件的锚具和索杆为 1 个检验批。每个检验批抽 3 个试件进行拉伸检验。

(2) 焊接材料

根据《钢结构工程施工规范》GB 50755—2012 规定，对于需要复验的焊接材料，复验时焊丝宜按五个批（相当炉批）取一组试验，焊条宜按三个批（相当炉批）取一组试验。

焊钉的机械性能和焊接性能应按每个批号进行一组复验，且不应少于 5 个拉伸和 5 个弯曲试验。

(3) 紧固件

① 高强度大六角头螺栓连接副和扭剪型高强度螺栓连接副由同一性能等级、材料、炉号、螺纹规格、长度（当螺栓长度≤100mm 时，长度相差≤15mm；螺栓长度>100mm 时，长度相差≤20mm，可视为同一长度）、机械加工、热处理工艺及表面处理工艺的螺栓为同批；同一性能等级、材料、炉号、螺纹规格、机械加工、热处理工艺及表面处理工艺的螺母为同批；同一性能等级、材料、炉号、规格、机械加工、热处理工艺及表面处理工艺的垫圈为一批。分别由同批螺栓、螺母、垫圈组成的连接副为同批连接副。检验时每批

抽取8套。

② 普通螺栓作为永久性连接螺栓时的最小拉力荷载复验，每一规格螺栓抽查8个。

③ 高强度螺栓连接摩擦面的抗滑移系数检验，检验批可按分部工程（子分部工程）所含高强度螺栓用量划分：每5万个高强度螺栓用量的钢结构为一批，不足5万个高强度螺栓用量的钢结构视为一批。选用两种及两种以上表面处理（含有涂层摩擦面）工艺时，每种处理工艺均需检验抗滑移系数，每批3组试件。试件应由制作厂按批制作加工，每检验批加工6组试件，3组供制作厂检验用，另外3组供安装现场复验用。

（4）对于金属屋面系统抗风揭性能检测，每金属屋面系统3组（个）试件。

2. 取样方法

（1）钢结构用钢材力学性能试验用样坯的取样应按照钢材产品标准的规定进行，产品标准未规定时，应按国家标准《钢和钢产品　力学性能试验取样位置及试样制备》GB/T 2975—2018进行。取样时应遵循以下原则：

① 试样应具有代表性，按照标准GB/T 2975—2018附录A选取的试样认为具有产品代表性。

② 抽样产品和试样应做标记以确保可追溯至原产品以及它们在原产品中的位置和方向。为此，如果在抽样过程中无法避免要将抽样产品和试样（一个或多个）的标记去除，应在这些标记去除前或在试样从自动制样设备中取出前做好标记转移。

③ 用于制备试样的试料和样坯的切取和机加工，应避免产生表面加工硬化及热影响改变材料的力学性能。用烧割法和冷剪法取样所加工余量可参考标准GB/T 2975—2018附录B。机加工后，应去除任何工具留下的可能影响试验结果的痕迹，可采用研磨或抛光。采用的最终加工方法应保证试样的尺寸和形状处于相应试验标准规定的公差范围内。试样的尺寸公差应符合相应试验方法的规定。

④ 对于型钢、棒材和盘条、钢板、管材，用于拉伸和冲击试验试样的取样位置见标准GB/T 2975—2018图A.1～图A.15；对于弯曲试验，在宽度方向的取样位置与拉伸试样相同，试样应至少保留一个原表面；当要求一个以上试样时，可在规定位置的相邻处取样。

（2）钢结构钢材的化学分析应按《钢和铁　化学成分测定用试样的取样和制样方法》GB/T 20066—2006进行，样品可以按产品标准中规定的位置，从用于力学性能试验所选用的抽样产品中取得，或按照GB/T 2975规定进行。试样可用机械切削或用切割器从抽样产品中取得。块状的原始样品的尺寸应足够大，以便进行复验或必要时使用其他的分析方法进行分析。制备的分析试样的质量应足够大，以便可能进行必要的复验。对屑状或粉末状样品，其质量一般为100g；块状的分析试样的尺寸要求取决于所选定的分析方法，对于光电发射光谱分析和X射线荧光光谱分析，其分析试样的形状与大小由分析仪器决定。

（3）钢结构用钢材厚度方向性能（Z向性能）取样时，样坯应在沿钢板主轧制方向（纵向）的一端的中部切取（宽度1/2处），对于钢锭成材的钢板，应确保取在对应钢锭头部端。该样坯足以制备6个试样，其中3个为备用。应确保在最终试样的加工过程中伴随的热影响或加工硬化区被去除。单个最终试样的直径可取10mm，平行长度可取15～80mm。

（4）碳素结构钢

碳素结构钢除按照（1）～（2）的规定进行取样外，还应符合《碳素结构钢》GB/T 700—2006的规定：

① 拉伸和冷弯试验，钢板、钢带试样的纵向轴线应垂直于轧制方向；型钢、钢棒和受宽度限制的窄钢带试样的纵向轴线应平行轧制方向。

② 冲击试样的纵向轴线应平行轧制方向。冲击试样可以保留一个轧制面。

(5) 低合金高强度结构钢

低合金高强度结构钢除按照 (1)～(3) 的规定进行取样外，还应符合《低合金高强度结构钢》GB/T 1591—2018 的规定：

① 拉伸、弯曲和冲击试验的取样部位为钢材的一端。

② 当需方无特殊要求时，冲击试验的取样位置按如下规定进行：

a. 对于型钢，按 GB/T 2975—2018 图 A.3 的规定；

b. 对于圆钢，当公称直径 $d\leqslant 25$mm、25mm$<d\leqslant 50$mm 及 $d>50$mm 时，分别按 GB/T 2975—2018 图 A.5 中 (a)、(b)、(d) 的规定；

c. 对于方钢，当边长不大于 50mm 时，按 GB/T 2975—2018 图 A.9 中 (a) 的规定，当边长大于 50mm 时，按 GB/T 2975—2018 中图 A.9 中 (b) 的规定；

对于钢板，当公称厚度不大于 40mm 时，按 GB/T 2975—2018 图 A.11 中 (a) 的规定，当公称厚度大于 40mm 时，按 GB/T 2975—2018 图 A.11 中 (b) 的规定。

③ 低合金高强度结构钢进行冲击试验时，当其公称厚度不小于 6mm 或公称直径不小于 12mm，试样尺寸应为 10mm×10mm×55mm 的标准试样；当钢材不足以制取标准试样时，应采用 10mm×7.5mm×55mm 或 10mm×5mm×55mm 小尺寸试样。

(6) 建筑结构用钢板

建筑结构用钢板除按照 (1)～(3) 的规定进行取样外，还应符合《建筑结构用钢板》GB/T 19879—2015 的规定：

① 对于厚度大于 40mm 的钢板，冲击试样轴线应位于板厚 1/4 处。

② 建筑结构用钢板进行冲击试验时，当其厚度不小于 12mm 时，试样尺寸应为 10mm×10mm×55mm 的标准试样；当 8mm<厚度<12mm 时，试样尺寸应采用 7.5mm×10mm×55mm 的小尺寸试样；当其厚度为 6～8mm 时，应采用 5mm×10mm×55mm 的小尺寸试样。

(7) 耐候结构钢

耐候结构钢除按照 (1)～(2) 的规定进行取样外，还应符合《耐候结构钢》GB/T 4171—2008 的规定：

厚度不小于 6mm 或直径不小于 12mm 的钢材应做冲击试验。对于 6mm≤厚度<12mm 或 12mm≤直径<16mm 的钢材做冲击试验时，应采用 10mm×7.5mm×55mm 或 10mm×5mm×55mm 的小尺寸试样。

(8) 高强度螺栓连接抗滑移系数试件

高强度螺栓连接抗滑移系数试验应采用双摩擦面的二栓拼接的拉力试件，试件与所代表的钢结构件应为同一材质、同批制作、采用同一摩擦面处理工艺和具有相同的表面状态(含有涂层)，在同一环境条件下存放，并应用同批同一性能等级的高强度螺栓连接副。试件如图 2.10-1 所示，试件规格按《钢结构工程施工质量验收标准》GB 50205—2020 执行。

(9) 涂料

薄涂型防火涂料随机抽取 1 份至少 3kg 样品做粘结强度，厚涂型防火涂料随机抽取 1 份至少 15kg 样品做粘结强度、抗压强度检测。

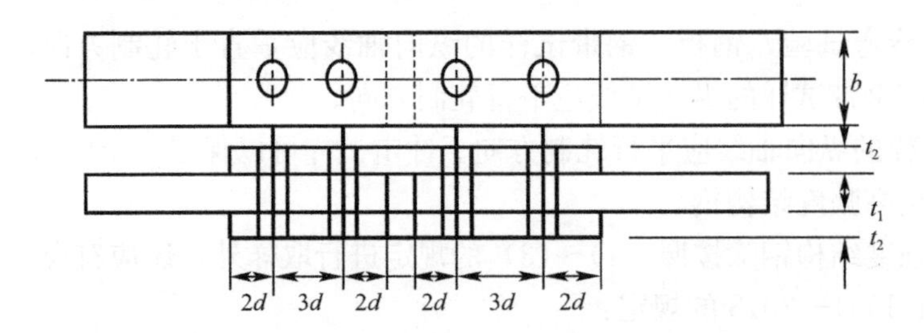

图 2.10-1　高强度螺栓连接抗滑移系数试件

2.10.5　技术要求

1. 碳素结构钢力学性能应满足表 2.10-5、表 2.10-6 的要求。

碳素结构钢力学性能　　**表 2.10-5**

牌号	等级	屈服强度 R_{eH}(N/mm²) 不小于						抗拉强度 R_m (N/mm²)	断后伸长率 A(%) 不小于					冲击试验（V 形缺口）	
		厚度（或直径，mm）							厚度（或直径，mm）					温度（℃）	冲击吸收功（纵向，J）不小于
		≤16	>16～40	>40～60	>60～100	>100～150	>150～200		≤40	>40～60	>60～100	>100～150	>150～200		
Q235	A	235	225	215	215	195	185	370～500	26	25	24	22	21	—	—
	B													+20	27°
	C													0	
	D													−20	

碳素结构钢弯曲性能　　**表 2.10-6**

牌号	试样方向	冷弯试验 180°　$B=2a$[a]	
		钢材厚度（或直径[b]，mm）	
		≤60	>60～100
		弯心直径 d	
Q235	纵	a	$2a$
	横	$1.5a$	$2.5a$

[a] B 为试样宽度，a 为试样厚度（或直径）。

[b] 钢材厚度（或直径）大于 100mm 时，弯曲试验由双方协商确定。

2. 低合金高强度结构钢力学性能应满足表 2.10-7～表 2.10-10 的要求。

低合金高强度结构钢拉伸性能（热轧钢材节选）　　**表 2.10-7**

牌号		上屈服强度 R_{eH}[a](MPa) 不小于									抗拉强度 R_m(MPa)			
钢级	质量等级	公称厚度或直径（mm）												
		≤16	>16～40	>40～63	>63～80	>80～100	>100～150	>150～200	>200～250	>250～400	≤100	>100～150	>150～250	>250～400
Q355	B、C	355	345	335	325	315	295	285	275	—	470～630	450～600	450～600	—
	D									265[b]				450～600[b]
Q390	B、C、D	390	380	360	340	340	320	—	—	—	490～650	470～620	—	—
Q420[c]	B、C	420	410	390	370	370	350	—	—	—	520～680	500～650	—	—

续表

牌号		上屈服强度 R_{eH}[a](MPa) 不小于									抗拉强度 R_m(MPa)			
钢级	质量等级	公称厚度或直径（mm）												
		≤16	>16~40	>40~63	>63~80	>80~100	>100~150	>150~200	>200~250	>250~400	≤100	>100~150	>150~250	>250~400
Q460[c]	C	460	450	430	410	410	390	—	—	—	550~720	530~700	—	—

[a] 当屈服不明显时，可用规定塑性延伸强度 $R_{p0.2}$代替上屈服强度。
[b] 只适用于质量等级为 D 的钢板。
[c] 只适用于型钢和棒材。

低合金高强度结构钢伸长率（热轧钢材节选）　　表 2.10-8

牌号		断后伸长率 A(%) 不小于						
钢级	质量等级	公称厚度或直径（mm）						
		试样方向	≤40	>40~63	>63~100	>100~150	>150~250	>250~400
Q355	B、C、D	纵向	22	21	20	18	17	17[a]
		横向	20	19	18	18	17	17[a]
Q390	B、C、D	纵向	21	20	20	19	—	—
		横向	20	19	19	18	—	—
Q420[b]	B、C	纵向	20	19	19	19	—	—
Q460[b]	C	纵向	18	17	17	17	—	—

[a] 只适用于质量等级为 D 的钢板。
[b] 只适用于型钢和棒材。

低合金高强度结构钢夏比（V 形缺口）冲击吸收能量（热轧钢材节选）　　表 2.10-9

牌号		以下试验温度的冲击吸收能量最小值 KV_2(J)					
钢级	质量等级	20℃		0℃		−20℃	
		纵向	横向	纵向	横向	纵向	横向
Q355、Q390、Q420	B	34	27	—	—	—	—
Q355、Q390、Q420、Q460	C	—	—	34	27	—	—
Q355、Q390	D	—	—	—	—	34[a]	27[a]

[a] 仅适用于厚度大于 250mm 的 Q355D 钢板。

低合金高强度结构钢弯曲性能　　表 2.10-10

试样方向	180°弯曲试验 D——弯曲压头直径，a——试样厚度或直径	
	公称厚度或直径（mm）	
	≤16	>16~100
对于公称宽度不小于 600mm 的钢板及钢带，拉伸试验取横向试样；其他钢材的拉伸试验取纵向试样	$D=2a$	$D=3a$

3. 耐候结构钢力学性能应满足表 2.10-11、表 2.10-12 的要求。

耐候结构钢力学性能 **表 2.10-11**

牌号	拉伸试验									180°弯曲试验弯心直径		
	下屈服强度 R_{eL}(MPa) 不小于				抗拉强度 R_m(MPa)	断后伸长率 A(%) 不小于						
	≤16	>16～40	>40～60	>60		≤16	>16～40	>40～60	>60	≤6	>6～16	>16
Q235NH	235	225	215	215	360～510	25	25	24	23	a	a	$2a$
Q355NH	355	345	335	325	490～630	22	22	21	20	a	$2a$	$3a$
Q415NH	415	405	395	—	520～680	22	22	20	—	a	$2a$	$3a$

注：a 为钢材厚度。
当屈服现象不明显时，可采用 $R_{p0.2}$。

耐候结构钢冲击性能 **表 2.10-12**

质量等级	V 形缺口冲击试验[a]		
	试样方向	温度（℃）	冲击吸收能量 KV_2(J)
A	纵向	—	—
B		+20	≥47
C		0	≥34
D		−20	≥34
E		−40	≥27[b]

[a] 冲击试样尺寸为 10mm×10mm×55mm。
[b] 经供需双方协商，平均冲击功值可以≥60J。

4. 建筑结构用钢板力学性能应满足表 2.10-13 的要求。

建筑结构用钢板力学性能（节选） **表 2.10-13**

牌号	质量等级	拉伸试验											纵向冲击试验		弯曲试验	
		钢板厚度（mm）										断后伸长率 A (%)≥	温度(℃)	冲击吸收能量 KV_2(J)	180°弯曲压头直径 D	
		下屈服强度 R_{eL}(MPa)					抗拉强度 R_m(MPa)			屈强比 R_{eL}/R_m					钢板厚度 (mm)	
		6～16	>16～30	>50～100	>100～150	>150～200	≤100	>100～150	>150～200	>6～150	>150～200			≥	≤16	>16
Q235 GJ	B	≥235	235～345	225～335	215～325	—	400～510	380～510	—	≤0.80	—	23	20	47	$D=2a$	$D=3a$
	C												0			
	D												−20			
	E												−40			
Q345 GJ	B	≥345	345～455	335～415	325～435	305～415	490～610	470～610	470～610	≤0.80	≤0.80	22	20	47	$D=2a$	$D=3a$
	C												0			
	D												−20			
	E												−40			
Q390 GJ	B	≥390	390～510	380～500	370～490	—	510～660	490～640	—	≤0.83	—	20	20	47	$D=2a$	$D=3a$
	C												0			
	D												−20			
	E												−40			
Q420 GJ	B	≥120	420～550	410～540	400～530	—	530～680	510～660	—	≤0.83	—	20	20	47	$D=2a$	$D=3a$
	C												0			
	D												−20			
	E												−40			

续表

<table>
<tr><th rowspan="4">牌号</th><th rowspan="4">质量等级</th><th colspan="11">拉伸试验</th><th colspan="2">纵向冲击试验</th><th colspan="2">弯曲试验</th></tr>
<tr><th colspan="10">钢板厚度（mm）</th><th rowspan="3">断后伸长率 A（%）≥</th><th rowspan="3">温度（℃）</th><th rowspan="2">冲击吸收能量 KV_2(J)</th><th colspan="2">180°弯曲压头直径 D</th></tr>
<tr><th colspan="5">下屈服强度 R_{eL}(MPa)</th><th colspan="3">抗拉强度 R_m(MPa)</th><th colspan="2">屈强比 R_{eL}/R_m</th><th colspan="2">钢板厚度（mm）</th></tr>
<tr><th>6～16</th><th>>16～30</th><th>>50～100</th><th>>100～150</th><th>>150～200</th><th>≤100</th><th>>100～150</th><th>>150～200</th><th>>6～150</th><th>>150～200</th><th>≥</th><th>≤16</th><th>>16</th></tr>
<tr><td rowspan="4">Q460GJ</td><td>B</td><td rowspan="4">≥460</td><td rowspan="4">460～600</td><td rowspan="4">450～500</td><td rowspan="4">440～580</td><td rowspan="4">—</td><td rowspan="4">570～720</td><td rowspan="4">550～720</td><td rowspan="4">—</td><td rowspan="4">≤0.83</td><td rowspan="4">—</td><td rowspan="4">18</td><td>20</td><td rowspan="4">47</td><td rowspan="4">$D=2a$</td><td rowspan="4">$D=3a$</td></tr>
<tr><td>C</td><td>0</td></tr>
<tr><td>D</td><td>−20</td></tr>
<tr><td>E</td><td>−40</td></tr>
</table>

注：a 为试样厚度。

5. 焊接结构用铸钢件的力学性能应满足表 2.10-14 的要求。

焊接结构用铸钢件力学性能 **表 2.10-14**

牌号	拉伸性能			冲击吸收功 A_{KYZ} J（min）
	上屈服强度 R_{eH} MPa（min）	抗拉强度 R_m MPa（min）	断后伸长率 A %（min）	
ZG200-400H	200	400	25	45
ZG230-450H	230	450	22	45
ZG270-480H	270	480	20	40
ZG300-500H	300	500	20	40
ZG340-550H	340	550	15	35

6. 拉索中的钢丝绳索的力学性能应分别符合现行国家标准《重要用途钢丝绳》GB/T 8918 中对强度等级 1570MPa、1670MPa、1770MPa、1870MPa、1960MPa 的圆形钢丝或异型钢丝的性能要求，钢绞线索应分别符合《高强度低松弛预应力热镀锌钢绞线》YB/T 152、《镀锌钢绞线》YB/T 5004 以及《预应力混凝土用钢绞线》GB/T 5224 中强度等级为 1270MPa、1370MPa、1470MPa、1570MPa、1670MPa、1770MPa、1870MPa 以及 1960MPa 的钢绞线性能，钢丝束索的力学性能应分别符合《桥梁缆索用热镀锌或锌铝合金钢丝》GB/T 17101、《桥梁缆索用高密度聚乙烯护套料》CJ/T 297 中 ϕ5mm 或 ϕ7mm 钢丝的性能，拉杆索的力学性能应符合《船坞钢拉杆》CB/T 3957 的规定，锚具的力学性能应符合现行国家标准《预应力筋用锚具、夹具和连接器》GB/T 14370 及现行行业标准《预应力筋用锚具、夹具和连接器应用技术规程》JGJ 85 的规定。

7. 对厚度不小于 15mm 的钢板要求厚度方向性能时，其厚度方向性能级别的断面收缩率值应符合表 2.10-15 的要求。

厚度方向性能级别的断面收缩率值 **表 2.10-15**

厚度方向性能级别	断面收缩率 Z(%)	
	三个试样平均值	单个试样值
Z15	≥15	≥10
Z25	≥25	≥15
Z35	≥35	≥25

8. 钢结构用钢材，其化学成分应符合相关标准规定。

9. 非合金钢及细晶粒钢焊条 GB/T 5117—2012 熔敷金属力学性能应符合表 2.10-16 的要求。

非合金钢及细晶粒钢焊条熔敷金属力学性能　　表 2.10-16

焊条型号	抗拉强度 R_m(MPa)	屈服强度 R_{eL}(MPa)	断后伸长率 A(%)	冲击试验温度（℃）
E4303	≥430	≥330	≥20	0
E4310	≥430	≥330	≥20	−30
E4311	≥430	≥330	≥20	−30
E4312	≥430	≥330	≥16	—
E4313	≥430	≥330	≥16	—
E4315	≥430	≥330	≥20	−30
E4316	≥430	≥330	≥20	−30
E4318	≥430	≥330	≥20	−30
E4319	≥430	≥330	≥20	−20
E4320	≥430	≥330	≥20	—
E4324	≥430	≥330	≥16	—
E4327	≥430	≥330	≥20	−30
E4328	≥430	≥330	≥20	−20
E4340	≥430	≥330	≥20	0
E5003	≥490	≥400	≥20	0
E5010	490～650	≥400	≥20	−30
E5011	490～650	≥400	≥20	−30
E5012	≥490	≥400	≥16	—
E5013	≥490	≥400	≥16	—
E5014	≥490	≥400	≥16	—
E5015	≥490	≥400	≥20	−30
E5016	≥490	≥400	≥20	−30
E5016-1	≥490	≥400	≥20	−45
E5018	≥490	≥400	≥20	−30
E5018-1	≥490	≥400	≥20	−45
E5019	≥490	≥400	≥20	−20
E5024	≥490	≥400	≥16	—
E5024-1	≥490	≥400	≥20	−20
E5027	≥490	≥400	≥20	−30
E5028	≥490	≥400	≥20	−20
E5048	≥490	≥400	≥20	−30

10. 热强钢焊条 GB/T 5118—2012 熔敷金属力学性能应符合表 2.10-17 的要求。

热强钢焊条熔敷金属力学性能 表 2.10-17

焊条型号[a]	抗拉强度 R_m(MPa)	屈服强度 R_{eL}(MPa)	断后伸长率 A(%)	预热和道间温度（℃）	焊后热处理	
					热处理温度（℃）	保温时间（min）
E50XX-1M3	≥490	≥390	≥22	90～110	605～645	60
E55XX-CM	≥550	≥460	≥17	160～190	675～705	60
E55XX-C1M	≥550	≥460	≥17	160～190	675～705	60
E55XX-1CM	≥550	≥460	≥17	160～190	675～705	60

[a] 焊条型号中 XX 代表药皮类型 15、16 或 18。

11. 气体保护电弧焊用碳钢、低合金钢焊丝 GB/T 8110—2008 熔敷金属力学性能应符合表 2.10-18 的要求。

气体保护电弧焊用碳钢、低合金钢焊丝熔敷金属力学性能（碳钢） 表 2.10-18

焊丝型号	保护气体	抗拉强度 R_m(MPa)	屈服强度 $R_{p0.2}$(MPa)	伸长率 A(%)	试样状态
碳钢					
ER50-2	CO_2	≥500	≥420	≥22	焊态
ER50-3					
ER50-4					
ER50-6					
ER50-7					
ER49-1		≥490	≥372	≥20	

12. 非合金钢及细晶粒钢药芯焊丝 GB/T 10045—2018 熔敷金属力学性能应符合表 2.10-19 的要求。

非合金钢及细晶粒钢药芯焊丝熔敷金属力学性能 表 2.10-19

抗拉强度代号	抗拉强度 R_m(MPa)	屈服强度[a] R_{eL}(MPa)	断后伸长率 A（%）
43	430～600	≥330	≥20
49	490～670	≥390	≥18
55	550～740	≥460	≥17
57	570～770	≥490	≥17

[a] 当屈服发生不明显时，应测定规定塑性延伸强度 $R_{p0.2}$。

13. 热强钢药芯焊丝 GB/T 17493—2018 熔敷金属力学性能应符合表 2.10-20 的要求。

热强钢药芯焊丝熔敷金属力学性能 表 2.10-20

焊丝型号	抗拉强度 R_m(MPa)	规定塑性延伸强度 $R_{p0.2}$(MPa)	断后伸长率 A(%)
T49TX-XX-2M3	490～660	≥400	≥18
T55TX-XX-2M3	550～690	≥470	≥17
T55TX-XX-CM	550～690	≥470	≥17
T55TX-XX-CML	550～690	≥470	≥17
T55TX-XX-1CM	550～690	≥470	≥17
T49TX-XX-1CML	490～660	≥400	≥18
T55TX-XX-1CML	550～690	≥470	≥17
T55TX-XX-1CMH	550～690	≥470	≥17

续表

焊丝型号	抗拉强度 R_m(MPa)	规定塑性延伸强度 $R_{p0.2}$(MPa)	断后伸长率 A(%)
T62TX-XX-2C1M	620～760	≥540	≥15
T55TX-XX-2C1ML	550～690	≥470	≥17
T62TX-XX-2C1ML	620～760	≥540	≥15
T62TX-XX-2C1MH	620～760	≥540	≥15
T55TX-XX-5CM	550～690	≥470	≥17
T55TX-XX-5CML	550～690	≥470	≥17
T55TX-XX-9C1M	550～690	≥470	≥17
T55TX-XX-9C1ML	550～690	≥470	≥17

14. 埋弧焊用非合金钢及细晶粒钢焊丝（实心焊丝、药芯焊丝，GB/T 5293—2018）焊剂组合熔敷金属力学性能应符合表 2.10-21 的要求。

熔敷金属力学性能　　表 2.10-21

抗拉强度代号[a]	抗拉强度 R_m(MPa)	屈服强度[b]R_{eL}(MPa)	断后伸长率 A（%）
43X	430～600	≥330	≥20
49X	490～670	≥390	≥18
55X	550～740	≥460	≥17
57X	570～770	≥490	≥17

[a] X 是“A”或者“P”，“A”指在焊态条件下试验；“P”指在焊后热处理条件下试验。

[b] 当屈服发生不明显时，应测定规定塑性延伸强度 $R_{p0.2}$。

15. 埋弧焊用热强钢及细晶粒钢焊丝（实心焊丝、药芯焊丝，GB/T 12470—2018)-焊剂组合熔敷金属力学性能应符合表 2.10-22 的要求。

埋弧焊用热强钢及细晶粒钢焊丝（实心焊丝、药芯焊丝)-焊剂组合熔敷金属力学性能　　表 2.10-22

抗拉强度代号	抗拉强度 R_m(MPa)	屈服强度[a]R_{eL}(MPa)	断后伸长率 A（%）
49	490～660	≥400	≥20
55	550～700	≥470	≥18
62	620～760	≥540	≥15
69	690～830	≥610	≥14

[a] 当屈服发生不明显时，应测定规定塑性延伸强度 $R_{p0.2}$。

16. 高强度大六角头螺栓连接副每组 8 套连接副扭矩系数的平均值应为 0.11～0.15，标准偏差小于或等于 0.0100。

17. 扭剪型高强度螺栓连接副紧固轴力（预拉力）平均值和标准偏差应符合表 2.10-23 的要求。

扭剪型高强度螺栓紧固预拉力和标准偏差（kN）　　表 2.10-23

螺栓公称直径（mm）	M16	M20	M22	M24	M27	M30
紧固预拉力的平均值 $\overline{P}$	100～121	155～187	190～231	225～170	290～351	355～430
标准偏差 σ_p	≤10.0	≤15.4	≤19.0	≤22.5	≤29.0	≤35.4

18. 当普通螺栓作永久性连接螺栓时，当试验拉力达到现行国家标准《紧固件机械性能 螺栓、螺钉和螺柱》GB 3098.1 中规定的最小拉力荷载时，不得断裂；且当超过最小拉力荷载直至拉断时，断裂应发生在杆部或螺纹部分，而不应发生在螺头与杆部的交接处。

19. 高强度螺栓连接摩擦面的抗滑移系数试验结果应符合设计要求。

20. 金属屋面系统抗风揭性能检测结果应满足设计要求。

21. 钢结构防火涂料的粘结强度及抗压强度应符合表 2.10-24 的要求。

钢结构防火涂料粘结强度及抗压强度性能指标　　表 2.10-24

项目	室内		室外	
	膨胀型	非膨胀型	膨胀型	非膨胀型
粘结强度（MPa）	≥0.15	≥0.04	≥0.15	0.04
抗压强度（MPa）	—	≥0.3	—	≥0.5

2.10.6 不合格处理

当钢结构工程施工质量不符合《钢结构工程施工质量验收标准》GB 50205—2020 规定时，应按下列规定进行处理：

1. 经返修或更换构（配）件的检验批，应重新进行验收；

2. 经法定的检测单位检测鉴定能够达到设计要求的检验批，应予以验收；

3. 经法定的检测单位检测鉴定达不到设计要求，但经原设计单位核算认可能够满足结构安全和使用功能的检验批，可予以验收；

4. 经返修或加固处理的分项、分部工程，仍能满足结构安全和使用功能要求时，可按处理技术方案和协商文件进行验收；

5. 通过返修或加固处理仍不能满足安全适用要求的钢结构分部工程，严禁验收。

2.11 砌墙砖和砌块

2.11.1 概述

砌墙砖和砌块是建筑工程中十分重要的材料，它具有结构和围护功能。其中砌块作为一种新型墙体材料，可以充分利用地方资源和工业废渣，节省黏土资源和改善环境，具有生产简单，原料来源广，适应性强等特点，因此发展较快。

根据生产方式、主要原料以及外形特征，砌墙砖和砌块可分以下几种：

1. 烧结普通砖

烧结普通砖是以黏土、页岩、煤矸石、粉煤灰、建筑渣土、淤泥（江河湖淤泥）、污泥等为主要原料经焙烧而成主要用于建筑物承重部位的普通砖，砖的外形为直角六面体，公称尺寸为：长度 240mm，宽度 115mm，高度 53mm。根据抗压强度分为 MU30、MU25、MU20、MU15、MU10 五个强度等级。

砖的产品标记按产品名称的英文缩写、类别、强度等级和标准编号顺序编写。

2. 烧结多孔砖和多孔砌块

多孔砖和多孔砌块是以黏土、页岩、煤矸石、粉煤灰、淤泥（江河湖淤泥）及其他固体废弃物等为主要原料，经焙烧制成主要用于建筑物承重部位的砖和砌块。砖和砌块的长度、宽度、高度尺寸应符合下列要求：

砖规格尺寸（mm）：290、240、190、180、140、115、90。

砌块规格尺寸（mm）：490、440、390、340、290、240、190、180、140、115、90。

其他规格尺寸由供需双方协商确定。

根据抗压强度分为MU30、MU25、MU20、MU15、MU10五个强度等级。

砖和砌块的产品标记按产品名称、品种、规格、强度等级、密度等级和标准编号顺序编写。

3. 烧结空心砖和空心砌块

烧结空心砖和空心砌块是以黏土、页岩、煤矸石、粉煤灰、淤泥（江河湖等淤泥）、建筑渣土及其他固体废弃物为主要原料，经焙烧而成的主要用于建筑物非承重部位的空心砖和空心砌块。

外形为直角六面体，如图2.11-1所示。

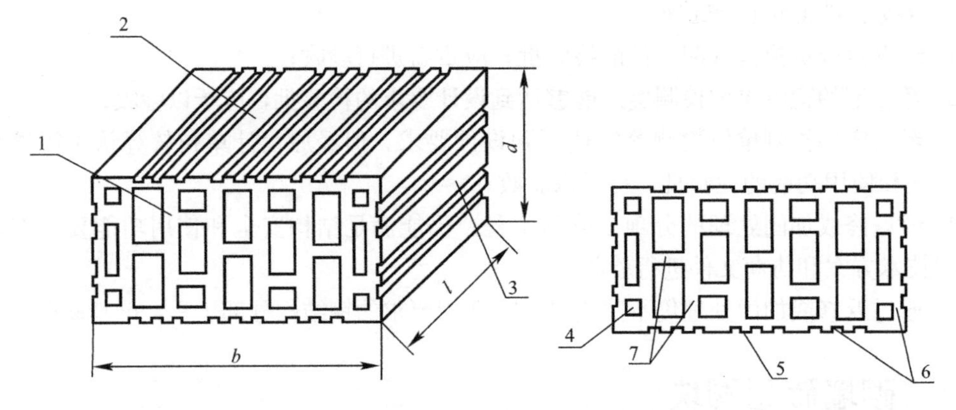

图2.11-1　烧结空心砖和空心砌块外形

说明：l——长度；b——宽度；d——高度；1—顶面；2—大面；3—条面；4—壁孔；5—粉刷墙；6—外壁；7—肋

砖和砌块的长度、宽度、高度尺寸应符合下列要求，单位为（mm）：

390、290、240、190、180（175）、140、115、90。

其他规格尺寸由供需双方协商确定。

抗压强度分为MU10.0、MU7.5、MU5.0、MU3.5，体积密度分为800级、900级、1000级、1100级。

砖和砌块的产品标记按名称、类别、规格、密度等级、强度等级、质量等级和标准编号顺序编写。

4. 普通混凝土小型砌块

普通混凝土小型砌块是以水泥、矿物掺合料、砂、石、水等为原材料，经搅拌、振动成型、养护等工艺制成的小型砌块，包括空心砌块和实心砌块。砌块的抗压强度分级，见

表 2.11-1（单位为 MPa）：

混凝土小型砌块抗压强度分级　　表 2.11-1

砌块种类	承重砌块（L）	非承重砌块（N）
空心砌块（H）	7.5、10.0、15.0、20.0、25.0	5.0、7.5、10.0
实心砌块（S）	15.0、20.0、25.0、30.0、35.0、40.0	10.0、15.0、20.0

MU5.0、MU7.5、MU10.0、MU15.0、MU20.0、MU25、MU30、MU35、MU40 九个等级。

砌块按下列顺序标记：砌块种类、规格尺寸、强度等级（MU）、标准代号。

5. 粉煤灰砖

以粉煤灰、生石灰为主要原料，可掺加适量石膏等外加剂和其他集料，经胚料制备、压制成型、高压蒸汽养护而制成的砖。公称尺寸为：长度 240mm，宽度 115mm，高度 53mm。按强度分为 MU30、MU25、MU20、MU15、MU10。

粉煤灰砖产品标记按产品代号（AFB）、规格尺寸、强度等级、标准编号的顺序进行标记。

6. 蒸压灰砂砖

蒸压灰砂砖是以石灰和砂为主要原料，允许掺入颜料和外加剂，经坯料制备、压制成型、蒸压养护而成的实心砖。公称尺寸为：长度 240mm，宽度 115mm，高度 53mm。根据抗压强度和抗折强度，强度级别分为 MU25、MU20、MU15、MU10 级。

灰砂砖产品标记采用产品名称（LSB）、颜色、强度级别、产品等级、标准编号的顺序进行。

7. 蒸压加气混凝土砌块

蒸压加气混凝土砌块是以硅质材料和钙质材料为主要原料，掺加发气剂，经加水搅拌，由化学反应形成空隙，经浇筑成型、预养切割、蒸压养护等工艺过程制成的多孔硅酸盐砌块，具有体积密度小、保温性能好、不燃和可加工性等优点。

砌块按抗压强度和体积密度进行分级。强度级别有：A1.0、A2.0、A2.5、A3.5、A5.0、A7.5、A10.0 七个级别。干密度级别有：B03、B04、B05、B06、B07、B08 六个级别。

砌块按产品名称（ACB）、强度级别、干密度级别、规格尺寸、产品等级、国家标准编号顺序进行标记。

砌块的规格尺寸见表 2.11-2，如需要其他规格，可由供需双方协商解决。

砌块的规格尺寸　　表 2.11-2

长度 L	宽度 B	高度 H
600	100、120、125、150、180、200、240、250、300	200、240、250、300

8. 非承重混凝土空心砖

以水泥、集料为主要原材料，可掺入外加剂及其他材料、经配料、搅拌、成型、养护制成的空心率不小于 25%，用于非承重结构部位的砖，代号 NHB。空心砖各部位名称见图 2.11-2。

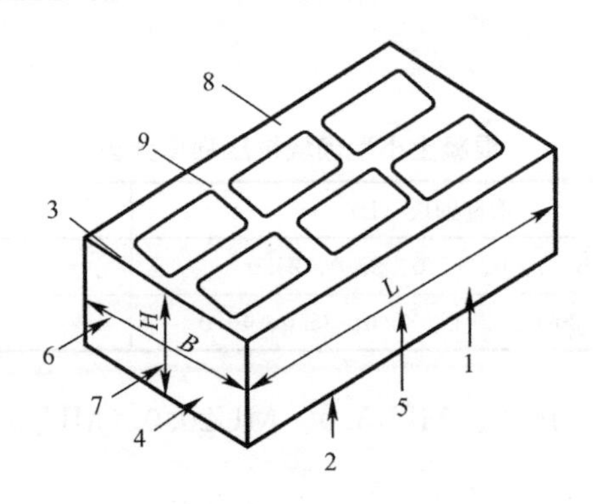

图 2.11-2　空心砖各部位名称

1—条面；2—坐浆面；3—铺浆面；4—顶面；5—长度（L）；
6—宽度（B）；7—高度（H）；8—外壁；9—肋

空心砖的规格尺寸见表 2.11-3。

空心砖规格尺寸　　表 2.11-3

项目	长度 L(mm)	宽度 B(mm)	高度 H(mm)
尺寸	360、290、240、190、140	240、190、115、90	115、90

注：其他规格尺寸由供需双方协商后确定。采用薄灰缝砌筑的块型，相关尺寸可作相应调整。

抗压强度分为 MU5、MU7.5、MU10 三个强度等级，表观密度可分为 1400、1200、1100、1000、900、800、700、600（kg/m^3）八个密度等级。

产品标记按代号、规格尺寸、密度等级、强度等级、标准编号顺序编写。

9. 承重混凝土多孔砖

以水泥、砂、石等为主要原材料，经配料、搅拌、成型、养护制成，用于承重结构的多排孔混凝土砖，代号 LPB。混凝土多孔砖各部位名称见图 2.11-3。

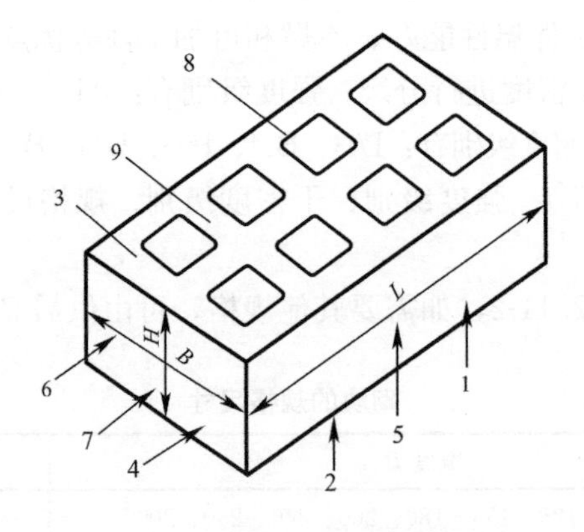

图 2.11-3　混凝土多孔砖各部位名称

1—条面；2—坐浆面；3—铺浆面；4—顶面；5—长度（L）；
6—宽度（B）；7—高度（H）；8—外壁；9—肋

混凝土多孔砖的外形为直角六面体，常用砖型的规格尺寸见表 2.11-4。

空心砖规格尺寸 **表 2.11-4**

项目	长度 L（mm）	宽度 B（mm）	高度 H（mm）
尺寸	360、290、240、190、140	240、190、115、90	115、90

注：其他规格尺寸由供需双方协商后确定。采用薄灰缝砌筑的块型，相关尺寸可作相应调整。

抗压强度分为 MU15、MU20、MU25 三个强度等级。

产品标记按代号、规格尺寸、强度等级、标准编号顺序编写。

10. 轻集料混凝土小型空心砌块

指用轻集料混凝土制成的小型空心砌块，多用于非承重结构。主规格尺寸为 390mm×190mm×190mm，其他规格尺寸可由供需双方商定。按砌块强度分为：2.5、3.5、5.0、7.5、10.0 五级，按砌块密度分为 700、800、900、1000、1100、1200、1300、1400（kg/m^3）八级。

轻集料混凝土小型空心砌块（LB）按代号、类别（孔的排数）、密度等级、强度等级、标准编号的顺序进行标记。

2.11.2 检验依据

1.《砌体结构工程施工质量验收规范》GB 50203—2011。
2.《烧结普通砖》GB/T 5101—2017。
3.《烧结多孔砖和多孔砌块》GB 13544—2011。
4.《烧结空心砖和空心砌块》GB/T 13545—2014。
5.《普通混凝土小型砌块》GB/T 8239—2014。
6.《蒸压粉煤灰砖》JC/T 239—2014。
7.《蒸压灰砂实心砖和实心砌块》GB/T 11945—2019。
8.《蒸压加气混凝土砌块》GB 11968—2006。
9.《非承重混凝土空心砖》GB/T 24492—2009。
10.《承重混凝土多孔砖》GB 25779—2010。
11.《混凝土实心砖》GB/T 21144—2007。
12.《轻集料混凝土小型空心砌块》GB/T 15229—2011。

2.11.3 检验内容和使用要求

1. 检验内容

（1）烧结普通砖、烧结多孔砖、普通混凝土小型砌块、承重混凝土多孔砖、蒸压灰实心砖、混凝土实心砖、蒸压灰砂实心砌块到场后应对抗压强度进行复验。

（2）粉煤灰砖到场后应对抗压强度和抗折强度进行复验。

（3）烧结空心砖和空心砌块、蒸压加气混凝土砌块、轻集料混凝土小型空心砌块、非承重混凝土空心砖到场后应对抗压强度和体积密度进行复验。

2. 使用要求

（1）有冻胀环境和条件的地区，地面以下或防潮层以下的砌体，不宜采用多孔砖。

（2）建设工程中非承重墙体以及围墙（含临时围墙）禁止使用黏土砖，建设工程零线以上的承重墙体，禁止使用实心黏土砖。

（3）粉煤灰砖可用于工业与民用建筑的墙体和基础，但用于基础或用于易受冻融和干湿交替作用的建筑部位必须使用 MU15 及以上强度等级的砖。不得用于长期受热（200℃以上）、受急冷急热和有酸性介质侵蚀的建筑部位。

（4）MU15、MU20、MU25 的蒸压灰砂实心砖和实心砌块可用于基础及其他建筑，MU10 的蒸压灰砂实心砖和实心砌块仅可用于防潮层以上的建筑，蒸压灰砂实心砖和实心砌块不得用于长期受热 200℃以上、受急冷急热和有酸性介质侵蚀的建筑部位。

（5）普通单排孔混凝土小型空心砌块限制在新建住宅框架填充内墙中单独使用，禁止在住宅外墙填充墙体中不采取抗裂、保温措施的单独使用。

（6）砌墙砖和砌块应按不同的品种、规格和等级分别堆放，垛身要稳固、计数必须方便。有条件时，可存放在料棚内，若采用露天存放，则堆放的地点必须坚实、平坦和干净，场地四周应预设排水沟道、垛与垛之间应留有走道，以利搬运。堆放的位置既要考虑到不影响建筑物的施工和道路畅通，又要考虑到不要离建筑物太远，以免造成运输距离过长或二次搬运。空心砌块堆放时孔洞应朝下，雨雪季节宜用防雨材料覆盖。

（7）自然养护的混凝土小砌块和混凝土多孔砖产品，若不满 28d 养护龄期不得进场使用；蒸压加气混凝土砌块（板）出釜不满 5d 不得进场使用。

（8）施工现场堆放的砌墙砖和砌块应注明“合格”“不合格”“在检”“待检”等产品质量状态，注明该生产企业名称、品种规格、进场日期及数量等内容，并以醒目标识标明。

2.11.4 取样要求

1. 各类砖的抽检批量和抽样数量详见表 2.11-5。

各类砖抽检批量和抽样数量表　　表 2.11-5

产品	批量	抽样数量
烧结普通砖	每一生产厂家，每 15 万块	从外观质量检验合格的样品中随机抽取，10 块/组
烧结多孔砖和多孔砌块	每一生产厂家，每 10 万块	从外观质量检验合格的样品中随机抽取，10 块/组
烧结空心砖	每一生产厂家，每 10 万块	从外观质量检验合格的样品中随机抽取，10 块/组
承重混凝土多孔砖	每一生产厂家，每 10 万块	从尺寸偏差和外观质量检验合格的样品中随机抽取，5 块/组
非承重混凝土空心砖	每一生产厂家，每 10 万块	从尺寸偏差和外观质量检验合格的样品中随机抽取，8 块/组
混凝土实心砖	每一生产厂家，每 15 万块	从尺寸偏差和外观质量检验合格的样品中随机抽取，10 块/组
蒸压灰砂实心砖和实心砌块	每一生产厂家，每 10 万块	从尺寸偏差和外观质量检验合格的样品中随机抽取，10 块/组

2. 普通混凝土小型砌块和轻集料混凝土小型空心砌块

（1）每一生产厂家，每 1 万块小砌块至少应抽检一组。用于多层以上建筑基础和底层的小砌块抽检数量不应少于 2 组。

（2）普通混凝土小型空心砌块试样每组为 6 块，轻集料混凝土小型空心砌块试样每组为 10 块。

3. 蒸压加气混凝土砌块

（1）同一厂家，同品种、同规格、同等级的砌块，以 1 万块为一批，不足 1 万块亦为一批。

（2）每批抽取试样为 6 整块。

4. 砌墙砖和砌块的外观质量应符合表 2.11-6～表 2.11-18 的要求。

烧结普通砖外观质量要求 **表 2.11-6**

项目			指标
两条面高度差		≤	2
弯曲		≤	2
杂质凸出高度		≤	2
缺棱掉角的三个破坏尺寸		不得同时大于	5
裂纹长度	①大面上宽度方向及其延伸至条面的长度		30
	②大面上长度方向及其延伸至顶面的长度或条顶面上水平裂纹的长度		50
完整面[a]		不得少于	一条面和一顶面

注：为砌筑挂浆而施加的凹凸纹、槽、压花等不算作缺陷。

[a] 凡有下列缺陷之一者，不得成为完整面：

① 缺损在条面或顶面上造成的破坏面尺寸大于 10mm×10mm；

② 条面或顶面上裂纹宽度大于 1mm，其长度超过 30mm；

③ 压陷、粘底、焦花在条面或顶面的凹陷或凸出超过 2mm，区域尺寸同时大于 10mm×10mm。

烧结多孔砖外观质量要求 **表 2.11-7**

项目		指标
1. 完整面	不得少于	一条面和一顶面
2. 缺棱掉角的三个破坏尺寸	不得同时大于	30
3. 裂缝长度		
① 大面（有孔面）上深入孔壁 15mm 以上宽度方向及其延伸到条面的长度	不大于	80
② 大面（有孔面）上深入孔壁 15mm 以上长度方向及其延伸到顶面的长度	不大于	100
③ 条顶面上的水平裂缝	不大于	100
4. 杂质在砖或砌块面上造成的凸出高度	不大于	5

注：凡有下列缺陷之一者，不能称为完整面：

① 缺损在条面或顶面上造成的破坏面尺寸同时大于 20mm×30mm；

② 条面或顶面上裂纹宽度大于 1mm，其长度超过 70mm；

③ 压陷、焦花、粘底在条面或顶面上的凹陷或凸出超过 2mm，区域最大投影尺寸同时大于 20mm×30mm。

烧结空心砖和空心砌块外观质量要求 **表 2.11-8**

项目		指标
1. 弯曲	不大于	4
2. 缺棱掉角的三个破坏尺寸	不得同时大于	30
3. 垂直度差	不大于	4
4. 为贯穿裂纹长度		
① 大面上宽度方向及其延伸到条面的长度	不大于	100
② 大面上长度方向或条面上水平面方向的长度	不大于	120
5. 贯穿裂纹长度		
① 大面上宽度方向及其延伸到条面的长度	不大于	40
② 壁、肋沿长度方向、宽度方向及其水平方向的长度	不大于	40
6. 肋、壁内残缺长度	不大于	40
7. 完整面[a]	不少于	一条面或一大面

[a] 凡有下列缺陷之一者，不能称为完整面：

① 缺损在大面、条面上造成的破坏面尺寸同时大于 20mm×30mm；

② 大面、条面上裂纹宽度大于 1mm，其长度超过 70mm；

③ 压陷、粘底、焦花在大面、条面上的凹陷或凸出超过 2mm，区域尺寸同时大于 20mm×30mm。

非承重混凝土空心砖外观质量要求 **表 2.11-9**

项目名称		技术指标
弯曲（mm）		≤2
掉角缺棱	个数（个）	≤2
	三个方向投影尺寸	均不得大于所在棱边长度的 1/10
裂纹长度（mm）		≤25

承重混凝土多孔砖外观质量要求 **表 2.11-10**

项目名称		技术指标
弯曲（mm）		≤1
掉角缺棱	个数（个）	≤2
	三个方向投影尺寸的最大值（mm）	≤15
裂纹延伸的投影尺寸累计（mm）		≤20

非承重混凝土空心砖和承重混凝土多孔砖尺寸允许偏差 **表 2.11-11**

项目名称	指标
长度	+2，−1
宽度	+2，−1
高度	±2

混凝土实心砖尺寸允许偏差 **表 2.11-12**

项目名称	标准值
长度	−1～+2
宽度	−2～+2
高度	−1～+2

混凝土实心砖外观质量要求 **表 2.11-13**

项目名称		标准值
成形面高度	不大于	2
弯曲	不大于	2
缺棱掉角的三个方向投影尺寸	不得同时大于	10
裂纹长度的投影尺寸	不大于	20
完整面[a]	不得少于	一条面和一顶面

[a]凡有下列缺陷之一者，不得成为完整面。

① 缺损在条面或顶面上造成的破坏尺寸同时大于 10mm×10mm。

② 条面或顶面上裂纹宽度大于 1mm，其长度超过 30mm。

普通混凝土小型砌块外观质量要求 **表 2.11-14**

项目名称			技术指标
弯曲		不大于	2mm
缺棱掉角	个数	不超过	1个
	三个方向投影尺寸的最大值	不大于	20mm
裂纹延伸的投影尺寸累计		不大于	30mm

普通混凝土小型砌块尺寸允许偏差 **表 2.11-15**

项目名称	技术指标
长度	±2
宽度	±2
高度	+3，−2

注：免浆砌块的尺寸允许偏差，应由企业根据块型特点自行给出。尺寸偏差不应影响垒砌和墙片性能。

蒸压粉煤灰砖外观质量和尺寸偏差 表 2.11-16

项目名称			技术指标
外观质量	缺棱掉角	个数（个）	≤2
		二个方向投影尺寸的最大值（mm）	≤15
	裂纹	裂纹延伸的投影尺寸累计（mm）	≤20
	层裂		不允许
尺寸偏差	长度（mm）		+2 −1
	宽度（mm）		±2
	高度（mm）		+2 −1

蒸压加气混凝土砌块尺寸偏差和外观 表 2.11-17

项目			指标	
			优等品（A）	合格品（B）
尺寸允许偏差（mm）	长度	L	±3	±4
	宽度	B	±1	±2
	高度	H	±1	±2
缺棱掉角	最小尺寸不得大于（mm）		0	30
	最大尺寸不得大于（mm）		0	70
	大于以上尺寸的缺棱掉角个数，不多于（个）		0	2
裂纹长度	贯穿一棱二面的裂纹长度不得大于裂纹所在面的裂纹方向尺寸总和的		0	1/3
	任一面上的裂纹长度不得大于裂纹方向尺寸的		0	1/2
	大于以上尺寸的裂纹条数，不多于（条）		0	2
爆裂、黏膜和损坏深度不得大于（mm）			10	30
平面弯曲			不允许	
表面疏松、层裂			不允许	
表面油污			不允许	

轻集料混凝土小型空心砌块的尺寸偏差和外观质量 表 2.11-18

项目			指标
尺寸偏差（mm）	长度		±3
	宽度		±3
	高度		±3
最小外壁厚（mm）	用于承重墙体	≥	30
	用于非承重墙体	≥	20
肋厚（mm）	用于承重墙体	≥	25
	用于非承重墙体	≥	20
缺棱掉角	个数（块）	≤	2
	三个方向投影的最大值（mm）	≤	20
裂缝延伸的累计尺寸（mm）		≤	30

2.11.5 技术要求

1. 烧结普通砖

烧结普通砖的强度等级应符合表 2.11-19 的要求。

烧结普通砖强度等级 **表 2.11-19**

强度等级	抗压强度平均值 $\overline{f}$(MPa)≥	强度标准值 f_k(MPa)≥
MU30	30.0	22.0
MU25	25.0	18.0
MU20	20.0	14.0
MU15	15.0	10.0
MU10	10.0	6.5

2. 烧结多孔砖和多孔砌块

烧结多孔砖和多孔砌块的强度等级应符合表 2.11-20 的要求。

烧结多孔砖和多孔砌块强度等级 **表 2.11-20**

强度等级	抗压强度平均值（MPa)≥	强度标准值（MPa)≥
MU30	30.0	22.0
MU25	25.0	18.0
MU20	20.0	14.0
MU15	15.0	10.0
MU10	10.0	6.5

3. 烧结空心砖和空心砌块

烧结空心砖和空心砌块的强度等级及密度等级应分别符合表 2.11-21、表 2.11-22 要求。

烧空心砖和空心砌块强度等级 **表 2.11-21**

强度等级	抗压强度平均值 f(MPa)≥	变异系数 $\delta \leq 0.21$	变异系数 $\delta > 0.21$
		强度标准值 f_k(MPa)≥	单块最小抗压强度值 f_{min}(MPa)≥
MU10.0	10.0	7.0	8.0
MU7.5	7.5	5.0	5.8
MU5.0	5.0	3.5	4.0
MU3.5	3.5	2.5	2.8

烧结空心砖和空心砌块密度等级（单位为 kg/m³） **表 2.11-22**

密度等级	五块体积密度平均值
800	≤800
900	801～900
1000	901～1000
1100	1001～1100

4. 普通混凝土小型砌块

普通混凝土小型砌块的强度等级应符合表 2.11-23 的要求。

普通混凝土小型砌块强度等级 表 2.11-23

强度等级	抗压强度（MPa）	
	平均值≥	单块最小值≥
MU5.0	5.0	4.0
MU7.5	7.5	6.0
MU10	10.0	8.0
MU15	15.0	12.0
MU20	20.0	16.0
MU25	25.0	20.0
MU30	30.0	24.0
MU35	35.0	28.0
MU40	40.0	32.0

5. 粉煤灰砖

粉煤灰砖的强度等级应符合表 2.11-24 的要求。

蒸压粉煤灰砖强度等级 表 2.11-24

强度等级	抗压强度（MPa）		抗折强度（MPa）	
	平均值≥	单块最小值≥	平均值≥	单块最小值≥
30	30.0	24.0	4.8	3.8
25	25.0	20.0	4.5	3.6
20	20.0	16.0	4.0	3.2
15	15.0	12.0	3.7	3.0
10	10.0	8.0	2.5	2.0

6. 蒸压灰砂实心砖和实心砌块

蒸压灰砂实心砖和实心砌块的强度等级应符合表 2.11-25 的要求。

蒸压灰砂实心砖和实心砌块强度等级 表 2.11-25

强度等级	抗压强度（MPa）	
	平均值≥	单块值≥
MU30	30.0	25.5
MU25	25.0	21.2
MU20	20.0	17.0
MU15	15.0	12.8
MU10	10.0	8.5

7. 蒸压加气混凝土砌块

蒸压加气混凝土砌块的强度等级应符合表 2.11-26～表 2.11-28 的要求。

砌块的立方体抗压强度 表 2.11-26

强度级别	立方体抗压强度（MPa）	
	平均值≥	单块最小值≥
A1.0	1.0	0.8
A2.0	2.0	1.6
A2.5	2.5	2.0

续表

强度级别	立方体抗压强度（MPa）	
	平均值≥	单块最小值≥
A3.5	3.5	2.8
A5.0	5.0	4.0
A7.5	7.5	6.0
A10.0	10.0	8.0

砌块的干密度 **表 2.11-27**

干密度级别（kg/m³）		B03	B04	B05	B06	B07	B08
干密度	优等品（A）≤	300	400	500	600	700	800
	合格品（B）≤	325	425	525	625	725	825

砌块的强度级别 **表 2.11-28**

干密度级别		B03	B04	B05	B06	B07	B08
强度级别	优等品（A）	A1.0	A2.0	A3.5	A5.0	A7.5	A10.0
	合格品（B）			A2.5	A3.5	A5.0	A7.5

8. 轻集料混凝土小型空心砌块

轻集料混凝土小型空心砌块的强度等级应符合表 2.11-29 的要求。

轻集料混凝土小型空心砌块强度等级 **表 2.11-29**

强度等级	抗压强度（MPa）		密度等级范围（kg/m³）
	平均值≥	最小值≥	
MU2.5	2.5	2.0	≤800
MU3.5	3.5	2.8	≤1000
MU5.0	5.0	4.0	≤1200
MU7.5	7.5	6.0	≤1200[a] ≤1300[b]
MU10.0	10.0	8.0	≤1200[a] ≤1400[b]

[a] 除自燃煤矸石掺量不小于砌块质量 35%以外的其他砌块；

[b] 自燃煤矸石掺量不小于砌块质量 35%的砌块。

9. 非承重混凝土空心砖

非承重混凝土空心砖的强度等级应符合表 2.11-30、表 2.11-31 的要求。

非承重混凝土空心砖密度等级 **表 2.11-30**

密度等级	表观密度范围（kg/m³）
1400	1210～1400
1200	1110～1200
1100	1010～1100
1000	910～1000
900	810～900
800	710～800
700	610～700
600	510～600

非承重混凝土空心砖强度等级　　表 2.11-31

强度等级	密度等级范围	抗压强度（MPa）	
		平均值≥	单块最小值≥
MU5	≤900	5.0	4.0
MU7.5	≤1100	7.5	6.0
MU10	≤1400	10.0	8.0

10. 承重混凝土多孔砖

承重混凝土多孔砖的强度等级应符合表 2.11-32 的要求。

承重混凝土多孔砖强度等级　　表 2.11-32

强度等级	抗压强度（MPa）	
	平均值≥	单块最小值≥
MU15	15.0	12.0
MU20	20.0	16.0
MU25	25.0	20.0

11. 混凝土实心砖

混凝土实心砖的强度等级应符合表 2.11-33 的要求。

混凝土实心砖强度等级　　表 2.11-33

强度等级	抗压强度（MPa）	
	平均值≥	单块最小值≥
MU40	40.0	35.0
MU35	35.0	30.0
MU30	30.0	26.0
MU25	25.0	21.0
MU20	20.0	16.0
MU15	15.0	12.0

2.12 防水材料

2.12.1 概述

防水材料是保证建筑工程能够防止雨水、地下水及其他水分渗透的材料，其质量的优劣直接影响到人们的居住环境、卫生条件及建筑的使用寿命。近年来，我国的防水材料发展很快，按其形状可分成三大类：防水卷材、防水涂料和建筑密封材料。

1. 防水卷材

防水卷材是建筑工程重要防水材料之一，根据其主要防水组成材料分为沥青防水卷材、高聚物改性沥青防水卷材、合成高分子防水卷材三种。

（1）沥青防水卷材

由于沥青具有良好的防水性能，而且资源丰富、价格低廉，所以沥青防水卷材的应用在我国占主导地位。沥青防水卷材最具代表性的是纸胎石油沥青防水卷材，简称油毡。为克服纸胎沥青油毡耐久性差、抗拉强度低等特点，可用玻璃布等代替纸胎。玻璃布胎沥青油毡是用石油沥青浸涂玻璃纤维织布的两面，再涂或撒隔离材料所制成的以无机纤维为胎体的沥青防水卷材，适用于耐久性、耐蚀性、耐水性要求较高的工程。

（2）高聚物改性沥青防水卷材

高聚物改性沥青防水卷材是指以纤维织物或塑料薄膜为胎体，以合成高分子聚合物改性沥青为涂盖层，以粉状、粒状、片状或薄膜材料为防粘隔离层制成的防水卷材。高聚物改性沥青防水卷材克服了沥青防水卷材的温度稳定性差、延伸率小、难以适应基层开裂及伸缩的缺点，具有高温不流淌、低温不脆裂、拉伸强度较高、延伸率较大等优异性能。有塑性体改性沥青防水卷材（简称 APP 卷材）、弹性体改性沥青防水卷材（简称 SBS 卷材）。

（3）合成高分子防水卷材

合成高分子防水卷材是以合成橡胶、合成树脂或两者的共混体为基料，加入适量的助剂和填充料等，经过特定工序制成的。合成高分子防水卷材具有拉伸强度高、断裂伸长率大、抗撕裂强度高、耐热性能好、低温柔性好、耐腐蚀、耐老化以及可以冷施工等一系列优异性能。

合成高分子防水卷材分为三元乙丙橡胶、聚氯乙烯、氯化聚乙烯-橡胶共混、氯磺化聚乙烯、丁基橡胶、氯丁橡胶、聚氯乙烯等多种防水卷材。

2. 防水涂料

防水涂料是指常温下呈黏稠状态，涂布在结构物表面，经溶剂或水分挥发，或各组分间的化学反应，形成具有一定弹性的连续、坚韧的薄膜，使基层表面与水隔绝，起到防水和防潮作用的物质。广泛应用于工业与民用建筑的屋面防水工程、地下混凝土工程的防潮防渗等。

防水涂料按成膜物质的主要成分分为沥青类防水涂料、高聚物改性沥青防水涂料和合成高分子防水涂料三类；按涂料介质不同，又可分为乳液型、溶剂型、反应型三类。

3. 建筑密封材料

建筑密封材料（又称嵌缝材料）是指能够承受位移以达到气密、水密目的而嵌入建筑接缝中的材料。密封材料具有良好的粘结性、耐老化性和温度适应性，并具有一定的强度、弹塑性，能够长期经受被粘构件的收缩与振动而不破坏。密封材料能连接和填充建筑上的各种接缝、裂缝和变形缝。

常用的建筑密封材料有改性沥青嵌缝油膏、聚硫橡胶密封膏、硅酮密封膏、丙烯酸酯密封膏、聚氨酯密封膏等。

2.12.2 检验依据

1.《屋面工程质量验收规范》GB 50207—2012。
2.《地下防水工程质量验收规范》GB 50208—2011。
3.《石油沥青纸胎油毡》GB 326—2007。
4.《聚氯乙烯（PVC）防水卷材》GB 12952—2011。
5.《氯化聚乙烯防水卷材》GB 12953—2003。
6.《硅酮和改性硅酮建筑密封胶》GB/T 14683—2017。
7.《建筑用硅酮结构密封胶》GB 16776—2005。
8.《高分子防水材料　第 1 部分：片材》GB 18173.1—2012。

9.《高分子防水材料 第2部分：止水带》GB 18173.2—2014。
10.《高分子防水材料 第3部分：遇水膨胀橡胶》GB/T 18173.3—2014。
11.《弹性体改性沥青防水卷材》GB 18242—2008。
12.《塑性体改性沥青防水卷材》GB 18243—2008。
13.《改性沥青聚乙烯胎防水卷材》GB 18967—2009。
14.《聚氨酯防水涂料》GB/T 19250—2013。
15.《建筑防水沥青嵌缝油膏》JC/T 207—2011。
16.《聚氨酯建筑密封胶》JC/T 482—2003。
17.《丙烯酸酯建筑密封胶》JC/T 484—2006。
18.《聚氯乙烯建筑防水接缝材料》JC/T 798—1997。
19.《聚合物乳液建筑防水涂料》JC/T 864—2008。
20.《混凝土接缝用建筑密封剂》JC/T 881—2017。
21.《聚合物水泥防水涂料》GB/T 23445—2009。
22.《自粘聚合物改性沥青防水卷材》GB 23441—2009。

2.12.3 检验内容和使用要求

1. 防水材料进场后应按表2.12-1的要求进行复验，复验应执行见证取样送检制度。

防水材料进场检验项目　　表2.12-1

序号	材料名称	物理性能检测项目	使用部位
1	高聚物改性沥青防水卷材	拉力、最大拉力时延伸率、耐热度、低温柔度、不透水性、可溶物含量	屋面
2	合成高分子防水卷材	断裂拉伸强度、扯断伸长率、低温弯折性、不透水性	
3	高聚物改性沥青防水涂料	固体含量、耐热性、低温柔性、不透水性、断裂伸长率或抗裂性	
4	合成高分子防水涂料	固体含量、拉伸强度、断裂伸长率、低温柔性、不透水性	
5	聚合物水泥防水涂料	固体含量、拉伸强度、断裂伸长率、低温柔性、不透水性	
6	胎体增强材料	拉力、延伸率	
7	沥青基防水卷材用基层处理剂	固体含量、耐热性、低温柔性、剥离强度	
8	高分子胶粘剂	剥离强度、浸水168h后的剥离强度保持率	
9	改性沥青胶粘剂	剥离强度	
10	合成橡胶胶粘带	剥离强度、浸水168h后的剥离强度保持率	
11	改性石油沥青密封材料	耐热性、低温柔性、拉伸粘结性、施工度	
12	合成高分子密封材料	拉伸模量、断裂伸长率、定伸粘结性	
13	高聚物改性沥青防水卷材	拉力、延伸率、耐热老化后低温柔度、低温柔度、不透水性、可溶物含量	地下
14	合成高分子防水卷材	断裂拉伸强度、扯断伸长率、低温弯折性、不透水性、撕裂强度	
15	有机防水涂料	潮湿基面粘结强度、涂膜抗渗性、浸水168h后拉伸强度、浸水168h后断裂伸长率、耐水性	

续表

序号	材料名称	物理性能检测项目	使用部位
16	无机防水涂料	抗折强度、粘结强度、抗渗性	地下
17	膨润土防水材料	单位面积质量、膨润土膨胀指数、渗透系数、滤失量	
18	混凝土建筑接缝用密封胶	流动性、挤出性、定伸粘结性	
19	橡胶止水带	拉伸强度、扯断伸长率、撕裂强度	
20	腻子型遇水膨胀止水条	硬度、7d膨胀率、最终膨胀率、耐水性	
21	遇水膨胀止水胶	表干时间、拉伸强度、体积膨胀倍率	
22	弹性橡胶密封垫材料	硬度、伸长率、拉伸强度、压缩永久变形	
23	遇水膨胀橡胶密封垫胶料	硬度、拉伸强度、扯断伸长率、体积膨胀倍率、低温弯折	
24	聚合物水泥防水砂浆	7d粘结强度、7d抗渗性、耐水性	

2. 屋面防水工程卷材防水层应采用高聚物改性沥青防水卷材、合成高分子防水卷材或沥青防水卷材。所选用的基层处理剂、接缝胶粘剂、密封材料等配套材料应与铺贴的卷材材性相容；涂膜防水层所用防水涂料应采用高聚物改性沥青防水涂料、合成高分子防水涂料。

3. 地下防水工程卷材防水层应采用高聚物改性沥青防水卷材和合成高分子防水卷材。所选用的基层处理剂、胶粘剂、密封材料等配套材料，均应与铺贴的卷材材性相容；涂料防水层应采用反应型、水乳型、聚合物水泥防水涂料或水泥基、水泥基渗透结晶型防水涂料；防水混凝土结构的变形缝、施工缝、后浇带等细部构造，应采用止水带、遇水膨胀橡胶腻子止水条等高分子防水材料和接缝密封材料。

4. 焦油型聚氨酯防水涂料、水性聚氯乙烯焦油防水涂料、焦油型聚氯乙烯建筑防水接缝材料禁止用于房屋建筑的防水工程。

5. 沥青复合胎柔性防水卷材不得用于防水等级为Ⅰ、Ⅱ级的建筑屋面及各类地下工程防水，在防水等级为Ⅲ级的屋面工程使用时，必须采用三层叠加构成一道防水层；采用二次加热复合成型工艺生产的聚乙烯丙纶等复合防水卷材禁止用于房屋建筑的防水工程。

6. 聚乙烯膜层厚度在0.5mm以下的聚乙烯丙纶等复合防水卷材不得用于房屋建筑的屋面工程和地下防水工程，除上述限制外，凡在屋面工程和地下防水工程设计中选用聚乙烯丙纶等复合防水卷材时，必须是采用一次成型工艺生产且聚乙烯膜层厚度在0.5mm以上（含0.5mm）的，并应满足屋面工程和地下防水工程技术规范的要求。

7. S型聚氯乙烯防水卷材禁止用于房屋建筑的防水工程。

8. 防水卷材的现场储存应注意以下事项：

（1）不同品种、型号和规格的卷材应分别堆放；

（2）卷材应贮存在阴凉通风的室内，避免雨淋、日晒和受潮，严禁接近火源；

（3）沥青防水卷材贮存环境温度不得高于45℃；

（4）沥青防水卷材宜直立堆放，其高度不宜超过两层，并不得倾斜或横压，短途运输平放不宜超过四层；

（5）卷材应避免与化学介质及有机溶剂等有害物质接触；

（6）不同品种、规格的卷材胶粘剂和胶粘带，应分别用密封桶或纸箱包装；

（7）卷材胶粘剂和胶粘带应贮存在阴凉通风的室内，严禁接近火源和热源。

9. 防水涂料的现场储存应注意以下事项：

（1）不同类型、规格的产品应分别堆放，不应混杂；

（2）避免雨淋、日晒和受潮，严禁接近火源；

（3）防止碰撞，注意通风。

2.12.4 取样要求

防水材料的抽样批量及取样数量详见表 2.12-2。

防水材料抽样批量及取样数量 **表 2.12-2**

序号	材料名称	取样数量	外观质量	使用部位
1	高聚物改性沥青防水卷材	大于 1000 卷抽取 5 卷，每 500～1000 卷抽取 4 卷，100～499 卷抽取 3 卷，100 卷以下抽取 2 卷。在外观质量检验合格的卷材中，任取一卷作物理性能检测	表面平整，边缘整齐，无孔洞、缺边、裂口、胎基未浸透，矿物粒料粒度，每卷卷材的接头	屋面
2	合成高分子防水卷材		表面平整，边缘整齐，无气泡、裂纹、粘结疤痕，每卷卷材的接头	
3	高聚物改性沥青防水涂料	每 10t 为一批，不足 10t 按一批抽样	水乳型：无色差、凝胶、结块、明显沥青丝； 溶剂型：黑色黏稠状，细腻、均匀胶状液体	
4	合成高分子防水涂料		反应固化型：均匀黏稠状、无凝胶、结块； 挥发固化型：经搅拌后无结块，呈均匀状态	
5	聚合物水泥防水涂料		液体组分：无杂质、无凝胶的均匀乳液 固体组分：无杂质、无结块的粉末	
6	胎体增强材料	每 3000m² 为一批，不足 3000m² 的按一批抽样	表面平整，边缘整齐，无折痕、无孔洞、无污迹	
7	沥青基防水卷材用基层处理剂	每 5t 产品为一批，不足 5t 按一批抽样	均匀液体，无结块、无凝胶	
8	高分子胶粘剂		均匀液体，无杂质、无分散颗粒或凝胶	
9	改性沥青胶粘剂		均匀液体，无结块、无凝胶	
10	合成橡胶胶粘带	每 1000m 为一批，不足 1000m 的按一批抽样	表面平整，无固块、杂物、孔洞、外伤及色差	
11	改性石油沥青密封材料	每 1t 产品为一批，不足 1t 按一批抽样	黑色均匀膏状，无结块和未浸透的填料	
12	合成高分子密封材料		均匀膏状物或黏稠液体，无结皮、凝胶或不易分散的固体团状	

续表

<table>
<tr><th>序号</th><th>材料名称</th><th>取样数量</th><th>外观质量</th><th>使用部位</th></tr>
<tr><td>13</td><td>高聚物改性沥青防水卷材</td><td rowspan="2">大于 1000 卷抽取 5 卷，每 500～1000 卷抽取 4 卷，100～499 卷抽取 3 卷，100 卷以下抽取 2 卷。在外观质量检验合格的卷材中，任取一卷作物理性能检测</td><td>断裂、折皱、孔洞、剥离、边缘不整齐，胎体露白、未浸透，撒布材料粒度、颜色，每卷卷材的接头</td><td rowspan="12">地下</td></tr>
<tr><td>14</td><td>合成高分子防水卷材</td><td>折痕、杂质、胶块、凹痕，每卷卷材的接头</td></tr>
<tr><td>15</td><td>有机防水涂料</td><td>每 5t 为一批，不足 5t 按一批抽样</td><td>均匀黏稠体，无凝胶，无结块</td></tr>
<tr><td>16</td><td>无机防水涂料</td><td>每 10t 为一批，不足 10t 按一批抽样</td><td>液体组分：无杂质、凝胶的均匀乳液
固体组分：无杂质、结块的粉末</td></tr>
<tr><td>17</td><td>膨润土防水材料</td><td>每 100 卷为一批，不足 100 卷按一批抽样；100 卷以下抽取 5 卷，进行尺寸偏差和外观质量检验。在外观质量检验合格的卷材中，任取一卷作物理性能检测</td><td>表面平整、厚度均匀，无破洞、破边，无残留断针，针刺均匀</td></tr>
<tr><td>18</td><td>混凝土建筑接缝用密封胶</td><td>每 2t 为一批，不足 2t 按一批抽样</td><td>细腻、均匀膏状物或黏稠液体，无气泡、结皮和凝胶现象</td></tr>
<tr><td>19</td><td>橡胶止水带</td><td>同月同标记的止水带产量为一批抽样</td><td>尺寸公差；开裂，缺胶，海绵状，中心孔偏心，凹痕，气泡，杂质，明疤</td></tr>
<tr><td>20</td><td>腻子型遇水膨胀止水条</td><td>每 5000m 为一批，不足 5000m 的按一批抽样</td><td>尺寸公差；柔软、弹性均匀，色泽均匀，无明显凹凸</td></tr>
<tr><td>21</td><td>遇水膨胀止水胶</td><td>每 5t 为一批，不足 5t 按一批抽样</td><td>细腻、黏稠、均匀膏状物，无气泡、结皮和凝胶</td></tr>
<tr><td>22</td><td>弹性橡胶密封垫材料</td><td>每月同标记的密封垫材料产量为一批抽样</td><td rowspan="2">尺寸公差；开裂，缺胶，凹痕，气泡，杂质，明疤</td></tr>
<tr><td>23</td><td>遇水膨胀橡胶密封垫胶料</td><td>每月同标记的膨胀橡胶产量为一批抽样</td></tr>
<tr><td>24</td><td>聚合物水泥防水砂浆</td><td>每 10t 为一批，不足 5t 按一批抽样</td><td>干粉类：均匀，无结块；乳胶类：液料经搅拌后均匀无沉淀，粉料均匀、无结块</td></tr>
</table>

2.12.5 技术要求

1. 防水卷材

（1）石油沥青纸胎油毡

根据《石油沥青纸胎油毡》GB 326—2007，石油沥青纸胎油毡分为Ⅰ型、Ⅱ型、Ⅲ型三种，其物理性能要求应符合表 2.12-3 中各项的规定。

石油沥青纸胎油毡物理性能 **表 2.12-3**

项目		指标		
		Ⅰ型	Ⅱ型	Ⅲ型
不透水性	压力（MPa）≥	0.02	0.02	0.10
	保持时间（min）≥	20	30	30
耐热度		85±2℃，2h 涂盖层应无滑动、流淌和集中性气泡		
拉力（纵向）（N/50mm）≥		240	270	340
柔度		18±2℃，绕 ϕ20mm 棒或弯板无裂纹		

（2）塑性体改性沥青防水卷材

根据《塑性体改性沥青防水卷材》GB 18243—2008，塑性体沥青防水卷材以玻纤毡（G）或聚酯毡（PY）作为胎基，按型号其物理性能应符合表 2.12-4 各项的规定。

塑性体改性沥青防水卷材物理性能 **表 2.12-4**

序号	项目		指标				
			Ⅰ		Ⅱ		
			PY	G	PY	G	PYG
1	可溶物含量（g/m²）≥	3mm	2100				—
		4mm	2900				—
		5mm	3500				
		试验现象	—	胎基不燃	—	胎基不燃	—
2	耐热性	℃	110		130		
		≤mm	2				
		试验现象	无流淌、滴落				
3	低温柔性（℃）		−7		−15		
			无裂缝				
4	不透水性 30min		0.3MPa	0.2MPa	0.3MPa		
5	拉力	最大峰拉力（N/50mm）≥	500	350	800	500	900
		次高峰拉力（N/50mm）≥	—	—	—	—	800
		试验现象	拉伸过程中试件中部无沥青涂覆层开裂或与胎基分离现象				
6	延伸率	最大峰时延伸率（%）≥	25	—	40	—	—
		第二峰时延伸率（%）≥	—		—		15

（3）弹性体改性沥青防水卷材

根据《弹性体改性沥青防水卷材》GB 18242—2008，弹性体沥青防水卷材以玻纤毡（G）或聚酯毡（PY）作为胎基，按型号其物理性能应符合表 2.12-5 中各项的规定。

弹性体改性沥青防水卷材物理性能 **表 2.12-5**

序号	项目		指标				
			Ⅰ		Ⅱ		
			PY	G	PY	G	PYG
1	可溶物含量（g/m²）≥	3mm	2100				—
		4mm	2900				—
		5mm	3500				
		试验现象	—	胎基不燃	—	胎基不燃	—
2	耐热性	℃	90		105		
		≤mm	2				
		试验现象	无流淌、滴落				
3	低温柔性（℃）		−20		−25		
			无裂缝				
4	不透水性 30min		0.3MPa	0.2MPa	0.3MPa		
5	拉力	最大峰拉力（N/50mm）≥	500	350	800	500	900
		次高峰拉力（N/50mm）≥	—	—	—	—	800
		试验现象	拉伸过程中试件中部无沥青涂覆层开裂或与胎基分离现象				
6	延伸率	最大峰时延伸率（%）≥	30	—	40		—
		第二峰时延伸率（%）≥	—		—		15

（4）自粘聚合物改性沥青防水卷材

根据《自粘聚合物改性沥青防水卷材》GB 23441—2009，自粘聚合物改性沥青防水卷材按有无胎基增强分为无胎基（N类）、聚酯胎基（PY类）。N类按上表面材料分为聚乙烯膜（PE）、聚酯膜（PET）、无膜双面自粘（D）。PY类按上表面材料分为聚乙烯膜（PE）、细砂（S）、无膜双面自粘（D）。产品按性能分为Ⅰ型和Ⅱ型，卷材厚度为2.0mm的PY只有Ⅰ型。其物理性能应符合表2.12-6中各项的规定。

自粘聚合物改性沥青防水卷材物理性能 **表 2.12-6**

项目		指标	
		聚酯胎基（PY）	无胎基（N）
可溶物含量（g/m²）		2mm厚≥1300 3mm厚≥2100	—
拉力（N/50mm）		2mm厚≥350 3mm厚≥450	≥150[a]
延伸率（%）		最大拉力时≥30	最大拉力时≥200
耐热度（℃，2h）		70，无滑动、流淌、滴落	70，滑动不超过2mm
低温柔性（℃）		−20[b]	
不透水性	压力（MPa）	≥0.3	≥0.2[c]
	保持时间（min）	≥30	≥120

[a] 用于地下防水工程时，拉力应≥180（N/50mm）；

[b] 用于地下防水工程时，低温柔性应在−25℃下无裂纹；

[c] 用于地下防水工程时，压力应≥0.3MPa。

（5）高分子防水材料（片材）

产品分类见表 2.12-7，根据《高分子防水材料 第 1 部分：片材》GB 18173.1—2012，高分子防水片材（均质片、复合片、异形片）的物理性能应分别符合表 2.12-8～表 2.12-10 的规定。自粘片的主体材料应符合表 2.12-8、表 2.12-9 中相关类别的要求，点（条）粘片主体材料应符合表 2.12-8 中相关类别的要求。

高分子防水片材的分类　　表 2.12-7

分类		代号	主要原材料
均质片	硫化橡胶类	JL1	三元乙丙橡胶
		JL2	橡塑共混
		JL3	氯丁橡胶、氯磺化聚乙烯、氯化聚乙烯等
	非硫化橡胶类	JF1	三元乙丙橡胶
		JF2	橡塑共混
		JF3	氯化聚乙烯
	树脂类	JS1	聚氯乙烯等
		JS2	乙烯醋酸乙烯共聚物、聚乙烯等
		JS3	乙烯醋酸乙烯共聚物与改性沥青共混等
复合片	硫化橡胶类	FL	(三元乙丙、丁基、氯丁橡胶、氯磺化聚乙烯等)/织物
	非硫化橡胶类	FF	(氯化聚乙烯、三元乙丙、丁基、氯丁橡胶、氯磺化聚乙烯等)/织物
	树脂类	FS1	聚氯乙烯/织物
		FS2	(氯丁橡胶、氯磺化聚乙烯、氯化聚乙烯等)/自粘料
自粘片	硫化橡胶类	ZJL1	三元乙丙/自粘料
		ZJL2	橡塑共混/自粘料
		ZJL3	(氯丁橡胶、氯磺化聚乙烯、氯化聚乙烯等)/自粘料
		ZFL	(三元乙丙、丁基、氯丁橡胶、氯磺化聚乙烯等)/织物/自粘料
	非硫化橡胶类	ZJF1	三元乙丙/自粘料
		ZJF2	橡塑共混/自粘料
		ZJF3	氯化聚乙烯/自粘料
		ZFF	(氯化聚乙烯、三元乙丙、丁基、氯丁橡胶、氯磺化聚乙烯等)/织物料/自粘料
	树脂类	ZJS1	聚氯乙烯/自粘料
		ZJS2	(乙烯醋酸乙烯共聚物、聚乙烯等)/自粘料
		ZJS3	乙烯醋酸乙烯共聚物与改性沥青共混等/自粘料
		ZFS1	聚氯乙烯/织物/自粘料
		ZFS2	(聚乙烯、乙烯醋酸乙烯共聚物等)/织物/自粘料
异形片	树脂类（防排水保护板）	YS	高密度聚乙烯、改性聚丙烯、高抗冲聚苯乙烯等
点（条）粘片	树脂类	DS1/TS1	聚氯乙烯/织物
		DS2/TS2	(乙烯醋酸乙烯共聚物、聚乙烯等)/织物
		DS3/TS3	乙烯醋酸乙烯共聚物与改性沥青共混等/织物

均质片的物理性能　　表 2.12-8

项目		指标								
		硫化橡胶类			非硫化橡胶类			树脂类		
		JL1	JL2	JL3	JF1	JF2	JF3	JS1	JS2	JS3
拉伸强度（MPa）	常温（23℃）≥	7.5	6.0	6.0	4.0	3.0	5.0	10	16	14
	高温（60℃）≥	2.3	2.1	1.8	0.8	0.4	1.0	4	6	5
拉断伸长率（%）	常温（23℃）≥	450	400	300	400	200	200	200	550	500
	低温（−20℃）≥	200	200	170	200	100	100	—	350	300
不透水性（30min，无渗漏）（MPa）		0.3	0.3	0.2	0.3	0.2	0.2	0.3	0.3	0.3
低温弯折（无裂纹,℃）		−40	−30	−30	−30	−20	−20	−20	−35	−35

复合片的物理性能　　表 2.12-9

项目		指标			
		硫化橡胶类 FL	非硫化橡胶类 FF	树脂类	
				FS1	FS2
拉伸强度（N/cm）	常温（23℃）≥	80	60	100	60
	高温（60℃）≥	30	20	40	30
拉断伸长率（%）	常温（23℃）≥	300	250	150	400
	低温（−20℃）≥	150	50	—	300
不透水性（0.3MPa，30min）		无渗漏	无渗漏	无渗漏	无渗漏
低温弯折（无裂纹,℃）		−35	−20	−30	−20

异形片的物理性能　　表 2.12-10

项目		指标		
		膜片厚度<0.8mm	膜片厚度 0.8～1.0mm	膜片厚度≥1.0mm
拉伸强度（N/cm）≥		40	56	72
拉断伸长率（%）≥		25	35	50
抗压性能	抗压强度（kPa）≥	100	150	300
	壳体高度压缩 50%后外观	无破损		

（6）聚氯乙烯防水卷材

根据《聚氯乙烯（PVC）防水卷材》GB 12952—2011，聚氯乙烯防水卷材按产品的组成分为均质卷材（代号 H）、带纤维背衬卷材（代号 L）、织物内增强卷材（代号 P）、玻璃纤维内增强卷材（代号 G）、玻璃纤维内增强带纤维背衬卷材（代号 GL）。聚氯乙烯防水卷材性能指标应符合表 2.12-11 的规定。

聚氯乙烯防水卷材性能指标表 **表 2.12-11**

序号	项目			指标				
				H	L	P	G	GL
1	中间胎基上面树脂层厚度（mm）		≥	—		0.40		
2	拉伸性能	最大拉力（N/cm）	≥	—	120	250	—	120
		拉伸强度（MPa）	≥	10.0	—	—	10.0	—
		最大拉力时伸长率（%）	≥	—	—	15	—	—
		断裂伸长率（%）	≥	200	150	—	200	100
3	低温弯折性			−25℃无裂纹				
4	不透水性			0.3MPa，2h 不透水				

（7）氯化聚乙烯防水卷材

根据《氯化聚乙烯防水卷材》GB 12953—2003，产品按有无复合层分类，无复合层的为 N 类，用纤维单面复合的为 L 类，织物内增强的为 W 类。每类产品按理化性能分为Ⅰ型和Ⅱ型。N 类的物理性能见表 2.12-12、L 类及 W 类的物理性能见表 2.12-13。

N 类氯化聚乙烯防水卷材物理性能 **表 2.12-12**

序号	试验项目		Ⅰ型	Ⅱ型
1	拉伸强度（MPa）	≥	5.0	8.0
2	断裂延伸率（%）	≥	200	300
3	低温弯折性		−20℃无裂纹	−25℃无裂纹
4	不透水性		不透水	

L 类及 W 类氯化聚乙烯防水卷材物理性能 **表 2.12-13**

序号	试验项目		Ⅰ型	Ⅱ型
1	拉力（N/cm）	≥	70	120
2	断裂延伸率（%）	≥	125	250
3	低温弯折性		−20℃无裂纹	−25℃无裂纹
4	不透水性		不透水	

（8）改性沥青聚乙烯胎防水卷材

根据《改性沥青聚乙烯胎防水卷材》GB 18967—2003，改性沥青聚乙烯胎防水卷材物理性能应满足表 2.12-14 的要求。

改性沥青聚乙烯胎防水卷材物理性能 **表 2.12-14**

序号	项目	技术指标				
		T				S
		O	M	P	R	M
1	不透水性	0.4MPa，30min 不透水				
2	耐热性（℃）	90				70
		无流淌、无起泡				无流淌、无起泡

续表

序号	项目			技术指标				
				T				S
				O	M	P	R	M
3	低温柔性（℃）			−5	−10	−20	−20	−20
				无裂纹				
4	拉伸性能	拉力（N/50mm） ≥	纵向	200			400	200
			横向					
		断裂延伸率（%） ≥	纵向	120				
			横向					

2. 防水涂料

（1）聚氨酯防水涂料

根据《聚氨酯防水涂料》GB/T 19250—2013，聚氨酯防水涂料按组分分为单组分（S）和多组分（M）两种，按基本性能分为Ⅰ型、Ⅱ型和Ⅲ型（Ⅰ型产品可用于工业与民用建筑工程，Ⅱ型产品可用于桥梁等非直接通行部位，Ⅲ型产品可用于桥梁、停车场、上人屋面等外露通行部位）。聚氨酯防水涂料基本性能应符合表 2.12-15 的规定。

聚氨酯防水涂料基本性能表　　表 2.12-15

序号	项目		技术指标		
			Ⅰ	Ⅱ	Ⅲ
1	固体含量（%） ≥	单组分	85.0		
		多组分	92.0		
2	拉伸强度（MPa） ≥		2.00	6.00	12.0
3	断裂伸长率（%） ≥		500	450	250
4	低温弯折性		−35℃，无裂纹		
5	不透水性		0.3MPa，120min，不透水		

（2）聚合物乳液建筑防水涂料

根据《聚合物乳液建筑防水涂料》JC/T 864—2008，其物理性能指标见表 2.12-16。

聚合物乳液建筑防水涂料物理性能　　表 2.12-16

序号	试验项目	技术指标	
		Ⅰ类	Ⅱ类
1	拉伸强度（MPa） ≥	1.0	1.5
2	断裂延伸率（%） ≥	300	300
3	低温柔性，绕 ϕ10mm 棒	−10℃，无裂纹	−20℃，无裂纹
4	不透水性，0.3MPa，0.5h	不透水	
5	固体含量（%） ≥	65	

（3）聚合物水泥防水涂料

根据《聚合物水泥防水涂料》GB/T 23445—2009，聚合物水泥防水涂料的物理性能指标见表 2.12-17。

聚合物水泥防水涂料物理性能 **表 2.12-17**

序号	试验项目			技术指标		
				Ⅰ型	Ⅱ型	Ⅲ型
1	固体含量（%）		≥	70	70	70
2	拉伸强度	无处理（MPa）	≥	1.2	1.8	1.8
3	断裂伸长率	无处理（%）	≥	200	80	30
4	低温柔性（ϕ10mm棒）			−10℃无裂纹	—	—
5	不透水性（0.3MPa，30min）			不透水	不透水	不透水

（4）水乳型沥青防水涂料

根据《水乳型沥青防水涂料》JC/T 408—2005，水乳型沥青防水涂料按性能分为 H 型和 L 型。其物理性能应满足表 2.12-18 的要求。

水乳型沥青防水涂料物理力学性能 **表 2.12-18**

项目		L	H
固体含量（%） ≥		45	
耐热度（℃）		80±2	110±2
		无流淌、滑动、滴落	
不透水性		0.10MPa，30min 无渗水	
低温柔度（℃）	标准条件	−15	0
	碱处理	−10	5
	热处理		
	紫外线处理		
断裂伸长率（%）≥	标准条件	600	
	碱处理		
	热处理		
	紫外线处理		

3. 建筑密封材料

（1）硅酮和改性硅酮建筑密封胶

根据《硅酮和改性硅酮建筑密封胶》GB/T 14683—2017，硅酮建筑密封胶（SR）按用途可分为 F 类、Gn 类、Gw 类；F 类为建筑接缝用，Gn 类为普通装饰装修镶装玻璃用但不适用于中空玻璃，Gw 类为建筑幕墙非结构性装配用但不适用于中空玻璃。改性硅酮建筑密封胶（MS）按用途可分为 F 类、R 类；F 类为建筑接缝用，R 类为干缩位移接缝用且常见于装配式预制混凝土外挂墙板接缝。硅酮和改性硅酮建筑密封胶按组分分为单组分（Ⅰ）和多组分（Ⅱ）；按拉伸模量分为高模量（HM）和低模量（LM）两个次级别。其理化性能应分别符合表 2.12-19、表 2.12-20 中的有关规定。

硅酮建筑密封胶（SR）物理性能 **表 2.12-19**

序号	项目	技术指标							
		50LM	50HM	35LM	35HM	25LM	25HM	20LM	20HM
1	密度（g/cm^3）	规定值±0.1							
2	下垂度（mm）	≤3							

续表

序号	项目		技术指标							
			50LM	50HM	35LM	35HM	25LM	25HM	20LM	20HM
3	表干时间[a]（h）		≤3							
4	挤出性（mL/min）		≥150							
5	适用期[b]		供需双方商定							
6	弹性恢复率（%）		≥80							
7	拉伸模量（MPa）	23℃	≤0.4 和	>0.4 或	≤0.4 和	>0.4 或	≤0.4 和	>0.4 或	≤0.4 和	>0.4 或
		−20℃	≤0.6	>0.6	≤0.6	>0.6	≤0.6	>0.6	≤0.6	>0.6
8	定伸粘结性		无破坏							
9	浸水后定伸粘结性		无破坏							
10	冷拉-热压后粘结性		无破坏							
11	紫外线辐照后粘结性[c]		无破坏							
12	浸水光照后粘滞性[d]		无破坏							
13	质量损失率（%）		≤8							
14	烷烃增塑剂[e]		不得检出							

[a] 允许采用供需双方商定的其他指标值。
[b] 仅适用于多组分产品。
[c] 仅适用于 Gn 类产品。
[d] 仅适用于 Gw 类产品。
[e] 仅适用于 Gw 类产品。

硅酮建筑密封胶（MS）的理化性能 **表 2.12-20**

序号	项目		技术指标				
			25LM	25HM	20LM	20HM	20LM-R
1	密度（g/cm^3）		规定值±0.1				
2	下垂度（mm）		≤3				
3	表干时间[a]（h）		≤24				
4	挤出性（mL/min）		≥150				
5	适用期[b]（min）		≥30				
6	弹性恢复率（%）		≥70	≥70	≥60	≥60	—
7	定伸永久变形（%）		—	—	—	—	>50
8	拉伸模量（MPa）	23℃	≤0.4 和	>0.4 或	≤0.4 和	>0.4 或	≤0.4 和
		−20℃	≤0.6	>0.6	≤0.6	>0.6	≤0.6
9	定伸粘结性		无破坏				
10	浸水后定伸粘结性		无破坏				
11	冷拉-热压后粘结性		无破坏				
12	质量损失率（%）		≤5				

[a] 仅适用于单组分产品。
[b] 仅适用于多组分产品，允许采用供需双方商定的其他指标值。

（2）聚氨酯建筑密封胶

根据《聚氨酯建筑密封胶》JC/T 482—2003，聚氨酯建筑密封胶的物理性能见表 2.12-21。

聚氨酯建筑密封胶物理性能 表 2.12-21

序号	项目		技术指标		
			20HM	25LM	20LM
1	密度（g/cm³）		规定值±0.1		
2	流动性	下垂度（N 型，mm）	≤3		
		流平性（L 型）	光滑平整		
3	表干时间（h）		≤24		
4	挤出性[a]（mL/min）		≥80		
5	适用期[b]（h）		≥1		
6	弹性恢复率（%）		≥70		
7	拉伸模量（MPa）	23℃	>0.4 或>0.6		≤0.4 和≤0.6
		−20℃			
8	定伸粘结性		无破坏		
9	浸水后定伸粘结性		无破坏		
10	冷拉一热压后粘结性		无破坏		
11	质量损失率（%）		≤7		

[a] 此项仅适用于单组分产品[a]

[b] 此项仅适用于多组分产品，允许采用供需双方商定的其他指标值。

（3）建筑用硅酮结构密封胶

根据《建筑用硅酮结构密封胶》GB 16776—2005，建筑用硅酮结构密封胶的物理力学性能见表 2.12-22，适用于建筑幕墙及其他结构粘结装配用。

建筑用硅酮结构密封胶物理性能 表 2.12-22

序号	项目			技术指标
1	下垂度	垂直放置（mm）		≤3
		水平放置		不变形
2	挤出性[a]（s）			≤10
3	适用期[b]（min）			≥20
4	表干时间（h）			≤3
5	硬度（Shore A）			20～60
6	拉伸粘结性	拉伸粘结强度（MPa）	23℃	≥0.60
			90℃	≥0.45
			−30℃	≥0.45
			浸水后	≥0.45
			水-紫外线光照后	≥0.45
		粘结破坏面积（%）不大于		≤5
		23℃时最大拉伸强度时伸长率（%）		≥100
7	热老化	热失重（%）		≤10
		龟裂		无
		粉化		无

[a] 仅适用于单组分产品。

[b] 仅适用于双组分产品。

2.12.6 不合格处理

用于屋面工程的防水材料，进场检验报告的全部项目指标均达到技术标准规定应为合格；不合格材料不得在工程中使用。

其他防水材料物理性能检验，凡规定项目中有一项不合格者为不合格产品，可根据相应产品标准进行单项复验，但如该项仍不合格，则判该批产品为不合格。

2.13 装饰装修工程用材料

2.13.1 概述

随着我国经济的快速发展和人们生活水平的提高，建筑装饰装修行业已经成为一个重要的行业。建筑装饰装修行业为公众营造出了舒适的居住和生活空间，已成为现代生活中不可或缺的一个组成部分。

为保证装饰装修工程质量，应对装饰装修材料的质量进行确认。装饰装修材料的质量包括其物理性能以及有害物质含量。物理性能可通过检查产品合格证书、进场验收记录、性能检验报告和进场复验进行确认；而有害物质含量的多少则影响室内环境的优劣，影响人们的身心健康，因此对材料有害物质的污染控制是装饰装修材料质量控制的重中之重。民用建筑工程室内环境污染控制的关键在于控制材料的污染，实质内容是选用合适的材料，并控制材料用量。由建筑材料和装饰装修材料产生的室内环境污染可分为两个方面：一方面，放射性污染主要来自无机建筑及装修材料，还与工程地点的地质情况有关系；另一方面，化学污染主要来源于各种人造板材、涂料、胶粘剂、地毯等化学建材类建筑材料产品。

同时，为防止和减少建筑火灾灾害，保障人民群众的生命、财产安全，建筑装饰装修工程所用材料的燃烧性能均应符合现行国家标准的有关规定。

2.13.2 依据标准

1.《建筑装饰装修工程质量验收标准》GB 50210—2018。

2.《建筑内部装修设计防火规范》GB 50222—2017。

3.《民用建筑工程室内环境污染控制标准》GB 50325—2020。

4.《建筑内部装修防火施工及验收规范》GB 50354—2005。

5.《人造板及饰面人造板理化性能试验方法》GB/T 17657—2013。

6.《室内装饰装修材料　人造板及其制品中甲醛释放限量》GB 18580—2017。

7.《木器涂料中有害物质限量》GB 18581—2020。

8.《建筑用墙面涂料中有害物质限量》GB 18582—2020。

9.《室内装饰装修材料　胶粘剂中有害物质限量》GB 18583—2008。

10.《室内装饰装修材料　木家具中有害物质限量》GB 18584—2001。

11.《室内装饰装修材料　壁纸中有害物质限量》GB 18585—2001。

12.《室内装饰装修材料　聚氯乙烯卷材地板中有害物质限量》GB 18586—2001。

13.《室内装饰装修材料　地毯、地毯衬垫及地毯胶粘剂有害物质释放限量》GB 18587—2001。

14.《混凝土外加剂释放氨的限量》GB 18588—2001。

15.《建筑材料放射性核素限量》GB 6566—2010。

16.《饰面型防火涂料》GB 12441—2018。

17.《建筑胶粘剂有害物质限量》GB 30982—2014。

18.《室内地坪涂料中有害物质限量》GB 38468—2019。

19.《建筑木结构用阻燃涂料》JG/T 572—2019。

2.13.3 检验内容和使用要求

1. 检验内容

对装饰装修材料进行复验，是为保证建筑装饰装修工程质量采取的一种确认方式，有助于避免不合格材料用于装饰装修工程，也有助于解决提供样品与供货质量不一致的问题。

（1）根据《建筑装饰装修工程质量验收标准》GB 50210—2018 的规定，装饰装修工程采用的材料应按下列要求进行复验：

① 抹灰工程中应对下列材料及性能指标进行复验：

a. 砂浆的拉伸粘结强度；

b. 聚合物砂浆的保水率。

② 外墙防水工程中应对下列材料及性能指标进行复验：

a. 防水砂浆的粘结强度和抗渗性能；

b. 防水涂料的低温柔型和不透水性；

c. 防水透气膜的不透水性。

③ 门窗工程应对下列材料及性能指标进行复验：

a. 人造木板门的甲醛释量；

b. 建筑外窗的气密性能、水密性能和抗风压性能。

④ 吊顶工程应对人造木板的甲醛释放量进行复验。

⑤ 轻质隔墙工程应对人造木板的甲醛释放量进行复验。

⑥ 饰面板工程应对下列材料及下列指标进行复验：

a. 室内用花岗石板的放射性、室内用人造木板的甲醛释放量；

b. 水泥基粘结料的粘结强度；

c. 外墙陶瓷板的吸水率；

d. 严寒和寒冷地区外墙陶瓷板的抗冻性。

⑦ 饰面砖工程应对下列材料及下列指标进行复验：

a. 室内用花岗石板和瓷质饰面砖的放射性；

b. 水泥基粘结材料与所用外墙饰面砖的拉伸粘结强度；

c. 外墙陶瓷饰面砖的吸水率；

d. 严寒和寒冷地区外墙陶瓷饰面砖的抗冻性。

⑧ 幕墙工程应对下列材料及其性能指标进行复验：

a. 铝塑复合板的剥离强度；

b. 石材、瓷板、陶板、木纤维板、纤维水泥板、石材蜂窝复合板的抗弯强度；严寒、寒冷地区石材、瓷板、陶板、纤维水泥板、石材蜂窝复合板的抗冻性；

c. 室内用花岗石的放射性；

d. 幕墙用结构胶的邵氏硬度、标准条件拉伸粘结强度、相容性试验、剥离粘结性试验；石材用密封胶的污染性；

e. 中空玻璃的密封性能；防火、保温材料的燃烧性能；

f. 铝材、钢材主受力杆件的抗拉强度。

⑨ 软包工程应对木材的含水率及人造木板的甲醛释放量进行复验。

⑩ 细部工程应对花岗石的放射性和人造木板的甲醛释放量进行复验。

（2）根据《民用建筑工程室内环境污染控制标准》GB 50325—2020 中对建筑材料和装饰装修材料污染物控制的要求，工程建设中的材料选择及进场检验应按以下要求进行：

① 民用建筑工程采用的无机非金属建筑主体材料和建筑装饰装修材料进场时，施工单位应检验其放射性指标检测报告。

② 民用建筑室内装饰装修中采用的天然花岗岩石材或瓷质砖使用面积大于 200m^2 时，应对不同产品、不同批次材料分别进行放射性指标的抽查复验。

③ 民用建筑室内装饰装修中所采用的人造木板及其制品进场时，施工单位应检验其游离甲醛释放量检测报告。

④ 民用建筑室内装饰装修中采用的人造木板面积大于 500m^2 时，应对不同产品、不同批次材料的游离甲醛释放量分别进行抽查复验。

⑤ 民用建筑室内装饰装修中所采用的水性涂料、水性处理剂进场时，施工单位应查验其同批次产品的游离甲醛含量检测报告；溶剂型涂料进场时，施工单位应查验其同批次产品的挥发性有机化合物（VOC）、苯、甲苯＋二甲苯、乙苯含量检测报告，其中聚氨酯类的应有游离二异氰酸酯（TDI＋HDI）含量检测报告。

⑥ 民用建筑室内装饰装修中所采用的水性胶粘剂进场时，施工单位应查验其同批次产品的游离甲醛含量和 VOC 检测报告；溶剂型、本体型胶粘剂进场时，施工单位应查验其同批次产品的苯、甲苯＋二甲苯、VOC 含量检测报告，其中聚氨酯类的应有游离甲苯二异氰酸酯（TDI）含量检测报告。

⑦ 民用建筑室内装饰装修中采用的壁纸（布）应有同批次产品的游离甲醛含量检测报告，并应符合设计要求和《民用建筑工程室内环境污染控制标准》GB 50325—2020 的规定。

⑧ 建筑主体材料和装饰装修材料的检测项目不全或对检测结果有疑问时，应对材料进行检验，检验合格后方可使用。

⑨ 幼儿园、学校教室、学生宿舍等民用建筑室内装饰装修，应对不同产品、不同批次的人造木板及其制品的甲醛释放量和涂料、橡胶类合成材料的挥发性有机化合物释放量进行抽查复验，并应符合《民用建筑工程室内环境污染控制标准》GB 50325—2020 的规定。

⑩ 民用建筑工程竣工验收时，必须进行室内环境污染物浓度检测（详见“3.9 装饰装修工程室内环境污染检测”）。

（3）根据《建筑内部装修防火施工及验收规范》GB 50354—2005 的规定，进入施工现场的装修材料应完好，并应核查其燃烧性能或耐火极限、防火性能型式检验报告、合格证书等技术文件是否符合防火设计要求。装修材料进入施工现场后，应按以下规定，在监理单位或建设单位监督下，由施工单位有关人员现场取样，并应由具备相应资质的检测单位进行见证取样检验：

① 纺织织物子分部装修工程中应在下列材料进场时，进行见证取样检验：

a. B_1、B_2 级纺织织物；

b. 现场对纺织织物进行阻燃处理所使用的阻燃剂；

② 木质材料子分部装修工程中应在下列材料进场时，进行见证取样检验：

a. B_1 级木质材料；

b. 现场进行阻燃处理所使用的阻燃剂及防火涂料。

③ 高分子合成材料子分部装修工程中应在下列材料进场时，进行见证取样检验：

a. B_1、B_2 级高分子合成材料；

b. 现场进行阻燃处理所使用的阻燃剂及防火涂料。

④ 复合材料子分部装修工程中应在下列材料进场时，进行见证取样检验：

a. B_1、B_2 级复合材料；

b. 现场进行阻燃处理所使用的阻燃剂及防火涂料。

⑤ 其他材料（包括防火封堵材料、涉及电气设备、灯具、防火门窗、钢结构装修的材料）子分部装修工程中应在下列材料进场时，进行见证取样检验：

a. B_1、B_2 级材料；

b. 现场进行阻燃处理所使用的阻燃剂及防火涂料。

其中，防火涂料的检验项目为在容器中的状态、细度、干燥时间、附着力、柔韧性、耐冲击性、耐水性、耐湿热性及耐燃时间等；阻燃涂料的检验项目包括涂料的状态、干燥试件、柔韧性和附着力。

2. 使用要求

(1) 建筑装饰装修工程所用材料的品种、规格和质量应符合设计要求和国家现行标准的规定，不得使用国家明令淘汰的材料。

(2) 当国家规定或合同约定应对材料进行见证检验时，或对材料质量发生争议时，应进行见证检验。

(3) 装饰装修工程施工前应有主要材料的样板或做样板间（件），并应经有关各方确认。

(4) 民用建筑工程室内装修时，严禁使用苯、工业苯、石油苯、重质苯及混苯作为稀释剂和溶剂。

(5) 民用建筑工程室内装修施工时，不应使用苯、甲苯、二甲苯和汽油进行除油和清除旧涂层作业。

(6) 涂料、胶粘剂、水性处理剂、稀释剂和溶剂等使用后，应及时封闭存放，废料应及时清出。

(7) 民用建筑室内装饰装修严禁使用有机溶剂清洗施工用具。

(8) 使用中的民用建筑进行装饰装修施工时，在没有采取有效防止污染措施情况下，不得采用溶剂型涂料进行施工。

(9) 民用建筑工程室内装修时，不应采用聚乙烯醇水玻璃内墙涂料、聚乙烯醇缩甲醛内墙涂料和树脂以硝化纤维为主、溶剂以二甲苯为主的水包油型（O/W）多彩内墙涂料。

(10) 民用建筑工程室内装修时，不应采用聚乙烯醇缩甲醛类胶粘剂。

(11) 民用建筑工程室内装修中所使用的木地板及其他木质材料，严禁采用沥青、煤焦油类防腐、防潮处理剂。

(12) 民用建筑工程室内装修粘贴塑料地板时，不应采用溶剂型胶粘剂。

(13) 民用建筑工程中，不应在室内采用脲醛树脂泡沫塑料作为保温、隔热和吸声材料。

(14) 对于以下材料：混凝土、矿物棉、玻璃纤维、石灰、金属（铁、钢、铜）、石膏、无有机混合物的灰泥、硅酸钙材料、天然石材、石板、玻璃、陶瓷，任何一种材料含有的均匀分散的有机物含量不超过 1%（质量和体积），可不通过试验即认为满足 A_1 级

（不燃材料）的要求。对于由以上一种或多种材料分层复合的材料或制品，当胶水含量不超过 0.1%（质量和体积）时，认为该制品满足 A_1 级的要求。

2.13.4 取样要求

1. 取样批量

（1）根据《建筑装饰装修工程质量验收标准》GB 50210—2018 的规定，同一厂家生产的同一品种、同一类型的进场材料应至少抽取一组样品进行复验，当合同另有更高要求时应按合同执行。抽样样本应随机抽取，满足分布均匀、具有代表性的要求，获得认证的产品或来源稳定且连续三批均一次检验合格的产品，进场验收时检验批的容量可扩大一倍，且仅可扩大一次。扩大检验批后的检验中，出现不合格情况时，应按扩大前的检验批容量重新验收，且该产品不得再次扩大检验批容量。

（2）根据《民用建筑工程室内环境污染控制标准》GB 50325—2020 的规定，装饰装修材料污染物释放量或含量抽查复验组批要求应符合表 2.13-1 的规定。

装饰装修材料抽查复验组批要求 **表 2.13-1**

材料名称	组批要求
天然花岗岩石材和瓷质砖	当同一产地、同一品种产品使用面积大于 200m^2 时需进行复验，组批按同一产地、同一品种每 5000m^2 为一批，不足 5000m^2 按一批计
人造木板及其制品	当同一厂家、同一品种、同一规格产品使用面积大于 500m^2 时需进行复验，组批按同一产地、同一品种每 5000m^2 为一批，不足 5000m^2 按一批计
水性涂料和水性腻子	组批按同一厂家、同一品种、同一规格产品每 5t 为一批，不足 5t 按一批计
溶剂型涂料和木器用溶剂型腻子	木器聚氨酯涂料，组批按同一厂家产品以甲组分每 5t 为一批，不足 5t 按一批计
	其他涂料、腻子，组批按同一厂家、同一品种、同一规格产品每 5t 为一批，不足 5t 按一批计
室内防水涂料	反应型聚氨酯涂料，组批按同一厂家、同一品种、同一规格产品每 5t 为一批，不足 5t 按一批计
	聚合物水泥防水涂料，组批按同一厂家产品每 10t 为一批，不足 10t 按一批计
	其他涂料，组批按同一厂家、同一品种、同一规格产品每 5t 为一批，不足 5t 按一批计
水性胶粘剂	聚氨酯类胶粘剂组批按同一厂家以甲组分每 5t 为一批，不足 5t 按一批计
	聚乙酸乙烯酯胶粘剂、橡胶类胶粘剂、VAE 乳液类胶粘剂、丙烯酸酯类胶粘剂等，组批按同一厂家、同一品种、同一规格产品每 5t 为一批，不足 5t 按一批计
溶剂型胶粘剂	聚氨酯类胶粘剂组批按同一厂家以甲组分每 5t 为一批，不足 5t 按一批计
	氯丁橡胶胶粘剂、SBS 胶粘剂、丙烯酸酯类胶粘剂等，组批按同一厂家、同一品种、同一规格产品每 5t 为一批，不足 5t 按一批计
本体型胶粘剂	环氧类（A 组分）胶粘剂，组批按同一厂家以 A 组分每 5t 为一批，不足 5t 按一批计
	有机硅类胶粘剂（含 MS）等，组批按同一厂家、同一品种、同一规格产品每 5t 为一批，不足 5t 按一批计
水性阻燃剂、防水剂和防腐剂等水性处理剂	组批按同一厂家、同一品种、同一规格产品每 5t 为一批，不足 5t 按一批计
防火涂料	组批按同一厂家、同一品种、同一规格产品每 5t 为一批，不足 5t 按一批计

（3）根据《建筑内部装修防火施工及验收规范》GB 50354—2005 的规定，对 B_1、B_2 级材料、阻燃剂等应按产品种类、用途、生产厂家、进货渠道等分别组批并复验。

2. 取样数量

(1) 建筑装饰装修工程用材料性能检测取样数量可参照表2.13-2。

建筑装饰装修材料性能检测常用取样数量 **表2.13-2**

序号	建材名称	检测项目	取样量
1	预拌抹灰砂浆	保水率、拉伸粘结强度	每批外观合格的产品中不少于6个（组）取样点随机抽取。样品总质量不少于20kg。样品分为两份，一份试验，一份备用
2	防水砂浆	抗渗压力、粘结强度	
3	聚合物水泥防水砂浆		
4	聚合物水泥防水涂料	低温柔性、不透水性	在每批产品中随机抽取两组样品，一组样品用于检验，另一组样品封存备用，每组至少5kg（多组分产品按配比抽取）
5	聚合物乳液防水涂料		
6	聚氨酯防水涂料		
7	防水透气膜	不透水性	在宽度方向且距边缘100mm均匀裁取直径为200±2mm圆形试件至少3块
8	建筑外窗	气密性能、水密性能和抗风压性能	至少3樘
9	水泥基胶粘剂	粘结强度	每批产品随机抽样，取20kg样品，充分混匀。取样后将样品一分为二，一份检验，一份留样
10	陶瓷板	吸水率	随机抽取3块整板
11	陶瓷饰面砖	吸水率	随机抽取10块整砖
12	铝塑复合板	剥离强度	随机抽取，试件边部距产品边部距离大于50mm，分别在复合板正、反两面，纵、横方向，各抽取1组3块350mm×25mm样品（共计4组12块）
13	石材	抗弯强度、抗冻性	弯曲性能5个长（10H+50mm）×宽100mm试样为一组（干燥、水饱和试验条件各一组）；抗冻性能为一组5个50mm×50mm×50mm立方体试样
14	瓷板		弯曲性能300×300mm×7块，厚度保持瓷板厚度；抗冻性能10块整板
15	陶板		弯曲性能10mm×10mm×120mm×10块；抗冻性能10块整板
16	微晶玻璃板		弯曲性能160mm×40mm×20mm×10块；抗冻性能100mm×80mm×5块
17	石材蜂窝复合板		弯曲性能跨距（视仪器设备而定）+40mm（长）×60mm（宽）×9块；抗冻性能500mm×500mm×6块
18	纤维水泥板		弯曲性能20h+50mm（长）×50mm宽×6块；抗冻性能250mm×250mm×8块
19	木材	含水率	20mm×20mm×20mm的立方体试件3块
20	硅酮结构胶	与其相接触材料（玻璃、金属框架、间隔条、密封垫、定位块以及其他密封胶）的相容性和剥离粘结性试验、邵氏硬度、标准状态拉伸粘结性能	单组分产品抽样量5支，双组分产品从原包装中抽样，抽样量为3～5kg
21	石材用建筑密封胶	耐污染性	产品随机取样，样品总量约为4kg。双组分产品取样后，应立即分别密封包装
22	中空玻璃	密封性能	试样为制品或制品相同材料、在同一工艺条件下制作的尺寸为510mm×360mm的试样，数量为15块
23	铝材受力杆件	力学性能	每批取2根基材，每根基材上切取1个试样

（2）建筑材料和装饰装修材料有害物质检测取样数量见表 2.13-3。

建筑材料和装饰装修材料有害物质检测取样数量　　表 2.13-3

序号	材料类别	建材名称	检测项目	取样量
1	无机非金属装修材料	大理石	放射性	不少于 2kg/份
2		花岗石	放射性	不少于 2kg/份
3		瓷质墙、地砖	放射性	不少于 2kg/份
4		建筑卫生陶瓷	放射性	不少于 2kg/份
5		石膏板	放射性	不少于 2kg/份
6	涂料、处理剂	水性涂料	游离甲醛含量	不少于 1kg/份
7		水性腻子		
8		水性处理剂		
9		溶剂型装饰板涂料	VOC、苯、甲苯＋二甲苯＋乙苯（能释放氨的涂料）	不少于 1kg/份
10		溶剂型木器涂料和腻子		
11		溶剂型地坪涂料		
12		酚醛防锈漆		
13		防水涂料		
14		防火涂料		
15		其他溶剂型涂料		
16		聚氨酯类涂料	VOC、苯、甲苯＋二甲苯＋乙苯、TDI＋HDI	
17		木器用聚氨酯类腻子		
18	胶粘剂	聚乙酸乙酯胶粘剂	游离甲醛含量＋VOC	不少于 1kg/份
19		橡胶类胶粘剂		不少于 1kg/份
20		其他水性胶粘剂		不少于 1kg/份
21		氯丁橡胶胶粘剂	苯＋甲苯＋二甲苯＋VOC	不少于 1kg/份
22		SBS 胶粘剂		不少于 1kg/份
23		其他溶剂型胶粘剂		不少于 1kg/份
24		聚氨酯类胶粘剂	苯＋甲苯＋二甲苯＋VOC＋TDI	不少于 1kg/份
25	人造木板	饰面人造木板	游离甲醛释放量	不少于 $3m^2$/份
26		刨花板		
27		细木工板		
28		胶合板		
29		高、中、低密度纤维板		

注：在施工或使用现场抽取样品时，必须同一地点、同一类别、同一规格的建筑材料或装饰装修材料中随机抽取1份，并立即用无释放或吸附污染物的包装材料将样品密封后待测。

（3）建筑装饰装修工程用材料燃烧性能的取样数量可参考表 2.13-4。

建筑装饰装修工程用材料燃烧性能检测常用取样数量 **表 2.13-4**

序号	建材名称		取样量	检验项目
1	纺织织物	窗帘	1000mm×1000mm×2 块	燃烧性能
		幕布		
		地毯	1050mm×800mm×厚度×2 块	
2	木质材料	木质地板	1050mm×800mm×厚度×2 块	
		木质装饰板	1500mm×1000mm×厚度×3 块、1500mm×500mm×厚度×3 块	
3	高分子合成材料	PVC 电线、电缆套管	1000mm×ϕ（孔径）	
		塑料地板	1050mm×800mm×厚度×2 块	
		橡塑平板保温材料	1500mm×1000mm×厚度×3 块、1500mm×500mm×厚度×3 块	
		橡塑管状保温材料	1500mm×ϕ（孔径 22mm）×45 根	
4	复合材料	纸面石膏板	1500mm×1000mm×厚度×3 块、1500mm×500mm×厚度×3 块	
		矿棉板、硅酸钙板等	600mm×600mm×厚度×27 块	
		护墙板	1500mm×1000mm×厚度×3 块、1500mm×500mm×厚度×3 块	
5	其他材料	挤塑夹芯板等其他保温材料	B_1 级：1500mm×1000mm×厚度×3 块、1500mm×500mm×厚度×3 块；B、C 级：1200mm×600mm×厚度×16 块	

（4）防火涂料、阻燃涂料的取样应随机抽取样本不少于 2 桶且抽取的样品数量不少于 10kg。

2.13.5 技术要求

1. 建筑装饰装修工程用材料主要性能指标应符合表 2.13-5 的规定。

建筑装饰装修工程用材料主要性能指标 **表 2.13-5**

序号	建材名称	项目	技术指标
1	干混抹灰砂浆	保水率（%）	普通抹灰≥88
			薄层抹灰≥99
		拉伸粘结强度（MPa）	普通抹灰 M5：≥0.15 >M5：≥0.20
			薄层抹灰≥0.30
2	防水砂浆	抗渗压力（MPa）	P6≥0.6，P8≥0.8，P10≥1.0
		粘结强度（MPa）	≥0.20
3	聚合物水泥防水砂浆	抗渗压力（MPa）	Ⅰ型：7d≥0.8，28d≥1.5 Ⅱ型：7d≥1.0，28d≥1.5
		粘结强度（MPa）	Ⅰ型：7d≥0.8，28d≥1.0 Ⅱ型：7d≥1.0，28d≥1.2
4	聚合物水泥防水涂料	低温柔性	−10℃无裂纹
		不透水性	0.3MPa，30min 不透水

续表

序号	建材名称	项目	技术指标
5	聚合物乳液防水涂料	低温柔性	Ⅰ型：－10℃无裂纹 Ⅱ型：－20℃无裂纹
		不透水性	0.3MPa，30min 不透水
6	聚氨酯防水涂料	低温弯折性（℃）	单组分：≤－40 多组分：≤－35
		不透水性	0.3MPa，30min 不透水
7	防水透气膜	不透水性（mm，2h）	≥1000
8	建筑外窗	气密性能、水密性能和抗风压性能	符合设计相应性能等级
9	水泥基胶粘剂	粘结强度（MPa）	C1（普通型）≥0.5 C2（增强型）≥1.0
10	陶瓷板	吸水率（%）	瓷质板≤0.5 0.5＜炻质板≤10.0 陶质板＞10.0
11	陶瓷饰面砖		产品按吸水率进行等级划分， 吸水率应符合相应级别要求
12	铝塑复合板	剥离强度（N·mm/mm）	平均值≥110 最小值≥100
13	石材（花岗岩）	抗弯强度（MPa）	≥8.0
		抗冻性	无破坏（循环次数 25 次）
14	瓷板	抗弯强度（MPa）	平均值≥30 最小值≥27
		抗冻性	经抗冻性试验后无裂纹或剥落（循环次数 100 次）
15	陶板	抗弯强度（MPa）	AⅠ类：平均值≥23，最小值≥18 AⅡa 类：平均值≥13，最小值≥11 AⅡb 类：平均值≥9，最小值≥8
		抗冻性	无破坏（循环次数 100 次）
16	石材蜂窝复合板	抗弯强度（MPa）	花岗石面层≥8.0 砂岩、大理石、石灰石面层≥4.0
		抗冻性	无异常（循环次数 25 次）
17	纤维水泥板	抗弯强度（MPa）	饱水状态等级Ⅰ≥7 饱水状态等级Ⅱ≥13 饱水状态等级Ⅲ≥18 饱水状态等级Ⅳ≥24
		抗冻性	经循环后板面不出现破裂分层[a]
18	木纤维板	抗弯强度（MPa）	≥80
19	微晶玻璃板		≥30
20	木材	含水率（%）	根据各地区实际情况确定
21	硅酮结构胶	相容性	实际工程用基材与胶粘结破坏面积≤20%
		邵氏硬度（Shore A）	20～60
		标准状态拉伸粘结性能 （23℃，MPa）	≥0.60
22	石材用建筑密封胶	污染性（mm）	宽度≤2.0 深度≤2.0
23	中空玻璃	密封性能（露点）	＜－40℃
24	铝材受力杆件	力学性能	符合《铝合金建筑型材　第 1 部分：基材》 GB/T 5237.1—2017 表 12 的要求

[a]冻融循环次数为严寒地区 100 次，寒冷地区 75 次，夏热冬冷地区 50 次，夏热冬暖地区 25 次。

2. 民用建筑工程所使用的无机非金属装修材料，包括石材、建筑卫生陶瓷、石膏制品等，其放射性指标限量应符合表 2. 13-6 的规定。

无机非金属装修材料放射性指标限量 **表 2. 13-6**

测定项目	限量	
	A类装饰装修材料	B类装饰装修材料
内照射指数（I_{Ra}）	≤1. 0	≤1. 3
外照射指数（I_{γ}）	≤1. 3	≤1. 9

3. 室内装饰装修材料人造板及其制品中甲醛释放量可采用环境测试舱法或干燥器法测定，当发生争议时应以环境测试舱法的测定结果为准。当采用环境测试舱法测定时，应按《民用建筑工程室内环境污染控制标准》GB 50325—2020 附录 B 执行，其游离甲醛释放量不应大于 0. 124mg/m^3。当采用干燥器法测定时，应按《人造板及饰面人造板理化性能试验方法》GB/T 17657—2013 执行，其游离甲醛释放量不应大于 1. 5mg/L。

4. 民用建筑工程室内用水性装饰板涂料、水性墙面涂料、水性墙面腻子的游离甲醛含量不得大于 50mg/kg。民用建筑工程室内用其他水性涂料和水性腻子其游离甲醛含量应不得大于 100mg/kg。民用建筑工程室内用溶剂型装饰板涂料、木器涂料、腻子、地坪涂料的 VOC、苯、甲苯＋二甲苯＋乙苯限量应符合表 2. 13-7 的要求。

室内用溶剂型涂料和腻子的游离甲醛限量 **表 2. 13-7**

材料种类		项目		
		VOC（g/L）	苯含量（%）	甲苯＋二甲苯＋乙苯（%）
装饰板涂料	含效应颜料类	760	0. 3	20
	其他类	580		
木器涂料（含腻子）	聚氨酯类	面漆（≥80 单位值）550	0. 1	20
		面漆（<80 单位值）550		
		底漆 600		
	醇酸类	450		5
	不饱和聚酯类	420		10
地坪涂料		色漆 500	0. 1	20
		清漆 550		

注：聚氨酯类木器涂料还应测定游离二异氰酸酯总和含量，其潮（湿）气固化型限量不超过 0. 4%，其他不超过 0. 2%。

5. 装饰装修用工程材料的燃烧性能应符合设计及《建筑内部装修设计防火规范》GB 50222—2017 的相关规定。

6. 防火涂料的技术指标应符合表 2. 13-8 的规定。

饰面型防火涂料技术指标 **表 2. 13-8**

项目		技术指标
在容器中的状态		经搅拌后呈均匀状态，无结块
细度（μm）		≤90
干燥时间	表干（h）	≤5
	实干（h）	≤24

续表

项目	技术指标
附着力（级）	≤3
柔韧性（mm）	≤3
耐冲击性（cm）	≥20
耐水性	经24h试验，涂膜不起皱、不剥落
耐湿热型	经48h试验，涂膜不起泡、不脱落
难燃时间（min）	≥15

7. 阻燃涂料的技术指标应符合表2.13-9的规定。

阻燃涂料技术指标 **表2.13-9**

项目	技术指标
涂料的状态	容器中的涂料经搅拌后呈均匀状态，无结块
干燥时间（表干，h）	≤2
柔韧性（mm）	≤3
附着力（级）	≤3

2.14 节能材料

2.14.1 概述

目前，我国城乡既有建筑总面积达450多亿m^2，这些建筑在使用过程中，其采暖、空调、通风、炊事、照明、热水供应等方面不断消耗大量的能源。建筑能耗已占全国总能耗近30%。据预测，到2020年，我国城乡还将新增建筑300亿m^2。能源问题已成为制约经济和社会发展的重要因素，建筑能耗必将对我国的能源消耗造成长期的、巨大的影响。要解决建筑能耗问题，根本出路是坚持开发与节约并举、节约优先的方针，大力推进节能降耗，提高能源利用效率。

所谓建筑节能，是指在保证和提高建筑舒适性的条件下，合理使用能源，不断提高能源利用效率。通过采取合理的建筑设计和选用符合节能要求的墙体材料、屋面隔热材料、门窗、空调等措施所建造的房屋，与没有采取节能措施的房屋相比，在保证相同的室内热舒适环境条件下，它可以提高电能利用效率，减少建筑能耗。

建筑节能涉及内容广泛，工作面广，是一项系统工程。与原来专业分工不同，它包含有建筑、施工、采暖、通风、空调、照明、家电、建材、热工、能源、环境等许多专业内容。从建设程序看，建筑节能与规划、设计、施工、监理、检测等过程都密切相关，不可分割。建筑物的朝向、布局、地面绿化率、自然通风效果等与规划有关的性能都能带来良好的节能效果。从建筑技术看，建筑节能包含了众多技术，如围护结构保温隔热技术、建筑遮阳技术、太阳能与建筑一体化技术、新型供冷供热技术、照明节能技术等。从建筑材料看，建筑节能包含了墙体材料、节能型门窗、节能玻璃、保温材料等。

国家“十一五”纲要中提出了要落实节约资源和保护环境的基本国策，建设低投入、高产出，低消耗、少排放，能循环、可持续的国民经济体系和资源节约型、环境友好型社会，将建筑节能列为十大节能工程之一，要求严格执行建筑节能设计标准，推动既有建筑节能改造，推广新型墙体材料和节能产品等。

由于我国的外保温技术开发起步较晚，外保温系统还在不断地发展完善中，外保温工程中也存在着不少问题。比如在外保温使用阶段出现了保护层开裂、空鼓和脱落、个别工程出现外保温系统被大风刮掉、雨水通过裂缝渗至外墙内表面等质量问题。因此，建筑节能现场检测技术是确保建筑节能措施效果的一个重要的方法，应该使建筑节能现场检测工作具有科学性、规范性、公平性及合理的可操作性和依据，确保各方的合法权益，使建筑节能工作落到实处。

2.14.2 依据标准

1.《建筑节能工程施工质量验收标准》GB 50411—2019。
2.《屋面工程质量验收规范》GB 50207—2012。
3.《建筑地面工程施工质量验收规范》GB 50209—2010。
4.《外墙内保温工程技术规程》JGJ/T 261—2011。
5.《硬泡聚氨酯保温防水工程技术规范》GB 50404—2017。
6.《建筑用真空绝热板应用技术规程》JGJ/T 416—2017。
7.《外墙外保温工程技术标准》JGJ 144—2019。
8.《无机轻集料砂浆保温系统技术标准》JGJ/T 253—2019。
9.《硬泡聚氨酯板薄抹灰外墙外保温系统材料》JG/T 420—2013。
10.《保温装饰板外墙外保温系统材料》JG/T 287—2013。
11.《模塑聚苯板薄抹灰外墙外保温系统材料》GB/T 29906—2013。
12.《胶粉聚苯颗粒外墙外保温系统材料》JG/T 158—2013。
13.《挤塑聚苯板（XPS）薄抹灰外墙外保温系统材料》GB/T 30595—2014。
14.《泡沫玻璃外墙外保温系统材料技术要求》JG/T 469—2015。
15.《绝热用模塑聚苯乙烯泡沫塑料》GB/T 10801.1—2002。
16.《绝热用挤塑聚苯乙烯泡沫塑料》GB/T 10801.2—2018。
17.《建筑外墙外保温用岩棉制品》GB/T 25975—2018。
18.《膨胀珍珠岩绝热制品》GB/T 10303—2015。
19.《柔性泡沫橡塑绝热制品》GB/T 17794—2008。
20.《建筑绝热用玻璃棉制品》GB/T 17795—2008。
21.《泡沫玻璃绝热制品》JC/T 647—2014。

2.14.3 检验内容和使用要求

对于建筑节能材料的质量检测，应由具备资质的检测机构承担。单位工程的施工组织设计应包括建筑节能工程施工内容。建筑节能工程施工前，施工企业应编制建筑节能工程施工技术方案并经监理（建设）单位审查批准。施工单位应对从事建筑节能工程施工作业的专业人员进行技术交底和必要的实际操作培训。

节能材料和设备进场验收应遵守下列规定：

（1）对材料和设备的品种、规格、包装、外观尺寸等进行检查验收，并应经监理工程师（建设单位代表）确认，并形成相应的验收记录。

（2）对材料和设备的质量证明文件进行核查，并应经监理工程师（建设单位代表）确认，纳入工程技术档案。进入施工现场用于节能工程的材料和设备均应具有产品质量保证书、出厂合格证、中文说明书及相关性能检测报告；定型产品和成套技术应有型式检验报告，进口材料和设备应按规定进行出入境商品检验。

（3）涉及安全、节能、环境保护和主要使用功能的材料、构件和设备，应按《建筑节能工程施工质量验收标准》GB 50411—2019 的规定在施工现场随机抽样复验，复验为见证取样送检。当复验的结果不合格时，该材料、构件和设备不得使用。

（4）在同一工程项目中，同厂家、同类型、同规格的节能材料、构件和设备，当获得建筑节能产品认证、具有节能标识或连续三次见证取样检验均一次检验合格时，其检验批的容量可扩大一倍，且仅可扩大一倍。扩大检验批后的检验中出现不合格情况时，应按扩大前的检验批重新验收，且该产品不得再次扩大检验批容量。

1. 检验内容

根据《建筑节能工程施工质量验收标准》GB 50411—2019 将节能工程明确定位为分部工程，然后又将此分部工程分为若干个分项工程，由于在不同的节能分项工程中，节能材料检验内容和取样要求都不尽相同，所以下面将根据各个分项工程分别进行列举。

（1）墙体节能工程

① 根据《建筑节能工程施工质量验收标准》GB 50411—2019 要求，墙体节能工程进场原材料应按表 2.14-1 进行见证取样检验。

墙体节能工程原材料及设备复验项目　　表 2.14-1

材料名称	复验项目
保温隔热材料	导热系数或热阻、密度、压缩强度或抗压强度、垂直于板面方向的抗拉强度、吸水率、燃烧性能（不燃材料除外）
复合保温板等墙体节能定型产品	传热系数或热阻、单位面积质量、拉伸粘结强度、燃烧性能（不燃材料除外）
保温砌块等墙体节能定型产品	传热系数或热阻、抗压强度、吸水率
反射隔热材料	太阳光反射比、半球发射率
粘结材料	拉伸粘结强度
抹面材料	拉伸粘结强度、压折比
增强网	力学性能、抗腐蚀性能

当外墙采用保温浆料做保温层时，应在施工中制作同条件试件，检测其导热系数、干密度和抗压强度。保温浆料的试件应见证取样。

② 根据《外墙内保温工程技术规程》JGJ/T 261—2011 要求，内保温工程主要组成材料进场时，应按表 2.14-2 进行现场抽样复验，抽样数量应符合《建筑节能工程施工质量验收标准》GB 50411—2019 的规定。

外墙内保温系统组成材料进场复验项目 **表 2.14-2**

组成材料	复验项目
复合板	拉伸粘结强度、抗冲击性
有机保温板	密度、导热系数、垂直于板面方向的抗拉强度
喷涂硬泡聚氨酯	密度、导热系数、拉伸粘结强度
纸蜂窝填充憎水型膨胀珍珠岩保温板	导热系数、抗拉强度
岩棉板（毡）	标称密度、导热系数
玻璃棉板（毡）	标称密度、导热系数
无机保温板	干密度、导热系数、垂直于板面方向的抗拉强度
保温砂浆	干密度、导热系数、抗拉强度
界面砂浆	拉伸粘结强度
胶粘剂	与保温板或复合板拉伸粘结强度的原强度
粘结石膏	凝结时间、与有机保温板拉伸粘结强度
粉刷石膏	凝结时间，拉伸粘结强度
抹面胶浆	拉伸粘结强度
玻璃纤维网布	单位面积质量、拉伸断裂强力
锚栓	单个锚栓抗拉承载力标准值
腻子	施工性、初期干燥抗裂性

另外，保温砂浆内保温系统应在施工中制作同条件养护试块，检测其导热系数、干密度和抗压强度。

③ 根据《硬泡聚氨酯保温防水工程技术规范》GB 50404—2017 要求，硬泡聚氨酯外墙外保温工程采用的保温材料和粘结材料等的进场复验应符合现行国家标准《建筑节能工程施工质量验收标准》GB 50411—2019 的规定。

④ 根据《建筑用真空绝热板应用技术规程》JGJ/T 416—2017 要求，真空绝热板建筑节能工程所应用的主要组成材料应按表 2.14-3 进行现场抽样复验。

真空绝热板建筑保温系统组成材料进场复验项目 **表 2.14-3**

类别	材料	复验项目
薄抹灰外墙外保温工程	真空绝热板	单位面积质量、导热系数、垂直于板面抗拉强度
	粘结砂浆	与真空绝热板的拉伸粘结强度
	抹面胶浆	与真空绝热板的拉伸粘结强度、压折比
	玻璃纤维网布	单位面积质量、耐碱拉伸断裂强力、耐碱拉伸断裂强力保留率
外墙内保温工程	真空绝热板	单位面积质量、导热系数、垂直于板面抗拉强度
	粘结砂浆	与真空绝热板的拉伸粘结强度的原强度
	粘结石膏	凝结时间、与真空绝热板拉伸粘结强度
	粉刷石膏	凝结时间、与真空绝热板拉伸粘结强度
	抹面胶浆	与真空绝热板拉伸粘结强度
	玻璃纤维网布	单位面积质量、拉伸断裂强力
保温装饰板外墙外保温工程	保温装饰板	真空绝热板的导热系数、单位面积质量、保温层厚度、拉伸粘结强度
	粘结砂浆	与保温装饰板的拉伸粘结强度
	锚固件	拉拔力标准值

⑤ 根据《外墙外保温工程技术标准》JGJ 144—2019 要求，外保温系统主要组成材料应按表 2.14-4 进行现场见证取样复验，并应符合现行国家标准《建筑节能工程施工质量验收标准》GB 50411—2019 的规定。

外墙外保温系统组成材料进场复验项目　　表 2.14-4

组成材料	复验项目
EPS 板、XPS 板、PUR 板	导热系数、表观密度、垂直于板面方向的抗拉强度、燃烧性能
胶粉聚苯颗粒保温浆料、胶粉聚苯颗粒贴砌浆料	导热系数、干表观密度、抗压强度、燃烧性能
EPS 钢丝网架板	热阻、燃烧性能
现场喷涂 PUR 硬泡体	导热系数、表观密度、抗拉强度、燃烧性能
胶粘剂、抹面胶浆、界面砂浆	养护 14d 和浸水 48h 拉伸粘结强度
玻纤网	单位面积质量、耐碱拉伸断裂强力、耐碱拉伸断裂强力保留率、断裂伸长率
腹丝	镀锌层质量、焊点质量
防火隔离带保温板	导热系数、表观密度、垂直于表面的抗拉强度、燃烧性能

当外墙采用胶形聚苯颗粒保温浆料时，应现场制样进行干表观密度检测。

⑥ 根据《无机轻集料砂浆保温系统技术标准》JGJ/T 253—2019 要求，墙体保温工程采用的界面砂浆、无机轻集料保温砂浆、抗裂砂浆、耐碱玻纤网布，其复验项目应符合表 2.14-5 规定。

无机轻集料砂浆保温系统组成材料进场复验项目　　表 2.14-5

材料名称	复验项目
界面砂浆	拉伸粘结原强度、拉伸粘结耐水强度
无机轻集料保温砂浆	干密度、抗压强度、导热系数、拉伸粘结强度
抗裂砂浆	拉伸粘结原强度、拉伸粘结耐水强度、透水性、压折比
耐碱玻纤网布	网孔中心距、耐碱拉伸断裂强力、耐碱强力保留率、断裂伸长率

另外，无机轻集料保温砂浆应在施工中制作同条件养护样并见证取样送检，检测其导热系数、干密度和抗压强度。

(2) 幕墙节能工程

依据《建筑节能工程施工质量验收标准》GB 50411—2019，幕墙节能工程所用进场材料应按表 2.14-6 进行见证取样检验。

幕墙节能工程材料进场复验项目　　表 2.14-6

材料名称	复验项目
保温隔热材料	导热系数或热阻、密度、吸水率、燃烧性能（不燃材料除外）
幕墙玻璃	见光透射比、传热系数、遮阳系数
中空玻璃	密封性能
隔热型材	抗拉强度、抗剪强度
透光、半透光遮阳材料	太阳光透射比、太阳光反射比

幕墙的气密性能应符合设计规定的等级要求，密封条应镶嵌牢固、位置正确、对接严密。单元式幕墙板块之间的密封应符合设计要求。开启部分关闭应严密。

（3）门窗节能工程

依据《建筑节能工程施工质量验收标准》GB 50411—2019，门窗（包括天窗）节能工程使用的材料、构件进场时，应对下列性能进行复检：

① 严寒、寒冷地区：门窗的传热系数、气密性能；

② 夏热冬冷地区：门窗的传热系数、气密性能，玻璃的遮阳系数、可见光透射比；

③ 夏热冬暖地区：门窗的气密性能，玻璃的遮阳系数、可见光透射比；

④ 严寒、寒冷、夏热冬冷和夏热冬暖地区：透光、部分透光遮阳材料的太阳光透射比、太阳光反射比，中空玻璃的密封性能。

（4）屋面节能工程

① 依据《建筑节能工程施工质量验收标准》GB 50411—2019 屋面节能工程使用的保温隔热材料，进场时应对导热系数或热阻、密度、压缩强度或抗压强度、吸水率、燃烧性能（不燃材料除外）；反射隔热材料的太阳光反射比、半球发射率进行见证取样检验。

② 依据《硬泡聚氨酯保温防水工程技术规范》GB 50404—2017 的规定，喷涂硬泡聚氨酯屋面保温防水工程主要材料应见证复验以下项目：喷涂硬泡聚氨酯复验项目：密度、导热系数、压缩性能、不透水性、燃烧性能；抗裂聚合物水泥砂浆复验项目：压折比、吸水率、粘结强度。

③ 依据《建筑用真空绝热板应用技术规程》JGJ/T 416—2017 的规定，在屋面保温工程及楼面保温工程中，真空绝热板与基层墙体的粘结应进行拉伸粘结强度的拉拔试验。

④ 依据《屋面工程质量验收规范》GB 50207—2012 的规定，屋面保温材料进场检验项目应符合表 2.14-7 的要求。

屋面保温材料进场检验项目　　表 2.14-7

材料名称	检验项目
模塑聚苯乙烯泡沫塑料	表观密度、压缩强度、导热系数、燃烧性能
挤塑聚苯乙烯泡沫塑料	压缩强度、导热系数、燃烧性能
硬质聚氨酯泡沫塑料	表观密度、压缩强度、导热系数、燃烧性能
泡沫玻璃绝热制品	表观密度、抗压强度、导热系数、燃烧性能
膨胀珍珠岩制品（憎水型）	表观密度、抗压强度、导热系数、燃烧性能
加气混凝土砌块	干密度、抗压强度、导热系数、燃烧性能
泡沫混凝土砌块	
玻璃棉、岩棉、矿渣棉制品	表观密度、导热系数、燃烧性能
金属面绝热夹芯板	玻璃性能、抗弯承载力、防火性能

（5）地面节能工程

依据《建筑节能工程施工质量验收标准》GB 50411—2019 规定，地面节能工程使用的保温隔热材料，进场时应对导热系数或热阻、密度、压缩强度或抗压强度、吸水率、燃烧性能（不燃材料除外）等性能进行见证取样检验。

依据《建筑地面工程施工质量验收规范》GB 50209—2010 规定，建筑地面工程所用绝热层材料进入施工现场时，应对材料的导热系数、表观密度、抗压强度或压缩强度、阻燃性进行复验。

(6) 供暖节能工程

依据《建筑节能工程施工质量验收标准》GB 50411—2019，应对散热器的单位散热量、金属热强度；保温材料的导热系数或热阻、密度、吸水率进行见证取样检验。

(7) 通风与空调节能工程

依据《建筑节能工程施工质量验收标准》GB 50411—2019，应对风机盘管机组的供冷量、供热量、风量、水阻力、功率及噪声；绝热材料的导热系数或热阻、密度、吸水率进行见证取样检验。

(8) 空调与采暖系统冷热源及管网节能工程

依据《建筑节能工程施工质量验收标准》GB 50411—2019，应对绝热材料导热系数、密度、吸水率进行见证取样送检。

整个空调系统和采暖系统（包括室内系统、冷、热源及室外管网）安装完成后，必须进行系统无生产负荷下的联合试运转及调试且试运转及调试结果应满足施工图设计要求和国家《通风与空调工程施工质量验收规范》GB 50243 的有关规定，且应由建设单位委托具有相应资质的第三方检测机构检测并出具报告。具体检测内容见装饰装修工程现场检测章节。

(9) 配电与照明节能工程

依据《建筑节能工程施工质量验收标准》GB 50411—2019，配电与照明节能工程使用的照明光源、照明灯具及其附属装置等进场时，应对照明光源初始光效；照明灯具镇流器能效值；照明灯具效率；照明设备功率、功率因数和谐波含量值以及低压配电系统使用的电线、电缆的导体电阻值进行见证取样检验。

(10) 太阳能光热系统节能工程

依据《建筑节能工程施工质量验收标准》GB 50411—2019，太阳能光热系统节能工程采用的集热设备、保温材料进场时，应对集热设备的热性能；保温材料的导热系数或热阻、密度、吸水率进行见证取样检验。

2. 使用要求

(1) 现场配置的材料如保温浆料、聚合物砂浆等，应按照施工方案和产品说明书配制。如有特殊要求的材料，应按试验室给出的配合比配制。

(2) 节能保温材料在施工使用时的含水率应符合设计要求、工艺要求及施工技术方案要求。当无上述要求时，节能保温材料在施工使用时的含水率不应大于正常施工环境湿度下的自然含水率，否则应采取降低含水率的措施。

(3) 保温浆料胶凝材料应采用有内衬防潮塑料袋的编织袋或防潮纸袋包装，聚苯颗粒应用塑料编织袋包装，包装应无破损。在运输的过程中应采用干燥防雨的运输工具运输，如给产品盖上油布；使用有顶的运输工具等。以防止产品受潮、淋雨。在装卸的过程中，也应注意不能损坏包装袋。在堆放时，应放在有顶的库房内或有遮雨淋的地方，地上可以垫上木块等物品以防产品受潮，聚苯颗粒应放在远离火源及化学药品的地方。

（4）有机泡孔绝热材料一般可用塑料袋或塑料捆扎带包装。由于是有机材料，在运输中应远离火源、热源和化学药品，以防止产品变形、损坏。产品堆放在施工现场时，应放在干燥通风处，能够避免日光暴晒，风吹雨淋，也不能靠近火源、热源和化学药品，一般在70℃以上，泡沫塑料产品会产生软化、变形甚至熔融的现象，对于柔性泡沫橡塑产品，温度不宜超过105℃。产品堆放时也不可受到重压和其他机械损伤。

（5）无机纤维类绝热材料一般防水性能较差，一旦产品受潮、淋湿，则产品的物理性能特别是导热系数会变高，绝热效果变差。因此，这类产品在包装时应采用防潮包装材料，并且应在醒目位置注明“怕湿”等标志来警示其他人员。在运输时也必须考虑到这一点，应采用干燥防雨的运输工具运输，如给产品盖上油布，使用有顶的运输工具等。并应贮存在有顶的库房内，地上可以垫上木块等物品，以防产品浸水。库房应干燥、通风。堆放时还应注意不能把重物堆在产品上。

（6）无机多孔状绝热材料吸水能力较强，一旦受潮或淋雨，产品的机械强度会降低，绝热效果显著下降。而且这类产品比较疏松，不宜剧烈碰撞。因此在包装时，必须用包装箱包装，并采用防潮包装材料覆盖在包装箱上，应在醒目位置注明“怕湿”“静止滚翻”等标志来警示其他人员。在运输时也必须考虑到这点，应采用干燥防雨的运输工具运输，如给产品盖上油布，使用有顶的运输工具等，装卸时应轻拿轻放。贮存在有顶的库房内或有遮雨淋的地方，地上可以垫上木块等物品以防产品浸水，库房应干燥、通风。泡沫玻璃制品在仓库堆放时，还要注意堆垛层高，防止产品跌落损坏。

（7）国家对电线电缆实施工业产品生产许可证管理，电线电缆生产企业必须取得《全国工业产品生产许可证》。获证企业及其产品可通过国家市场监督管理总局网站www.samr.gov.cn查询。

2.14.4 取样要求

1. 墙体节能工程

① 依据《建筑节能工程施工质量验收标准》GB 50411—2019，墙体节能工程使用的材料、产品进场时，应按以下频次进行复验：同厂家、同品种产品，按照扣除门窗洞口后的保温墙面面积所使用的材料用量，在5000m² 以内时应复验1次；面积每增加5000m² 应增加1次。同工程项目、同施工单位且同期施工的多个单位工程，可合并计算抽检面积。

当外墙采用保温浆料时，应按上述要求，在施工过程中制作同条件试件。抗压强度试件应采用70.7mm×70.7mm×70.7mm的有底钢模制作，每组6个（干密度试验使用同一抗压强度试件）；导热系数试件也应采用有底钢模制作，其试模尺寸应按导热系数测试仪器的要求确定（常见为300mm×300mm×30mm），每组2个。

② 依据《外墙内保温工程技术规程》JGJ/T 261—2011，内保温工程主要组成材料进场时，复验频次应符合《建筑节能工程施工质量验收标准》GB 50411—2019的规定（即本节“①”的要求）。

当内墙采用保温浆料时，应按《建筑节能工程施工质量验收标准》GB 50411—2019的规定（即本节“①”的要求），在施工中制作同条件试件。

③ 依据《外墙外保温工程技术标准》JGJ 144—2019，外保温工程检验批的划分，检查数量应符合现行国家标准《建筑节能工程施工质量验收标准》GB 50411—2019 的规定。

④ 依据《无机轻集料砂浆保温系统技术标准》JGJ/T 253—2019，墙体保温工程验收的检验批划分时，采用相同材料，工艺和施工做法的墙面，每 500～1000m^2 墙体保温施工面积应划分为一个检验批，不足 500m^2 应为一个检验批，每个检验批在施工中制作同条件养护试块 1 组。

2. 幕墙节能工程

依据《建筑节能工程施工质量验收标准》GB 50411—2019，幕墙节能工程所采用材料同厂家、同品种产品，幕墙面积在 3000m^2 以内时应复验 1 次；面积每增加 3000m^2 应增加 1 次。同工程项目、同施工单位且同期施工的多个单位工程，可合并计算抽检面积。

当幕墙面积大于 3000m^2 或建筑外墙面积 50%时，应核查幕墙气密性检测报告。

3. 门窗节能工程

依据《建筑节能工程施工质量验收标准》GB 50411—2019，门窗节能工程所采用材料按同厂家、同材质、同开启方式、同型材系列的产品各抽查一次；对于有节能性能标识的门窗产品，复验时可仅核查标识证书和玻璃的检测报告，同工程项目、同施工单位且同期施工的多个单位工程，可合并计算抽检数量。

4. 屋面节能工程

依据《建筑节能工程施工质量验收标准》GB 50411—2019 屋面节能工程使用的节能材料，按同厂家、同品种产品，扣除天窗、采光顶后的屋面面积在 1000m^2 以内时应复验 1 次；面积每增加 1000m^2 应增加复验 1 次。同工程项目、同施工单位且同期施工的多个单位工程，可合并计算抽检面积。

依据《硬泡聚氨酯保温防水工程技术规范》GB 50404—2017，喷涂硬泡聚氨酯复合保温防水层和保温防水层分项工程应按屋面面积以每 1000m^2 划分为一个检验批，不足 1000m^2 也应划分为一个检验批。

依据《建筑用真空绝热板应用技术规程》JGJ/T 416—2017，在屋面保温工程及楼面保温工程中，真空绝热板与基层墙体拉伸粘结强度的拉拔试验。每个单位工程抽查不少于 1 次。

依据《屋面工程质量验收规范》GB 50207—2012 的规定，屋面保温材料进场检验的组批应符合表 2.14-8 的要求。

屋面保温材料进场检验的组批 **表 2.14-8**

材料名称	组批
模塑聚苯乙烯泡沫塑料	同规格按 100m^3 为一批，不足 100m^3 的按一批计
挤塑聚苯乙烯泡沫塑料	同类型、同规格按 50m^3 为一批，不足 50m^3 的按一批计
硬质聚氨酯泡沫塑料	同原料、同配方、同工艺条件按 50m^3 为一批，不足 50m^3 的按一批计
泡沫玻璃绝热制品	同品种、同规格按 250 件为一批，不足 250 件按一批计
膨胀珍珠岩制品（憎水型）	同品种、同规格按 2000 块为一批，不足 2000 块按一批计

续表

材料名称	组批
加气混凝土砌块	同品种、同规格、同等级按 200m³ 为一批，不足 200m³ 的按一批计
泡沫混凝土砌块	
玻璃棉、岩棉、矿渣棉制品	同原料、同工艺、同品种、同规格按 1000m² 为一批，不足 1000m² 的按一批计
金属面绝热夹芯板	同原料、同生产工艺、同厚度按 150 块为一批，不足 150 块的按一批计

5. 地面节能工程

依据《建筑节能工程施工质量验收标准》GB 50411—2019 地面节能工程使用的保温隔热材料，按同厂家、同品种产品，地面面积在 1000m² 以内时应复验 1 次；面积每增加 1000m² 应增加复验 1 次。同工程项目、同施工单位且同期施工的多个单位工程，可合并计算抽检面积。

依据《建筑地面工程施工质量验收规范》GB 50209—2010 规定，建筑地面工程所用绝热层材料进入施工现场时，应按同一工程、同一材料、同一生产厂家、同一型号、同一规格、同一批号复验一组。

6. 供暖节能工程

依据《建筑节能工程施工质量验收标准》GB 50411—2019，同厂家、同材质的散热器，数量在 500 组及以下时，抽检 2 组；当数量每增加 1000 组时，应增加抽检 1 组。同工程项目、同施工单位且同期施工的多个单位工程可合并计算。

7. 通风与空调节能工程

依据《建筑节能工程施工质量验收标准》GB 50411—2019，对风机盘管机组应按结构形式抽检，同厂家的风机盘管机组数量在 500 台及以下时，抽检 2 台；每增加 1000 台时，应增加抽检 1 台。同工程项目、同施工单位且同期施工的多个单位工程可合并计算。

8. 空调与采暖系统冷热源及管网节能工程

依据《建筑节能工程施工质量验收标准》GB 50411—2019，其所用的绝热材料，同一厂家同一材质的绝热材料复检次数不得少于 2 次。

9. 配电与照明节能工程

依据《建筑节能工程施工质量验收标准》GB 50411—2019，同厂家的照明光源、镇流器、灯具、照明设备，数量在 200 套（个）及以下时，抽检 2 套（个）；数量在 201～2000 套（个）时，抽检 3 套（个）；当数量在 2000 套（个）及以上时，每增加 1000 套（个）时应增加抽检 1 套（个）。同工程项目、同施工单位且同期施工的多个单位工程可合并计算。

低压配电系统使用的电线、电缆，同厂家各种规格总数的 10%，且不少于 2 个规格。

10. 太阳能光热系统节能工程

依据《建筑节能工程施工质量验收标准》GB 50411—2019，太阳能光热系统节能工程采用的集热设备、保温材料，应按同厂家、同类型的太阳能集热器或太阳能热水器数量在 200 台及以下时，抽检 1 台（套）；200 台以上抽检 2 台（套）。同工程项目、同施工单位且同期施工的多个单位工程可合并计算。

11. 取样量

节能各分项中所使用的原材料，其送样检测量除了上述分项工程 1～10 条明确规定的以外，对于常见的保温材料可以参考表 2.14-9。

常见保温材料取样参考数量　　表 2.14-9

序号	材料名称		相关材料	每组取样量
1	保温材料	保温板材	模塑聚苯板（EPS 板）、挤塑聚苯板（XPS 板）、改性聚苯板、硬泡聚氨酯板、喷涂硬泡聚氨酯、真空绝热板、复合板、有机保温板等	随机抽取 5 块，且 5 块样品的总面积应≥3m²，若不足 3m²，则应增加相应的取样数量（真空绝热板应随机抽取 15 块）
			发泡水泥板	随机抽 20 块，每块面积不应小于 0.09m²
			泡沫玻璃板	随机抽 14 块，每块面积不应小于 0.09m²
			岩棉板（带）	岩棉板随机抽 16 块、岩棉带随机抽取 20 块，每块面积不应小于 0.5m²
			纸蜂窝填充憎水型膨胀珍珠岩保温板	随机抽 20 块，每块面积不应小于 0.09m²
			无机保温板	随机抽 14 块，每块面积不应小于 0.09m²
2		保温制品	岩棉绝热制品、玻璃棉绝热制品等	随机抽取 5 块或 1 卷
3		保温浆料（或膏料）	无机保温砂浆、胶粉聚苯颗粒保温浆料、无机保温膏料等	随机抽取 1 整包，且质量应≥10kg，若不足 10kg，则应增加相应的取样数量
4	反射隔热涂料			同一抽样批，同种产品抽取 2 桶（≥3kg/桶）
5	粘结材料		胶粘剂、粘结砂浆、界面砂浆、粘结石膏、界面（处理）剂等	随机抽取不少于 5kg 的样品（液体试样应抽取 1 桶）
6	增强网		网格布、镀锌电焊网	随机抽取 1 卷，在该卷上取不少于 5m² 为检验样品
7	饰面材料		抹面胶浆、抹面砂浆、抗裂砂浆、抹灰石膏等	随机抽取不少于 5kg 的样品（液体试样应抽取 1 桶）
8	锚栓		塑料锚栓、锚固件等	随机抽取不少于 10 个
9	电缆电线		每芯导体电阻值	每组不少于 3m

12. 外墙用保温浆料同条件试件成型方法

保温浆料干密度、导热系数、抗压强度的试样应在现场搅拌的同一盘拌合物中取样。将在现场搅拌的拌合物一次注满试模，并略高于其上表面，用捣棒均匀由外向里按螺旋方向轻轻插捣 25 次，插捣时用力不应过大，不破坏其保温骨料。试件表面应平整，可用油灰刀沿试模壁插捣数次或用橡皮锤轻轻敲击试模四周，直至插捣棒留下的空洞消失，最后将高出部分的拌合物沿试模顶面削去抹平。试件制作后应于 3d 内放置在温度为 23±2℃、相对湿度为 50%RH±10%RH 的条件下，养护至 28d。

2.15 基础回填材料

2.15.1 概述

在工程建设中，常对开挖后的建筑地基、排水管道、道路路基等基础采用各种材料进行回填处理，以保证基础的强度和使用要求。常用的基础回填材料有土、粉煤灰、石灰土（灰土）、砂、级配良好的砂石土或碎石、性能稳定的矿渣及煤渣等工业废料等。本节主要对土、粉煤灰、石灰土（灰土）、砂等基础回填材料进行阐述，如工程中使用了其他基础回填材料，则应按相应的现行标准规范执行。

土作为常用的基础回填材料，在工程中被广泛应用。土一般由固相（土颗料）、液相（水）和气相（空气）三部分组成，三相比例不同，则反映出土的物理状态也不尽相同。

粉煤灰作为工业废渣，多年来被广泛应用于工程的各个结构部位中，其作为基础回填材料，也被大量的使用。

砂作为回填材料，在我国是一种处理浅表软弱土层的传统方法，但由于原材料来源及价格等问题，大规模应用受到限制，目前主要用于工程的浜、塘、沟等的回填处理。

工程中，当土的性能达不到使用要求时，常常对土进行改良，掺加各种各样的材料，以改善土的性能，提高土的工程性质。如石灰土（灰土），就是改良土中常用的一种。

2.15.2 检验依据

1.《建筑地基基础设计规范》GB 50007—2011。
2.《建筑地基基础工程施工质量验收标准》GB 50202—2018。
3.《建筑地基处理技术规范》JGJ 79—2012。
4.《给水排水管道工程施工及验收规范》GB 50268—2008。
5.《城镇道路工程施工与质量验收规范》CJJ 1—2008。
6.《土工试验方法标准》GB/T 50123—2019。
7.《土的工程分类标准》GB/T 50145—2007。

2.15.3 检验内容和使用要求

1. 检验内容

基础回填材料质量评定可采用环刀法、灌砂法、灌水法、贯入法等方法进行检测；评定指标一般有下列几种：

（1）压实系数（λ_c）：建筑地基一般用压实系数来评定基础的回填质量；

（2）压实度（K）：道路、排水管道等工程中一般用压实度来评定基础的回填质量；

（3）干密度：主要用于砂垫层和砂石垫层等的质量评定或以设计规定的控制干密度为依据进行评定。

压实系数为土的实际干密度（ρ_d）与最大干密度（ρ_{dmax}）的比值；压实度为土的实际干密度（ρ_d）与最大干密度（ρ_{dmax}）的比值用百分率表示。最大干密度（ρ_{dmax}）和最优（佳）含水率是通过标准击实方法确定的。而压实系数（λ_c）或压实度（K）要求一般由设计单位根据工程结构性质、使用要求及土的性质确定的，如果未作规定可按相关标准中的数值取用。

压实地基施工质量检验应分层进行。每完成一道工序，应按设计要求进行验收，未经验收或验收不合格时，不得进行下一道工序施工。

2. 使用要求

（1）土料宜用粉质黏土，不应使用块状黏土，且不得含有松软杂质，土料应过筛且最大粒径不得大于15mm。以粉质黏土、粉土作填料时，其含水率宜为最优含水率，可采用击实试验确定，不得使用淤泥、耕土、冻土、膨胀性土以及有机质含量大于5%的土，当含有碎石时，其粒径不宜大于50mm。

（2）对过湿的粉煤灰应沥干装运，装运时含水率宜为15%～25%。层底粉煤灰宜选用较粗的灰，并使含水率稍低于最优含水率。选用的粉煤灰还应满足相关标准对腐蚀性和放射性的要求。

（3）选用的砂石材料应级配良好，不含植物残体、垃圾等杂质。当使用粉细砂或石粉时，应掺入不少于总重量30%的碎石或卵石。砂石的最大粒径不宜大于50mm。

（4）如为灰土，则其体积配合比宜为2∶8或3∶7，石灰宜选用新鲜的消石灰，其最大粒径不宜大于5mm。

（5）粉煤灰路基基底范围内，原地表植被、杂物、垃圾、积水、淤泥和表层种植土等必须清除。

（6）石灰土路基中石灰用量应符合配合比要求，土块应充分分散，拌合均匀，路拌深度达到层底，无素土夹层。

（7）排水管道覆土时，沟槽内不得有积水，严禁带水覆土，不得回填淤泥、腐殖土及有机物质，大于100mm的石块等硬块应剔除，大的泥块应敲碎。管顶50cm以上覆土时，应分层整平和夯实，每层厚度应根据采用的夯（压）实工具和密实度要求而定。

2.15.4 取样要求和技术要求

1. 按照《建筑地基基础设计规范》GB 50007—2011

（1）取样要求：

在填土压实的过程中，应分层取样检验土的干密度和含水率。检验点数量，对大基坑每50～100m^{2}的面积内不应少于一个检验点；对基槽每10～20m不应少于一个检验点；每个独立柱基不应少于一个检验点。

（2）技术要求：

压实填土地基压实系数控制值如表2.15-1所示。

压实填土地基压实系数控制值 表2.15-1

结构类型	填土部位	压实系数 λ_c	控制含水率（%）
砌体承重及框架结构	在地基主要受力层范围内	≥0.97	$\omega_{op}\pm2$
	在地基主要受力层范围以下	≥0.95	
排架结构	在地基主要受力层范围内	≥0.96	
	在地基主要受力层范围以下	≥0.94	

注：1. 压实系数λ_c为填土的实际干密度ρ_d与最大干密度ρ_{dmax}之比；ω_{op}为最优含水率；
2. 地坪垫层以下及基础底面标高以上的压实填土，压实系数不应小于0.94。

2. 按照《建筑地基基础工程施工质量验收标准》GB 50202—2018

（1）取样要求：

回填料每层压实系数应符合设计要求。采用环刀法取样时，基坑和室内回填，每层按100～500m^{2}取样1组，且每层不少于1组；柱基回填，每层抽样柱基总数的10%，且不少于5组；基槽或管沟回填，每层按长度20～50m取样1组，且每层不少于1组；室外回填，每层按 400～900m² 取样 1 组，且每层不少于 1 组，取样部位应在每层压实后的下半部。

采用灌砂法或灌水法取样时，取样数量可较环刀法适当减少，但每层不少于 1 组。

（2）技术要求：

回填料每层压实系数应符合设计要求。

3. 按照《建筑地基处理技术规范》JGJ 79—2012

（1）取样要求：

① 换填垫层：采用环刀法检验垫层的施工质量时，取样点应位于每层厚度的 2/3 深度处。检验点数量，独立柱基、单个基础下垫层不应少于 1 个点，其他基础下垫层每 50～100m² 不应少于 1 个点。

② 压实填土地基：应分层取样检验土的干密度和含水率：每 50～100m² 面积内应设不少于 1 个检测点，每一独立基础下检测点不少于 1 个点，条形基础每 20 延米设检测点不少于 1 个点，压实系数不得低于表 2.15-1 的规定，采用灌水法或灌砂法检测的碎石土干密度不得低于 2.0t/m³。

（2）技术要求：

① 换填垫层的压实标准如表 2.15-2 所示。

各种换填垫层的压实标准　　　　**表 2.15-2**

施工方法	换填材料类别	压实系数 λ_c
碾压、振实或夯实	碎石、卵石	≥0.97
	砂夹石（其中碎石、卵石占全重的 30%～50%）	
	土夹石（其中碎石、卵石占全重的 30%～50%）	
	中砂、粗砂、砂砾、角砾、圆砾、石屑	
	粉质黏土	
	灰土	≥0.95
	粉煤灰	≥0.95

注：1. 压实系数 λ_c 为土的控制干密度 ρ_d 与最大干密度 ρ_{dmax} 的比值；土的最大干密度宜采用击实试验确定，碎石或卵石的最大干密度可取 2.1～2.2t/m³。

2. 表中压实系数 λ_c 系使用轻型击实试验测定土的最大干密度 ρ_{dmax} 时给出的压实控制指标，采用重型击实试验时，对粉质黏土、灰土、粉煤灰及其他材料压实标准应为压实系数 λ_c≥0.94。

② 压实填土地基

压实填土地基的质量控制标准与表 2.15-1 一致。

4. 按照《给水排水管道工程施工及验收规范》GB 50268—2008

取样要求和技术要求：

（1）刚性管道沟槽回填土压实度的取样要求和技术要求如表 2.15-3 所示。

刚性管道沟槽回填土压实度和检查数量　　　　**表 2.15-3**

<table>
<tr><th rowspan="2">序号</th><th rowspan="2" colspan="3">项目</th><th colspan="2">最低压实度（%）</th><th colspan="2">检查数量</th><th rowspan="2">检查方法</th></tr>
<tr><th>重型击实标准</th><th>轻型击实标准</th><th>范围</th><th>点数</th></tr>
<tr><td>1</td><td colspan="3">石灰土类垫层</td><td>93</td><td>95</td><td>100m</td><td rowspan="5">每层每侧一组（每组3点）</td><td rowspan="5">用环刀法检查或采用《土工试验方法标准》GB/T 50123中其他方法</td></tr>
<tr><td rowspan="4">2</td><td rowspan="4">沟槽在路基范围外</td><td rowspan="2">胸腔部分</td><td>管侧</td><td>87</td><td>90</td><td rowspan="4">两井之间或1000m²</td></tr>
<tr><td>管顶以上 500mm</td><td colspan="2">87±2（轻型）</td></tr>
<tr><td colspan="2">其余部分</td><td colspan="2">≥90（轻型）或按设计要求</td></tr>
<tr><td colspan="2">农田或绿地范围表层 500mm 范围内</td><td colspan="2">不宜压实，预留沉降量，表面平整</td></tr>
</table>

续表

序号	项目				最低压实度（%）		检查数量		检查方法
					重型击实标准	轻型击实标准	范围	点数	
3	沟槽在路基范围内	胸腔部分		管侧	87	90	两井之间或1000m²	每层每侧一组（每组3点）	用环刀法检查或采用《土工试验方法标准》GB/T 50123中其他方法
				管顶以上250mm	87±2（轻型）				
		由路槽底算起的深度范围（mm）	≤800	快速路及主干路	95	98			
				次干路	93	95			
				支路	90	92			
			>800～1500	快速路及主干路	93	95			
				次干路	90	92			
				支路	87	90			
			>1500	快速路及主干路	87	90			
				次干路	87	90			
				支路	87	90			

注：表中重型击实标准的压实度和轻型击实标准的压实度，分别以相应的标准击实试验法求得的最大干密度为100%。

（2）柔性管道沟槽回填土压实度的取样要求和技术要求如表2.15-4所示。

柔性管道沟槽回填土压实度和检查数量 **表2.15-4**

槽内部位		压实度（%）	回填材料	检查数量		检查方法
				范围	点数	
管道基础	管底基础	≥90	中砂、粗砂	—	—	用环刀法检查或采用《土工试验方法标准》GB/T 50123中其他方法
	管道有效支撑角范围	≥95		每100m	每层每侧一组（每组3点）	
管道两侧		≥95	中砂、粗砂、碎石屑，最大粒径小于40mm的砂砾或符合要求的原土	两井之间或每1000m²		
管顶以上500mm	管道两侧	≥90				
	管道上部	85±2				
管顶500～1000mm		≥90	原土回填			

注：回填土的压实度，除设计要求用重型击实标准外，其他皆以轻型击实标准试验获得最大干密度为100%。

5. 按照《城镇道路工程施工与质量验收规范》CJJ 1—2008

路基压实度的取样要求和技术要求如表2.15-5所示。

路基压实度标准和检验频率 **表2.15-5**

填挖类型	路床顶面以下深度（cm）	道路类别	压实度（%）（重型击实）	检验频率	
				范围	点数
挖方	0～30	城市快速路、主干路	≥95	1000m²	每层3点
		次干路	≥93		
		支路及其他小路	≥90		
填方	0～80	城市快速路、主干路	≥95		
		次干路	≥93		
		支路及其他小路	≥90		
	>80～150	城市快速路、主干路	≥93		
		次干路	≥90		
		支路及其他小路	≥90		

续表

填挖类型	路床顶面以下深度（cm）	道路类别	压实度（%）（重型击实）	检验频率	
				范围	点数
填方	＞150	城市快速路、主干路	≥90	1000m²	每层3点
		次干路	≥90		
		支路及其他小路	≥87		

6. 环刀法检测，道路工程应使用容积为200cm³ 的环刀；基础工程应使用容积为100cm³、60cm³ 的环刀；检验砂垫层使用的环刀容积不应小于200cm³，以减少其偶然误差。

7. 击实试验，轻型击实试验用样品数量不少于20kg，重型击实试验用样品数量不少于50kg。

8. 环刀法检测可使用手锤打入法按以下步骤进行取样：

（1）确定取样地点，记录该点测区编号及标高。

（2）在约300mm×300mm的地面上去掉表层浮土并检查取样面是否有石块及建筑垃圾。

（3）将环刀刀口向下垂直放在土样上，将带手柄环刀盖在环刀背上。

（4）锤击环刀盖手柄使环刀垂直均匀地切入土样，当土样升出环刀时停止锤击。

（5）在距环刀150～200mm侧面用铁铲铲入，取出环刀。

（6）擦净环刀外壁，用修土刀削去环刀两端余土，并使土与环刀口齐平，在削土时不应将两端余土压入环刀内。

（7）当环刀两端面有少量土不齐平时，可取适量土补齐但不得用力压入改变其原始状态。

（8）将记录有代表该样品测区编号及标高的标签一同装入铝盒内，盖紧盒盖。

9. 环刀法取样注意事项：

（1）取样操作不应在雨天进行。

（2）取样完毕应尽快进行室内检测，试样放置时间不宜过长以免含水率发生变化。

（3）取样时应使环刀在测点处垂直而下，并应在夯实层2/3处取样。

（4）取样时应注意避免使土样受到外力作用，环刀内应充满土样，如果环刀内土样不足，应将同类土样补足。

（5）取样锤击时用力应以能打入土质为限，不能过分扰动路基土的原状结构。

（6）对土质坚硬的地方可使用电动取土器，其操作按相应产品的技术说明。

（7）当环刀中的土样含有大于50%的粗粒土或大量建筑垃圾时应重新取样。

（8）现场取样应记录测点标高、部位及相对应的取样日期、取样人、见证人等信息。

（9）现场取样应优先采用随机选点的方法。

10. 土样存放及运送

在现场取样后，原则上应及时将土样运送到检测机构进行检测。土样存放及运送中，还须注意以下事项：

（1）将现场采取的土样，立即放入密封的土样盒或密封的土样筒内，同时贴上相应的标签。

（2）如无密封的土样盒或密封的土样筒时，可将取得的土样，用纱布包裹，并用蜡融封密实。

（3）密封土样宜放在室内常温处，使其避免日晒、雨淋及冻融等有害因素的影响。

（4）土样在运送过程中少受振动。

2.15.5 不合格处理

干密度应不小于相应规范或设计规定的控制干密度；通过击实试验可计算出最大干密度ρ_{dmax}和最优含水率（ω_{op}），得到压实系数（λ_c）或压实度（K），压实系数（λ_c）或压实度（K）应不小于设计或施工验收规范的规定。

当干密度或压实系数（压实度）不合格时应及时查明原因，采取有效的技术措施进行处理，然后再重新进行检测，直到判为合格为止。

（1）当检测填土的实际含水率没有达到该填土土类的最优含水率时，可事先向松散的填土均匀喷洒适量水，使其含水率接近最优含水率后，再加振、压、夯实。

（2）当填土含水率超过该填料最优含水率时，尤其是用黏性土回填，在进行振、压、夯实时，易形成“橡皮土”，这就须采取如下技术措施处理：

① 开槽晾干。

② 均匀地向松散填土内掺入同类干性黏土或刚化开的熟石灰粉。

③ 当工程量不大，而且已夯压成“橡皮土”，则可采取“换填法”，即挖去已形成的“橡皮土”后，填入新的符合填土要求的填料。

（3）换填法用砂（或砂石）垫层分层回填时，当实际干密度未达到规范或设计要求，应重新进行振、压、夯实；当含水率不够时（即没达到最优含水率），应均匀地洒水后再进行振、压、夯实。

2.16 路用材料

2.16.1 概述

工程建设中，路基路面各结构层常用的路用材料有下列几种：

土是路基工程涉及的最基本的路用材料。另外，也可见软土路基处理用的砂垫层材料、土工合成材料、塑料排水板等路用材料。

无机结合料稳定材料为常用的基层材料，是指在粉碎的或原来松散的材料（包括各种粗、中、细粒土）中，掺入足量的无机结合料（包括水泥、石灰、粉煤灰及其他工业废渣）和水，经拌合得到的混合料。

集料也称骨料，主要包括碎石、砾石、机制砂、石屑、砂等，是在混合料中起骨架和填充作用的颗粒，用于道路某一结构层，如砂垫层、级配砂砾、级配砾石基层、沥青混合料面层、水泥混凝土面层等。集料按照其粒径大小分为粗集料和细集料。

沥青，普遍使用于沥青混合料面层中，其按地质形成和提炼方法分为地沥青和焦油沥青两大类。地沥青按其产源不同分为石油沥青和天然沥青，石油沥青即是通常所指的沥青。沥青混合料，是由矿料与沥青拌合而成的混合料，通常会掺加矿粉、木质素纤维等以改善沥青混合料性能、满足使用要求。

本节未涉及的其他路用材料，则应按相应的现行标准规范执行。

2.16.2 检验依据

1.《城镇道路工程施工与质量验收规范》CJJ 1—2008。
2.《公路土工试验规程》JTG E40—2007。
3.《公路工程无机结合料稳定材料试验规程》JTC E51—2009。
4.《公路工程集料试验规程》JTG E42—2005。
5.《钢渣稳定性试验方法》GB/T 24175—2009。
6.《公路工程沥青及混合料试验规程》JTG E20—2011。
7.《公路沥青路面施工技术规范》JTG F40—2004。

2.16.3 检验内容和使用要求

1. 土

施工前应根据工程地质勘察报告，对路基土进行天然含水率、液限、塑限、标准击实、CBR试验。必要时应做颗粒分析、有机质含量、易溶盐含量、冻膨胀和膨胀量等试验。

不应使用淤泥、沼泽土、泥炭土、冻土、有机土以及含生活垃圾的土做路基材料。

填土应分层进行，下层填土验收合格后，方可进行上层填筑。

2. 无机结合料稳定材料

(1) 水泥常规检测项目：强度、安定性、凝结时间、细度。

(2) 石灰检测项目：有效氧化钙和氧化镁含量。

(3) 粉煤灰检测项目：二氧化硅（SiO_2）、三氧化二铝（Al_2O_3）和三氧化二铁（Fe_2O_3）总含量，烧失量、细度、比表面积。

(4) 石灰稳定土、石灰、粉煤灰稳定砂砾（碎石）、石灰粉煤灰钢渣、水泥稳定土等无机结合料稳定材料应进行7d无侧限抗压强度检测。

石灰稳定土类材料宜在冬期开始前30～45d完成施工，水泥稳定土类材料宜在冬期开始前15～30d完成施工。

稳定土类道路基层材料配合比中，石灰、水泥等稳定剂计量应以稳定剂质量占全部土（粒料）的干质量百分率表示。

3. 集料

集料常规检测项目见表2.16-1。

集料常规检测项目 表2.16-1

序号	样品名称	作用	常规检测项目
1	砂	垫层	级配
2	碎石、砂砾	稳定土类基层	级配、压碎值、有机质含量、硫酸盐含量
3	钢渣	稳定土类基层	级配、有效氧化钙、压碎值、粉化率、相对表观密度
4	级配砂砾及级配砾石	基层	级配、含泥量、针片状含量、液限、塑性指标、软弱颗粒含量
5	粗集料	沥青混合料	级配、压碎值、洛杉矶磨耗、表观密度、吸水性、坚固性、针片状含量、软弱颗粒含量

续表

序号	样品名称	作用	常规检测项目
6	粗集料	水泥混凝土路面	级配、压碎值、坚固性、针片状含量、含泥量、泥块含量、有机物含量、三氧化硫含量、空隙率、碱活性、抗压强度
7	细集料	沥青混合料	级配、表观相对密度、坚固性、含泥量、砂当量、亚甲蓝值、棱角性（流动时间）
8	细集料	水泥混凝土路面	级配、含泥量、三氧化硫含量、氯化物、有机质含量
9	矿粉	沥青混合料	表观密度、含水率、粒度范围、亲水系数、塑性指标、加热安定性

SMA 和 OGFC 不宜使用天然砂。

4. 沥青及沥青混合料

沥青宜优先采用 A 级沥青作为道路面层使用。B 级沥青可作为次干路及其以下道路面层使用。当缺乏所需标号的沥青时，可采用不同标号沥青掺配，掺配比应经试验确定。

矿粉应用石灰岩等憎水性石料磨制。

纤维稳定剂应在 250℃条件下不变质。不宜使用石棉纤维。

不同料源、品种、规格的原材料应分别存放，不得混存。

沥青混合料面层不得在雨、雪天气及环境最高温度低于 5℃时施工。

城镇道路不宜使用煤沥青。

2.16.4 取样要求

1. 土

（1）土样的采集、运输、保管是确保检测结果准确的重要环节，对桥梁、涵洞、隧道的天然地基应采取原状土样，对填土路基可采取扰动土样。

（2）取原状土样时必须保持土样原状结构及天然含水率，并使土样不受扰动，采取扰动土时，应清除表层土，然后分层用四分法取样。

（3）取样后，对要保持天然含水率的样品，应立即存入能密封的容器中。所有样品应有明确的标识，标识中至少应有工程名称、样品名称、取样地点、取样时间、取样人、原状或扰动等信息，标识应清晰牢固。在运输及交接过程中应保持样品的完整。

（4）应根据不同参数标准中规定检测需要的样品数量来确定取样量。取样量一般大于检测需要的样品数量 1～10 倍，常用取样量可参考表 2.16-2。

单项检验项目最小取样质量　　表 2.16-2

序号	参数	样品质量	
1	含水率	细粒土	500g
		砂类土、有机质土	1kg
		砂砾石	40kg
2	颗粒分析	小于 2mm 颗粒	5kg
		最大粒径小于 10mm	20kg
		最大粒径小于 20mm	40kg
		最大粒径小于 40mm	80kg
		最大粒径大于 40mm	100kg

续表

序号	参数	样品质量
3	液、塑限	5kg
4	击实	50kg
5	CBR	60kg
6	易溶盐	0.5kg
7	机质烧失量	1kg

（5）土路基压实度，每 $1000m^2$，每层 1 组（3 点），细粒土用环刀法，粗粒土用灌水法或灌砂法。

2. 无机结合料稳定材料

（1）水泥应有出厂合格证与生产日期，复验合格方可使用。水泥贮存期超过 3 个月或受潮，应进行性能试验，合格后方可使用。

（2）石灰应按不同生产厂商、不同规格、分批进场的应分别取样。在堆料的上部、中部和下部不同方位各取一份试样，混合后用四分法缩分至约 5kg。

（3）粉煤灰应按不同生产厂商、不同规格分别取样。在堆料的上部、中部和下部不同方位各取一份试样，混合后用四分法缩分至约 1kg。

（4）无机结合料稳定材料 7d 无侧限抗压强度检测取样应符合以下要求：

① 每 $2000m^2$ 抽检 1 组，1 组的试件数量应符合表 2.16-3 要求。

无机结合料稳定材料 7d 无侧限抗压强度检测试件数量　　表 2.16-3

土壤类别	试件尺寸（直径×高度）mm	变异系数			技术要求
		<10%	10%～15%	15%～20%	
		试件数量至少（个）			
细粒土	ϕ50×50	6	9	—	符合设计规范要求
中粒土	ϕ100×100	6	9	13	
粗粒土	ϕ150×150	—	9	13	

② 进行混合料验证的取样：在摊铺时，取 3～4 台不同料车的料混合在一起，用四分法获取检测用样品。

③ 评价施工离散型的取样：在摊铺宽度范围内左中右三处，压实后平整时取样，获得的样品混合在一起，用四分法获取检测用样品。

④ 样品应及时成型。

3. 集料

（1）粗集料各试验项目最小取样质量、最小试验用量见表 2.16-4～表 2.16-6。

粗集料各试验项目所需最小取样质量　　表 2.16-4

试验项目	相对于下列公称最大粒径（mm）的最小取样量（kg）										
	4.75	9.5	13.2	16	19	26.5	31.5	37.5	53	63	75
筛分	8	10	12.5	15	20	20	30	40	50	60	80
表观密度	6	8	8	8	8	8	12	16	20	24	24
含水率	2	2	2	2	2	2	3	3	4	4	6

续表

试验项目	相对于下列公称最大粒径（mm）的最小取样量（kg）										
	4.75	9.5	13.2	16	19	26.5	31.5	37.5	53	63	75
吸水率	2	2	2	2	4	4	4	6	6	6	8
堆积密度	40	40	40	40	40	40	80	80	100	120	120
含泥量	8	8	8	8	24	24	40	40	60	80	80
泥块含量	8	8	8	8	24	24	40	40	60	80	80
针片状含量	0.6	1.2	2.5	4	8	8	20	40	—	—	—
硫化物、硫酸盐	1.0										

粗集料各试验项目所需最小试验用量　　表 2.16-5

序号	试验项目	最小试验用量
1	有机质含量	1kg
2	三氧化硫含量	1kg
3	洛杉矶磨耗	10kg
4	软弱颗粒	4kg
5	碱活性	颗粒直径 37.5～19mm，50kg

粗集料坚固性试验所需的各粒级试样质量　　表 2.16-6

公称粒级（mm）	2.36～4.75	4.75～9.5	9.5～19	19～37.5	37.5～63	63～75
试样质量（g）	500	500	1000	1500	3000	5000

（2）细集料各试验项目最小试验用量见表 2.16-7。

细集料各试验项目最小试验用量　　表 2.16-7

序号	试验项目	最小试验用量（g）
1	级配及粗细程度	1100
2	表观相对密度	700
3	坚固性	各粒径不少于 100
4	砂当量	1000
5	含泥量	1000
6	亚甲蓝值	400
7	棱角性（流动时间）	6000
8	有机质含量	1000

（3）在材料场同批来料堆上取样时，应先铲除堆脚等处无代表性的部分，再在料堆的顶部中部和底部，各均匀分布的几个不同部位，取得大致相等若干份，组成一组试样，务必使试样能够代表本批来料的情况和品质。一般情况下，按上述方法取得至少是试验用量的 5 倍的样品量，再用“四分法”来获得至少是试验量的 2 倍样品量送试验室。

4. 沥青及沥青混合料

（1）同一厂家、同一品种、同一标号、同一批号连续进场的石油沥青每 100t 为 1 批，改性沥青 50t 为 1 批，每批次抽检 1 次。黏稠沥青或固体沥青试样数量不少于 4kg，液体沥青试样数量不少于 1L，沥青乳液试样数量不少于 4L。

(2) 沥青混合料马歇尔试验试样数量见表2.16-8。

沥青混合料马歇尔试验试样数量 表2.16-8

试验项目	目的	最小试样量(kg)	取样量(kg)
马歇尔试验、抽提筛分	施工质量检验	12	20
浸水马歇尔试验	水稳定性检验		

(3) 在道路施工现场取样应在摊铺后未碾压前,摊铺宽度两侧的1/3~1/2位置处取样,用铁锹取该层的料,每摊铺一车料取一次,连续3车取样后,混合均匀按四分法取样至足够数量。

(4) 热拌沥青混合料每次取样时,都必须用温度计测量温度,准确到1℃。

2.16.5 技术要求

1. 土

(1) 路基填方材料的强度(*CBR*)值应符合设计要求,其最小值应符合表2.16-9要求,对液限大于50%、塑限指数大于26、易溶盐含量大于5%、700℃有机质烧失量大于8%的土,未经技术处理不得用作路基填料。

路基填料强度(*CBR*)的最小值 表2.16-9

填方类型	路床顶面以下深度(cm)	最小强度(%)	
		城市快速路、主干道	其他等级道路
路床	0~30	8.0	6.0
路基	30~80	5.0	4.0
路基	80~150	4.0	3.0
路基	大于150	3.0	2.0

(2) 路基压实度应符合表2.16-10的规定。

路基压实度标准 表2.16-10

填挖类型	路床顶面以下深度(cm)	道路类别	压实度(%)(重型击实)
挖方	0~30	城市快速路、主干路	≥95
		次干路	≥93
		支路及其他小路	≥90
填方	0~80	城市快速路、主干路	≥95
		次干路	≥93
		支路及其他小路	≥90
	＞80~150	城市快速路、主干路	≥93
		次干路	≥90
		支路及其他小路	≥90
	＞150	城市快速路、主干路	≥90
		次干路	≥90
		支路及其他小路	≥87

2. 无机结合料稳定材料

（1）水泥：应选用初凝时间大于 3h、终凝时间不小于 6h 的 32.5 级、42.5 级普通硅酸盐水泥、矿渣硅酸盐水泥、火山灰硅酸盐水泥。

（2）石灰：宜用Ⅰ～Ⅲ的新石灰，石灰的技术指标应符合表 2.16-11 的要求。对储存较久或经过雨期的消解石灰应经检验，根据有效氧化钙、氧化镁含量决定是否使用以及使用方法。

石灰技术指标　　　　表 2.16-11

项目＼类别		钙质生石灰			镁质生石灰			钙质消石灰			镁质消石灰		
		等级											
		Ⅰ	Ⅱ	Ⅲ	Ⅰ	Ⅱ	Ⅲ	Ⅰ	Ⅱ	Ⅲ	Ⅰ	Ⅱ	Ⅲ
有效钙加氧化镁含量（%）		≥85	≥80	≥70	≥80	≥75	≥65	≥65	≥60	≥55	≥60	≥55	≥50
未消化残渣含 5mm 圆孔筛的筛余（%）		≤7	≤11	≤17	≤10	≤14	≤20	—	—	—	—	—	—
含水量（%）		—	—	—	—	—	—	≤4	≤4	≤4	≤4	≤4	≤4
细度	0.71mm 方孔筛的筛余（%）	—	—	—	—	—	—	0	≤1	≤1	0	≤1	≤1
	0.125mm 方孔筛的筛余（%）	—	—	—	—	—	—	≤13	≤20	—	≤13	≤20	—
钙镁石灰的分类筛，氧化镁含量（%）		≤5			>5			≤4			>4		

注：硅、铝、镁氧化物含量之和大于 5%的生石灰，有效钙加氧化镁含量指标，Ⅰ等≥75%，Ⅱ等≥70%，Ⅲ等≥60%；未消化残渣含量指标均与镁质生石灰指标相同。

（3）粉煤灰应符合表 2.16-12 的要求。当 700℃烧失量大于 10%时，应经试验确认混合料强度符合要求时，方可使用。

粉煤灰技术指标　　　　表 2.16-12

检测项目		技术指标
SiO_2、Al_2O_3 和 Fe_2O_3 总含量		>70%
700℃烧失量		≤10%
比表面积		>2500cm²/g
细度	通过 0.3mm 筛孔	90%
	通过 0.075mm 筛孔	70%

3. 集料

（1）石灰、粉煤灰稳定砂砾基层所用砂砾、碎石应经破碎、筛分，级配宜符合表 2.16-13 的规定，破碎砂砾中最大粒径不得大于 37.5mm。

砂砾、碎石级配　　　　表 2.16-13

筛孔尺寸（mm）	通过质量百分率（%）			
	级配砂砾		级配碎石	
	次干路及以下道路	城市快速路、主干路	次干路及以下道路	城市快速路、主干路
37.5	100	—	100	—
31.5	85～100	100	90～100	100
19.0	65～85	85～100	72～90	81～98

续表

筛孔尺寸(mm)	通过质量百分率(%)			
	级配砂砾		级配碎石	
	次干路及以下道路	城市快速路、主干路	次干路及以下道路	城市快速路、主干路
9.50	50～70	55～75	48～68	52～70
4.75	35～55	39～59	30～50	30～50
2.36	25～45	27～47	18～38	18～38
1.18	17～35	17～35	10～27	10～27
0.60	10～27	10～25	6～20	8～20
0.075	0～15	0～10	0～7	0～7

(2) 石灰、粉煤灰、钢渣稳定土类基层所用钢渣破碎后堆存时间不应少于半年，且达到稳定状态，游离氧化钙（fCaO）含量应小于3%，粉化率不得超过5%。钢渣最大粒径不得大于37.5mm，压碎值不得大于30%，且应清洁，不含废镁砖及其他有害物质。钢渣质量密度应以实际测试值为准。钢渣颗粒组成应符合表2.16-14的规定。

钢渣混合料中钢渣颗粒组成　　表2.16-14

通过下列筛孔（mm，方孔）的质量（%）								
37.5	26.5	16	9.5	4.75	2.36	1.18	0.60	0.075
100	95～100	60～85	50～70	40～60	27～47	20～40	10～30	0～15

(3) 水泥稳定土类基层粒料应符合下列要求：

① 当作基层时，粒料最大粒径不宜超过37.5mm；

② 当作底基层时，粒料最大粒径：对城市快速路、主干路不得超过37.5mm；对次干路及以下道路不得超过53mm；

③ 碎石、砾石、煤矸石等的压碎值：对城市快速路、主干路基层与底基层不得大于30%；对其他道路基层不得大于30%，对底基层不得大于35%；

④ 集料中有机质含量不得超过2%；

⑤ 集料中硫酸盐含量不得超过0.25%；

⑥ 稳定土的颗粒范围和技术指标宜符合表2.16-15的规定。

水泥稳定土类的粒料范围及技术指标　　表2.16-15

项目		通过质量百分率(%)				
		底基层		基层		
		次干路	城市快速路、主干路	次干路		城市快速路、主干路
筛孔尺寸(mm)	53	100	—	—		—
	37.5	—	100	100	90～100	—
	31.5	—	—	90～100	—	100
	26.5	—	—	—	66～100	90～100
	19	—	—	67～90	54～100	72～89
	9.5	—	—	45～68	39～100	47～67
	4.75	50～100	50～100	29～50	28～84	29～49
	2.36	—	—	18～38	20～70	17～35
	1.18	—	—	—	14～57	—

续表

项目		通过质量百分率（%）				
		底基层		基层		
		次干路	城市快速路、主干路	次干路		城市快速路、主干路
筛孔尺寸（mm）	0.60	17～100	17～100	8～22	8～47	8～22
	0.075	0～50	0～30②	0～7	0～30	0～7①
	0.002	0～30	—	—		—
液限（%）		—	—	—		<28
塑性指数		—	—	—		<9

① 集料中0.5mm以下细料土有塑性指数时，小于0.075mm的颗粒含量不得超过5%；细粒土无塑性指数时，小于0.075mm的颗粒含量不得超过7%；

② 当用中粒土、粗粒土作城市快速路、主干路底基层时，颗粒组成范围宜采用作次干路基层的组成。

（4）级配砂砾及级配砾石材料应符合下列要求：

① 天然砂砾应质地坚硬，含泥量不得大于砂质量（粒径小于5mm）的10%，砾石颗粒中细长及扁平颗粒的含量不得超过20%。

② 级配砾石作次干路及其以下道路底基层时，级配中最大粒径宜小于53mm，作基层时最大粒径不得大于37.5mm。

③ 级配砂砾及级配砾石的颗粒范围和技术指标宜符合表2.16-16的规定。

级配砂砾及级配砾石的颗粒范围及技术指标　　表2.16-16

项目		通过质量百分率（%）		
		基层	底基层	
		砾石	砾石	砂砾
筛孔尺寸（mm）	53		100	100
	37.5	100	90～100	80～100
	31.5	90～100	81～94	—
	19.0	73～88	63～81	—
	9.5	49～69	45～66	40～100
	4.75	29～54	27～51	25～85
	2.36	17～37	16～35	—
	0.6	8～20	8～20	8～45
	0.075	0～7②	0～7②	0～15
液限（%）		<28	<28	<28
塑性指数		<6（或9①）	<6（或9①）	<9

① 潮湿多雨地区塑性指数宜小于6，其他地区塑性指数宜小于9；

② 对于无塑性的混合料，小于0.075mm的颗粒含量接近高限。

（5）级配碎石及级配碎砾石材料应符合下列规定：

① 轧制碎石的砾石粒径应为碎石最大粒径的3倍以上，碎石中不得有黏土块、植物根叶、腐殖质等有害物质。

② 碎石中针片状颗粒的总含量不得超过20%。

③ 级配碎石及级配碎砾石颗粒范围和技术指标应符合表2.16-17的规定。

级配碎石及级配碎砾石的颗粒范围及技术指标　　表 2.16-17

项目		通过质量百分率（%）			
		基层		底基层③	
		次干路及以下道路	城市快速路、主干路	次干路及以下道路	城市快速路、主干路
筛孔尺寸（mm）	53			100	
	37.5	100		85～100	100
	31.5	90～100	100	69～88	83～100
	19.0	73～88	85～100	40～65	54～84
	9.5	49～69	52～74	19～43	29～59
	4.75	29～54	29～54	10～30	17～45
	2.36	17～37	17～37	8～25	11～35
	0.6	8～20	8～20	6～18	6～21
	0.075	0～7②	0～7②	0～10	0～10
液限（%）		<28	<28	<28	<28
塑性指数		<9①	<9①	<9①	<9①

① 潮湿多雨地区塑性指数宜小于 6，其他地区塑性指数宜小于 9；
② 对于无塑性的混合料，小于 0.075mm 的颗粒含量接近高限；
③ 底基层所列为未筛分碎石颗粒组成范围。

④ 集料压碎值应符合表 2.16-18 的规定。

级配碎石及级配碎砾石压碎值　　表 2.16-18

项目	压碎值	
	基层	底基层
城市快速路、主干路	<26%	<30%
次干路	<30%	<35%
次干路以下道路	<35%	<40%

⑤ 碎石或碎砾石应为多棱角块体，软弱颗粒含量应小于 5%；扁平细长碎石含量应小于 20%。

（6）沥青混合料用粗集料应符合下列要求：

① 粗集料应符合工程设计规定的级配范围。

② 骨料对沥青的黏附性，城市快速路、主干路应大于或等于 4 级；次干路及以下道路应大于或等于 3 级。集料具有一定的破碎面颗粒含量，具有 1 个破碎面宜大于 90%，2 个及以上的宜大于 80%。

③ 粗集料的质量技术要求应符合表 2.16-19 的规定。

沥青混合料用粗集料质量技术要求　　表 2.16-19

指标	单位	城市快速路、主干路		其他等级道路	试验方法
		表面层	其他层次		
石料压碎值，≤	%	26	28	30	T0316
洛杉矶磨耗损失，≤	%	28	30	35	T0317
表观相对密度，≥	—	2.60	2.5	2.45	T0304
吸水率，≤	%	2.0	3.0	3.0	T0304
坚固性，≤	%	12	12	—	T0314

续表

指标	单位	城市快速路、主干路		其他等级道路	试验方法
		表面层	其他层次		
针片状颗粒含量（混合料），≤ 其中粒径大于 9.5mm，≤ 其中粒径小于 9.5mm，≤	% % %	15 12 18	18 15 20	20 — —	T0312
水洗法<0.075mm 颗粒含量，≤	%	1	1	1	T0310
软石含量，≤	%	3	5	5	T0320

注：1. 坚固性试验可根据需要进行。
2. 用于城市快速路、主干路时，多孔玄武岩的视密度可放宽至 2.45t/m³，吸水率可放宽至 3%，但必须得到建设单位的批准，且不得用于 SMA 路面。
3. 对 S14 即 3～5 规格的粗集料，针片状颗粒含量可不予要求，小于 0.075mm 含量可放宽到 3%。

④ 粗集料的粒径规格应按表 2.16-20 的规定生产和使用。

沥青混合料用粗集料规格　　表 2.16-20

规格名称	公称粒径（mm）	通过下列筛孔（mm）的质量百分率（%）												
		106	75	63	53	37.5	31.5	26.5	19.0	13.2	9.5	4.75	2.36	0.6
S1	40～75	100	90～100	—	—	0～15	—	0～5						
S2	40～60		100	90～100	—	0～15	—	0～5						
S3	30～60		100	90～100	—	—	0～15	—	0～5					
S4	25～50			100	90～100	—	—	0～15	—	0～5				
S5	20～40				100	90～100	—	—	0～15	—	0～5			
S6	15～30					100	90～100	—	—	0～15	—	0～5		
S7	10～30					100	90～100	—	—	—	0～15	0～5		
S8	10～25						100	90～100	—	0～15	—	0～5		
S9	10～20							100	90～100	—	0～15	0～5		
S10	10～15								100	90～100	0～15	0～5		
S11	5～15								100	90～100	40～70	0～15	0～5	
S12	5～10									100	90～100	0～15	0～5	
S13	3～10									100	90～100	40～70	0～20	0～5
S14	3～5										100	90～100	0～15	0～3

（7）沥青混合料用细集料应符合下列要求：

① 含泥量，对城市快速路、主干路不得大于3%；对次干路及其以下道路不得大于5%。

② 与沥青的黏附性小于4级的砂，不得用于城市快速路和主干路。

③ 细集料的质量要求应符合表2.16-21的规定。

细集料质量要求　　**表2.16-21**

项目	单位	城市快速路、主干路	其他等级道路	试验方法
表观相对密度	—	≥2.50	≥2.45	T0328
坚固性（>0.3mm部分）	%	≥12	—	T0340
含泥量（小于0.075mm的含量）	%	≥3	≤5	T0333
砂当量	%	≥60	≥50	T0334
亚甲蓝值	g/kg	≤25	—	T0346
棱角性（流动时间）	s	≥30	—	T0345

注：坚固性试验可根据需要进行。

④ 沥青混合料用天然砂规格见表2.16-22。

沥青混合料用天然砂规格　　**表2.16-22**

筛孔尺寸（mm）	通过各孔筛的质量百分率（%）		
	粗砂	中砂	细砂
9.5	100	100	100
4.75	90～100	90～100	90～100
2.36	65～95	75～90	85～100
1.18	35～65	50～90	75～100
0.6	15～30	30～60	60～84
0.3	5～20	8～30	15～45
0.15	0～10	0～10	0～10
0.075	0～5	0～5	0～5

⑤ 沥青混合料用机制砂或石屑规格见表2.16-23。

沥青混合料用机制砂或石屑规格　　**表2.16-23**

规格	公称粒径（mm）	水洗法通过各筛孔的质量百分数（%）							
		9.5	4.75	2.36	1.18	0.6	0.3	0.15	0.075
S15	0～5	100	90～100	60～90	40～75	20～55	7～40	2～20	0～10
S16	0～3	—	100	80～100	50～80	25～60	8～45	0～25	0～15

注：当生产石屑采用喷水抑制扬尘工艺时，应特别注意含粉量不得超过表中要求。

⑥ 矿粉应用石灰岩等憎水性石料磨制。当用粉煤灰作填料时，其用量不得超过填料总量50%。沥青混合料用矿粉质量要求应符合表2.16-24的规定。

沥青混合料用矿粉质量要求　　**表2.16-24**

项目	单位	城市快速路、主干路	其他等级道路	试验方法
表观密度，不小于	t/m^3	2.50	2.45	T0352
含水量，不小于	%	1	1	T0103烘干法

续表

项目	单位	城市快速路、主干路	其他等级道路	试验方法
粒度范围<0.6mm <0.15mm <0.075mm	% % %	100 90～100 75～100	100 90～100 70～100	T0351
外观	—	无团粒结块		—
亲水系数	—	<1		T0353
塑性指数	%	<4		T0354
加热安定性	—	实测记录		T0355

⑦ 纤维稳定剂应在250℃条件下不变质。不宜使用石棉纤维。木质纤维素技术要求应符合表2.16-25的规定。

木质素纤维技术要求　　表2.16-25

项目	单位	指标	试验方法
纤维长度	mm	≤6	水溶液用显微镜观测
灰分含量	%	18±5	高温590～600℃燃烧后测定残留物
pH值	—	7.5±1.0	水溶液用pH试纸或pH计测定
吸油率	—	≥纤维质量的5倍	用煤油浸泡后放在筛上经振敲后称量
含水率（以质量计）	%	≤5	105℃烘箱烘2h后的冷却称量

（8）水泥混凝土用粗集料应符合下列要求：

① 粗集料应采用质地坚硬、耐久、洁净的碎石、砾石、破碎砾石，并应符合表2.16-26的规定。城市快速路、主干路、次干路及有抗（盐）冻要求的次干路、支路混凝土路面使用的粗集料级别应不低于Ⅰ级。Ⅰ级集料吸水率不应大于1.0%，Ⅱ级集料吸水率不应大于2.0%。

粗集料技术指标　　表2.16-26

项目	技术要求	
	Ⅰ级	Ⅱ级
碎石压碎指标（%）	<10	<15
砾石压碎指标（%）	<12	<14
坚固性（按质量损失计%）	<5	<8
针片状颗粒含量（按质量计%）	<5	<15
含泥量（按质量计%）	<0.5	<1.0
泥块含量（按质量计%）	<0	<0.2
有机物含量（比色法）	合格	合格
硫化物及硫酸盐（按SO_3质量计%）	<0.5	<1.0
空隙率	<47%	
碱集料反应	经碱集料反应试验后无裂缝、酥缝、胶体外溢等现象，在规定试验龄期的膨胀率小于0.10%	
抗压强度（MPa）	火成岩，≥100；变质岩，≥80；水成岩，≥60	

② 粗集料宜采用人工级配。其级配范围宜符合表2.16-27的规定。

人工合成级配范围 **表 2.16-27**

级配＼粒径	方筛孔尺寸（mm）							
	2.36	4.75	9.50	16.0	19.0	26.5	31.5	37.5
	累计筛余（以质量计）（%）							
4.75～16	95～100	85～100	40～60	0～10	0			
4.75～19	95～100	85～95	60～75	30～45	0～5	0		
4.75～26.5	95～100	90～100	70～90	50～70	25～40	0～5	0	
4.75～31.5	95～100	90～100	75～90	60～75	40～60	20～35	0～5	0

③ 粗集料的最大公称粒径，碎砾石不得大于 26.5mm，碎石不得大于 31.5mm，砾石不宜大于 19.0mm；钢纤维混凝土粗集料最大粒径不宜大于 19.0mm。

（9）水泥混凝土用细集料应符合下列规定：

① 宜采用质地坚硬、细度模数在 2.5 以上、符合级配规定的洁净粗砂、中砂。

② 砂的技术要求应符合表 2.16-28 的规定。

砂的技术指标 **表 2.16-28**

项目			技术要求					
颗粒级配	筛孔尺寸（mm）		粒径					
			0.15	0.30	0.60	1.18	2.36	4.75
	累计筛余量（%）	粗砂	90～100	80～95	71～85	35～65	5～35	0～10
		中砂	90～100	70～92	41～70	10～50	0～25	0～10
		细砂	90～100	55～85	16～40	10～25	0～15	0～10
泥土杂物含量（冲洗法）（%）			一级		二级		三级	
			<1		<2		<3	
硫化物和硫酸盐含量（折算为 SO_3）（%）			<0.5					
氯化物（氯离子质量计）			≤0.01		≤0.02		≤0.06	
有机物含量（比色法）			颜色不应深于标准溶液的颜色					
其他杂物			不得混有石灰、煤渣、草根等其他杂物					

③ 使用机制砂时，除应满足表 2.16-28 的规定外，还应检验砂磨光值，其值宜大于 35，不宜使用抗磨性较差的水成岩类机制砂。

④ 城市快速路、主干路宜采用一级砂和二级砂。

⑤ 海砂不得直接用于混凝土面层。淡化海砂不得用于城市快速路、主干路、次干路，可用于支路。

4. 沥青及沥青混合料

（1）道路石油沥青的主要检测内容和技术指标应符合表 2.16-29 的要求。

道路石油沥青的主要技术指标 **表 2.16-29**

指标	单位	等级	沥青标号							试验方法①
			160④	130④	110	90	70③	50③	30④	
针入度（25℃，5s，100g）	0.1mm	—	140～200	120～140	100～120	80～100	60～80	40～60	20～40	T0604

续表

指标	单位	等级	沥青标号																试验方法①
			160④	130④	110			90					70③					50③	30④	
适用的气候分区⑥	—	—	注④	注④	2-1	2-2	2-3	1-1	1-2	1-3	2-2	2-3	1-3	1-4	2-2	2-3	2-4	1-4	注④	附录A⑥
针入度指数PI②	—	A	−1.5～+1.0																	T0604
		B	−1.8～+1.0																	
软化点（R&B），≥	℃	A	38	40	43			45			44		46		45			49	55	T0606
		B	36	39	42			43			42		44		43			46	53	
		C	35	37	41			42					43					45	50	
60℃动力黏度系数②≥	Pa. s	A	—	60	120			160			140		180		160			200	260	T0620
10℃延度②，≥	cm	A	50	50	40			45	30	20	30	20	20	15	25	20	15	15	10	T0605
		B	30	30	30			30	20	15	20	15	15	10	20	15	10	10	8	
15℃延度，≥	cm	A、B	100															80	50	
		C	80	80	60			50					40					30	20	
蜡含量（蒸馏法），≤	%	A	2.2																	T0615
		B	3.0																	
		C	4.5																	
闪点，≥	℃		230					245					260							T0611
溶解度，≥	%		99.5																	T0607
密度（15℃）	g/cm³		实测记录																	T0603
TFOT（或RTFOT）后残留物⑤																				T0610或T0609
质量变化，≤	%		±0.8																	
残留针入度比（25℃），≥	%	A	48	54	55			57					61					63	65	T0604
		B	45	50	52			54					58					60	62	
		C	40	45	48			50					54					58	60	
残留延度（10℃），≥	cm	A	12	12	10			8					6					4	—	T0605
		B	10	10	8			6					4					2	—	
残留延度（15℃），≥	cm	C	40	35	30			20					15					10	—	

① 按照国家现行标准《公路工程沥青及混合料试验规程》JTG E20—2011规定的方法执行。用于仲裁试验求取PI时的5个温度的针入度关系的相关系数不得小于0.997。
② 经建设单位同意，表中PI值、60℃动力黏度、10℃延度可作为选择性指标，也可不作为施工质量的检验指标。
③ 70号沥青可根据需要要求供应商提供针入度范围为60～70或70～80的沥青，50号沥青可要求提供针入度范围为40～50或50～60的沥青。
④ 30号沥青仅适用于沥青稳定基层。130号和160号沥青除寒冷地区可直接在次干路以下道路上直接应用外，通常用作乳化沥青、稀释沥青、改性沥青的基质沥青。
⑤ 老化沥青以TFOT为准，也可以RTFOT代替。
⑥ 系指《公路沥青路面施工技术规范》JTJ F40—2004附录A沥青路面使用性能气候分区。

（2）乳化沥青的质量应符合表2.16-30的规定。在高温条件下宜采用黏度较大的乳化沥青，寒冷条件下宜使用黏度较小的乳化沥青。

道路用乳化沥青技术要求　　表 2.16-30

试验项目		单位	品种代号										试验方法
			阳离子				阴离子				非离子		
			喷洒用			搅拌用	喷洒用			搅拌用	喷洒用	搅拌用	
			PC-1	PC-2	PC-3	BC-1	PA-1	PA-2	PA-3	BA-1	PN-2	BN-1	
破乳速度		—	快裂	慢裂	快裂或中裂	慢裂或中裂	快裂	慢裂	快裂或中裂	慢裂或中裂	慢裂	慢裂	T0658
粒子电荷		—	阳离子（+）				阴离子（－）				非离子		T0653
筛上残留物（1.18mm 筛），≤		%	0.1				0.1				0.1		T0652
黏度	恩格拉黏度计 E25	—	2～10	1～6	1～6	2～30	2～10	1～6	1～6	2～30	1～6	2～30	T0622
	道路标准黏度计 C25.3	S	10～25	8～20	8～20	10～60	10～25	8～20	8～20	10～60	8～20	10～60	T0621
蒸发残留物	残留分含量，≥	%	50	50	50	55	50	50	50	55	50	55	T0651
	溶解度，≥	%	97.5				97.5				97.5		T0607
	针入度（25℃）	0.1mm	50～200	50～300	45～150		50～200	50～300	45～150		50～300	60～300	T0604
	延度（15℃）≥	cm	40				40				40		T0605
与粗集料的黏附性，裹附面积，≥		—	2/3			—	2/3			—	2/3	—	T0654
与粗、细粒式集料搅拌试验		—	—			均匀	—			均匀	—		T0659
水泥搅拌试验的筛上剩余，≤		%	—				—				—	3	T0657
常温贮存稳定性： 1d，≤ 5d，≤		%	1 5				1 5				1 5		T0655

注：1. P 为喷洒型，B 为搅拌型，C、A、N 分别表示阳离子、阴离子、非离子乳化沥青。
2. 黏度可选用恩格拉黏度计或沥青标准黏度计之一测定。
3. 表中的破乳速度与集料的黏附性、搅拌试验的要求、所使用的石料品种有关，质量检验时应采用工程上实际的石料进行试验，仅进行乳化沥青产品质量评定时可不要求此三项指标。
4. 贮存稳定性根据施工实际情况选用试验时间，通常采用 5d，乳液生产后能在当天使用时，也可用 1d 的稳定性。
5. 当乳化沥青需要在低温冰冻条件下贮存或使用时，尚需按 T0656 进行－5℃低温贮存稳定性试验，要求没有粗颗粒、不结块。
6. 如果乳化沥青是将高浓度产品运到现场经稀释后使用时，表中的蒸发残留物等各项指标指稀释前乳化沥青的要求。

（3）用于透层、粘层、封层及拌制冷拌沥青混合料的液体石油沥青的技术要求应符合表 2.16-31 的规定。

道路用液体石油沥青技术要求　　表 2.16-31

试验项目		单位	快凝		中凝						慢凝						试验方法
			AL(R)-1	AL(R)-2	AL(M)-1	AL(M)-2	AL(M)-3	AL(M)-4	AL(M)-5	AL(M)-6	AL(S)-1	AL(S)-2	AL(S)-3	AL(S)-4	AL(S)-5	AL(S)-6	
黏度	C25.5	s	<20	—	<20	—	—	—	—	—	<20	—	—	—	—	—	T0621
	C60.5	s	—	5～15	—	5～15	16～25	26～40	41～100	101～200	—	5～15	16～25	26～40	41～100	101～200	

续表

试验项目		单位	快凝		中凝						慢凝						试验方法
			AL(R)-1	AL(R)-2	AL(M)-1	AL(M)-2	AL(M)-3	AL(M)-4	AL(M)-5	AL(M)-6	AL(S)-1	AL(S)-2	AL(S)-3	AL(S)-4	AL(S)-5	AL(S)-6	
蒸馏体积	225℃	%	>20	>15	<10	<7	<3	<2	0	0	—	—	—	—	—	—	T0632
	315℃	%	>35	>30	<35	<25	<17	<14	<8	<5	—	—	—	—	—	—	
	360℃	%	>45	>35	<50	<35	<30	<25	<20	<15	<40	<35	<25	<20	<15	<5	
蒸馏后残留物	针入度(25℃)	0.1mm	60~200	60~200	100~300	100~300	100~300	100~300	100~300	100~300	—	—	—	—	—	—	T0604
	延度(25℃)	cm	>60	>60	>60	>60	>60	>60	>60	>60	—	—	—	—	—	—	T0605
	浮漂度(5℃)	S	—	—	—	—	—	—	—	—	<20	>20	>30	>40	>45	>50	T0631
闪点（TOC法）		℃	>30	>30	>65	>65	>65	>65	>65	>65	>70	>70	>100	>100	>120	>120	T0633
含水量≯		%	0.2	0.2	0.2	0.2	0.2	0.2	0.2	0.2	2.0	2.0	2.0	2.0	2.0	2.0	T0612

（4）当使用改性沥青时，改性沥青的基质沥青应与改性剂有良好的配伍性。聚合物改性沥青主要技术要求应符合表2.16-32的规定。

聚合物改性沥青技术要求 **表2.16-32**

指标	单位	SBS类（Ⅰ类）				SBR类（Ⅱ类）			EVA，PE类（Ⅲ类）				试验方法
		Ⅰ—A	Ⅰ—B	Ⅰ—C	Ⅰ—D	Ⅱ—A	Ⅱ—B	Ⅱ—C	Ⅲ—A	Ⅲ—B	Ⅲ—C	Ⅲ—D	T0604
针入度25℃，100g，5s	0.1mm	>100	80~100	60~80	30~60	>100	80~100	60~80	>80	60~80	40~60	30~40	T0604
针入度指数PI，不小于	—	−1.2	−0.8	−0.4	0	−1.0	−0.8	−0.6	−1.0	−0.8	−0.6	−0.4	T0604
延度5℃，5cm/min不小于	cm	50	40	30	20	60	50	40	—				T0605
软化点TR&b不小于	℃	45	50	55	60	45	48	50	48	52	56	60	T0606
运动黏度①135℃，不大于	Pa·s	3											T0625 T0619
闪点，不小于	℃	230				230			230				T0611
溶解度，不小于	%	99				99			—				T0607
弹性恢复25℃，不小于	%	55	60	65	75	—			—				T0662
黏韧性，不小于	N·m	—				5			—				T0624
韧性，不小于	N·m	—				2.5			—				T0624
贮存稳定性②离析，48h，软化点差，不大于	℃	2.5				—			无改性剂明显析出、凝聚				T0661
TFOT（或RTFOT）后残留物													
质量变化，不大于	%	±1.0											T0610 或 T0609

续表

指标	单位	SBS类（Ⅰ类）				SBR类（Ⅱ类）			EVA，PE类（Ⅲ类）				试验方法
		Ⅰ—A	Ⅰ—B	Ⅰ—C	Ⅰ—D	Ⅱ—A	Ⅱ—B	Ⅱ—C	Ⅲ—A	Ⅲ—B	Ⅲ—C	Ⅲ—D	T0604
针入度比25℃，不小于	%	50	55	60	65	50	55	60	50	55	58	60	T0604
延度5℃，不小于	cm	30	25	20	15	30	20	10	—				T0605

① 表中135℃运动黏度可采用国家现行标准《公路工程沥青及沥青混合料试验规程》JTJ E20中的“沥青氏旋转黏度试验方法（布洛克菲尔德黏度计法）”进行测定。若在不改变改性沥青物理力学性质并符合安全条件的温度下易于泵送和搅拌，或经证明适当提高泵送和搅拌温度时能保证改性沥青的质量，容易施工，可不要求测定。

② 贮存稳定性指标适用于工厂生产的成品改性沥青。现场制作的改性沥青对贮存稳定性指标可不作要求，但必须在制作后，保持不间断的搅拌或泵送循环，保证使用前没有明显的离析。

（5）改性乳化沥青技术要求应符合表2.16-33的规定。

改性乳化沥青技术要求　　表2.16-33

试验项目		单位	品种及代号		试验方法
			PCR	BCR	
破乳速度		—	快裂或中裂	慢裂	T0658
粒子电荷		—	阳离子（+）	阳离子（+）	T0653
筛上剩余量（1.18mm），≤		%	0.1	0.1	T0652
黏度	恩格拉黏度E25	—	1～10	3～30	T0622
	沥青标准黏度C25.3	s	8～25	12～60	T0621
蒸发残留物	含量，≥	%	50	60	T0651
	针入度（100g，25℃，5s）	0.1mm	40～120	40～100	T0604
	软化点，≥	℃	50	53	T0606
	延度（5℃），≥	cm	20	20	T0605
	溶解度（三氯乙烯），≥	%	97.5	97.5	T0607
与矿料的黏附性，裹附面积，≥		—	2/3	—	T0654
贮存稳定性	1d，≤	%	1	1	T0655
	5d，≤	%	5	5	T0655

注：1. 破乳速度与集料黏附性、搅拌试验、所使用的石料品种有关。工程上施工质量检验时应采用实际的石料试验，仅进行产品质量评定时可不对这些指标提出要求。
2. 当用于填补车辙时，BCR蒸发残留物的软化点宜提高至不低于55℃。
3. 贮存稳定性根据施工实际情况选择试验天数，通常采用5d，乳液生产后能在第二天使用完时也可选用1d。个别情况下改性乳化沥青5d的贮存稳定性难以满足要求，如果经搅拌后能达到均匀一致并不影响正常使用，此时要求改性乳化沥青运至工地后存放在附有搅拌装置的贮存罐内，并不断地进行搅拌，否则不准使用。
4. 当改性乳化沥青或特种改性乳化沥青需要在低温冰冻条件下贮存或使用时，尚需按T0656进行−5℃低温贮存稳定性试验，要求没有粗颗粒、不结块。

（6）沥青混合料成品应符合马歇尔试验配比技术要求。

2.17　结构加固用材料

2.17.1　概述

结构加固工程系指对可靠性不足的承重结构、构件及其相关部分进行增强或调整其内力，使其具有足够的安全性和耐久性，并力求保持其适用性。

工程结构加固的可靠性，虽然取决于设计、材料、施工、工艺、监理、检验等诸多因素的质量，但实际工程的统计数据表明，因加固材料性能不符合使用要求所造成的安全问题占有很大的比重，其后果甚至是极其严重的。因此，对加固材料的性能必须严格控制。

建筑结构加固方法通常有：增大截面加固法、置换混凝土加固法、体外预应力加固法、外粘型钢加固法、外粘纤维复合材加固法、外粘钢板加固法、预应力碳纤维复合板加固法、增设支点加固法、绕丝加固法、预张紧钢丝绳网片-聚合物砂浆面层加固法等，增大截面加固法、粘钢法、粘碳纤维等方法可以有效提高构件承载力，体外预应力加固法可以提高构件承载力以及提高截面抗裂性。

结构加固工程与新建工程相比增加了清理、修整原结构、构件以及界面处理的工序，并且对结构加固工程而言，工程量普遍较小，因而加固材料在进场时易出现批次混乱、性能良莠不齐等现象，进场检验、验收也易出现遗漏情况。鉴于结构加固工程的特殊性，《建筑结构加固工程施工质量验收规范》GB 50550—2010 明确规定了加固材料的进场要求、复验抽样要求，应严格遵循。

2.17.2 依据标准

1.《建筑结构加固工程施工质量验收规范》GB 50550—2010。
2.《混凝土结构加固设计规范》GB 50367—2013。
3.《混凝土结构工程施工质量验收规范》GB 50204—2015。
4.《砌体结构工程施工质量验收规范》GB 50203—2011。
5.《钢结构工程施工质量验收标准》GB 50205—2020。
6.《工程结构加固材料安全性鉴定技术规范》GB 50728—2011。
7.《混凝土外加剂应用技术规范》GB 50119—2013。
8.《水泥基灌浆材料应用技术规范》GB/T 50448—2015。
9.《预应力筋用锚具、夹具和连接器》GB/T 14370—2015。
10.《钢筋焊接及验收规程》JGJ 18—2012。
11.《普通混凝土用砂、石质量及验收方法标准》JGJ 52—2006。
12.《预应力筋用锚具、夹具和连接器应用技术规程》JGJ 85—2010。
13.《一般用途低碳钢丝》YB/T 5294—2009。

2.17.3 检验内容和使用要求

1. 检验内容

加固材料、产品应进行进场验收。凡涉及安全、卫生、环境保护的材料和产品应按规定的抽样数量进行见证抽样复验；其送样应经监理工程师签封；复验不合格的材料和产品不得使用；施工单位或生产厂家自行抽样、送检的委托检验报告无效。检验批中，凡涉及结构安全的加固材料、施工工艺、施工过程留置的试件、结构重要部位的加固施工质量等项目，均须进行现场见证取样检测或结构构件实体见证检验。任何未经见证的此类项目，其检测或检验报告，不得作为施工质量验收依据。

（1）结构加固工程用水泥的强度、安定性及其他必要的性能指标进行见证取样复验。

（2）现场搅拌的普通混凝土，其所掺用外加剂和掺合料应进行复验（详见“2.4 混凝土用外加剂和掺合料”)。

(3) 现场搅拌的混凝土，其所用粗、细骨料应进行复验(详见“2.2 建筑用砂”“2.3 建筑用石”)。

(4) 现场拌制的混凝土，其用水应对 pH 值、不溶物、可溶物、氯离子、二氧化硫、碱含量进行检验，符合现行国家标准《生活饮用水卫生标准》GB 5749—2006 要求的饮用水，可不经检验作为混凝土用水。

(5) 结构加固用的钢筋应见证取样作力学性能复验(详见“2.7 钢筋混凝土结构用钢”)

(6) 结构加固用型钢、钢板和连接用的紧固件进场时，应进行见证取样作安全性能复验(详见“2.10 钢结构材料”[1])；

(7) 预应力加固专用的钢材进场时，应进行见证取样作力学性能复验(详见“2.7 钢筋混凝土结构用钢”)；

(8) 千斤顶张拉用的锚具、夹具和连接器应对静载锚固性能进行复验。

(9) 绕丝用的钢丝进场时，应对抗拉强度进行复验；

(10) 结构加固用钢丝绳网片其所用的钢丝绳应进行见证抽取试件作整绳破断拉力、弹性模量和伸长率检验。

(11) 焊接材料进场时应进行见证取样复验(详见“2.10 钢结构材料”[2])。

(12) 加固工程使用的结构胶粘剂，应对其钢-钢拉伸抗剪强度、钢-混凝土正拉粘结强度和耐湿热老化性能等三项重要性能指标以及该胶粘剂不挥发物含量进行见证取样复验；对抗震设防烈度为 7 度及 7 度以上地区建筑加固用的粘钢和粘贴纤维复合材的结构胶粘剂，尚应进行抗冲击剥离能力的见证取样复验。结构胶粘剂进场时，还应对其工艺性能(混合后初黏度或触变指数)见证取样复验。

(13) 封闭裂缝用的结构胶粘剂进场时，应对其品种、级别、包装、中文标志、出厂日期、出厂检验合格报告等进行检查；若有怀疑时，应对其安全性能和工艺性能进行见证抽样复验。

(14) 碳纤维织物(碳纤维布)、碳纤维预成型板(以下简称板材)以及玻璃纤维织物(玻璃纤维布)应对下列重要性能和质量指标进行见证取样复验：

① 纤维复合材的抗拉强度标准值、弹性模量和极限伸长率；

② 纤维织物单位面积质量或预成型板的纤维体积含量；

③ 碳纤维织物的 K 数。

若检验中发现该产品尚未与配套的胶粘剂进行过适配性试验，应见证取样送独立检测机构，进行补检。

(15) 配置结构加固用砂浆的水泥、砂和拌合水应分别按(1)、(3)、(4)条要求进行复验。

(16) 结构加固用聚合物改性水泥砂浆应对其劈裂抗拉强度、抗折强度及聚合物砂浆与钢粘结的拉伸抗剪强度进行见证取样复验。

(17) 混凝土及砌体裂缝修补用的改性水泥基注浆料进场时，当有恢复截面整体性要

[1] 钢结构工程中无需进场复验的型钢、钢板等，在结构加固工程中不适用，应全部按批复验。

[2] 结构加固工程中所涉及的所有焊接材料应按批进场复验。

求时，应对其安全性能和工艺性能进行见证抽样复验。其中，安全性能包括：劈裂抗拉强度、抗压强度、抗折强度以及注浆料与混凝土的正拉粘结强度；对环氧改性类注浆料其工艺性能包括：拌合后初黏度及线性收缩率；对其他聚合物改性类注浆料其工艺性能包括：流动度、竖向膨胀率及泌水率[1]。

（18）结构界面胶（剂）应对下列项目进行见证抽样复验：

① 与混凝土的正拉粘结强度及其破坏形式；

② 剪切粘结强度及其破坏形式；

③ 耐湿热老化性能现场快速复验。

（19）混凝土结构及砌体结构加固用的水泥基灌浆料进场时，应按规定复验其浆体流动度、抗压强度及其与混凝土正拉粘结强度。

（20）结构加固用锚栓应对其钢材受拉性能指标进行见证抽样复验。对设计有复验要求的钢锚板，应按第（6）条要求进行见证抽样复验。

（21）钢筋混凝土构件增大截面加固工程及局部置换混凝土工程中，应按下列要求进行检验：

① 对于新增普通混凝土，应现场留置标准养护试块及同条件养护试块作抗压强度试验。

② 当设计对使用结构界面胶（剂）的新旧混凝土粘结强度有复验要求时，应在新增混凝土 28d 抗压强度达到设计要求的当日，进行新旧混凝土正拉粘结强度的见证抽样检验（详见“3.6 粘结材料粘合加固材与基材的正拉粘结强度现场测定”）。

③ 应对新增钢筋的保护层厚度进行抽样检验（详见“3.4 结构混凝土钢筋保护层厚度检测”）。

（22）混凝土构件绕丝工程中应对钢丝保护层进行检测。

（23）混凝土构件外加预应力工程中，应对构件锚固区填充混凝土留置同条件养护试件做抗压强度试验。

（24）外粘或外包型钢工程中应按下列要求进行检验：

① 应对注胶质量进行粘结强度检验（详见“3.6 粘结材料粘合加固材与基材的正拉粘结强度现场测定”）；

② 应对注胶饱满度进行检测。

（25）外粘纤维复合材工程中应按以下要求进行检验：

① 纤维复合材与混凝土之间的粘结质量；

② 纤维复合材与基材混凝土的正拉结粘结强度（详见“3.6 粘结材料粘合加固材与基材的正拉粘结强度现场测定”）。

（26）外粘钢板工程中应按以下要求进行检验：

① 外粘钢板与混凝土之间的粘结质量；

② 外粘钢板与原构件混凝土的正拉结粘结强度（详见“3.6 粘结材料粘合加固材与基材的正拉粘结强度现场测定”）。

（27）聚合物砂浆面层工程中应按以下要求进行检验：

---

[1] 当混凝土构件有补强要求时，应采用裂缝修补胶（注射剂），其工艺性能则应按第（13）条结构胶粘剂的工艺性能进行复验并符合其要求。

① 现场留置聚合物砂浆标准养护试块及同条件养护试块作抗压强度检验；

② 聚合物砂面层与原构件混凝土间的正拉粘结强度（详见“3.6 粘结材料粘合加固材与基材的正拉粘结强度现场测定”）。

2. 使用要求

（1）结构加固工程用的材料或产品，应按其工程用量一次进场到位。若加固用材料或产品的量很大，确需分次进场时，必须经设计和监理单位特许，且必须逐次进行抽样复验。

（2）加固用混凝土中严禁使用安定性不合格的水泥、含氯化物的水泥、过期水泥和受潮水泥。

（3）结构加固用的混凝土不得使用含有氯化物或亚硝酸盐的外加剂。

（4）上部结构加固工程中不得使用膨胀剂。

（5）现场搅拌的混凝土中，不得掺入粉煤灰。当采用掺有粉煤灰的预拌混凝土时，其粉煤灰应为Ⅰ级灰，且烧失量不应大于5%。

（6）拌合混凝土用粗骨料最大粒径不应大于20mm，喷射混凝土不应大于12mm，掺加短纤维的混凝土不应大于10mm。

（7）拌合混凝土、砂浆用细骨料，应为中、粗砂，细度模数不应小于2.5。

（8）受力钢筋在任何情况下，均不得采用再生钢筋和钢号不明的钢筋。

（9）严禁使用再生钢材以及来源不明的钢材和紧固件。

（10）在查验结构胶粘剂复验报告时，如有抗冲击剥离能力的试验要求，则应同时查验剥离试件破坏后的残件；安全性能复验时，残件还应经设计人员确认其剥离长度后，方允许销毁。

（11）加固工程中，严禁使用下列结构胶粘剂产品：

① 过期或出厂日期不明；

② 包装破损、批号涂毁或中文标志、产品使用说明书为复印件；

③ 掺有挥发性溶剂或非反应性稀释剂；

④ 固化剂主成分不明或固化剂主要成分为乙二胺；

⑤ 游离甲醛含量超标；

⑥ 以“植筋-粘钢两用胶”命名。

（12）结构加固使用的碳纤维，严禁用玄武岩纤维、大丝束碳纤维等替代，结构加固使用的S玻璃纤维、E玻璃纤维，严禁用A玻璃纤维或C玻璃纤维替代。

（13）当采用镀锌钢丝绳（或钢绞线）作为聚合物砂浆外加层的配筋时，应在聚合物砂浆中掺入阻锈剂，但不得掺入以亚硝酸盐为主成分的阻锈剂或含有氯化物的外加剂。

（14）聚合物砂浆的用砂，应采用粒径不大于2.5mm的石英砂配制的细度模数不小于2.5的中砂。

（15）在结构加固工程中不得使用聚合物成分及主要添加剂成分不明的任何型号聚合物砂浆；不得使用未提供安全数据清单的任何品种聚合物；也不得使用在产品说明书规定的储存期内已发生分相现象的乳液。

（16）混凝土用结构界面胶应采用改性环氧类界面胶，或经独立检验机构确认为具有同等功效的其他品种界面胶。

（17）承重结构加固使用的聚合物改性砂浆，对于混凝土结构，当原构件混凝土强度等级不低于C30时，应采用Ⅰ级聚合物改性砂浆，当原构件强度等级低于C30时，应采用Ⅰ级或Ⅱ级聚合物改性砂浆；对于砌体结构，若无特殊要求，可采用Ⅱ级聚合物改性砂浆。

2.17.4 取样要求

建筑结构加固工程用材料或产品应按其工程量一次进场到位，当一次进场到位的材料或产品数量大于该材料或产品出厂检验划分的批量时，应将进场的材料或产品数量按出厂检验批量划分为若干检验批，然后按批进行抽样，当材料或产品分次进场时，除应按上述要求进行抽样复验外，尚应由监理单位以事前不告知的方式进行复查或复验，且至少进行一次，其抽样部位及数量应由监理总工程师决定。

1. 建筑结构加固工程用材料或产品组批规则及取样数量见表2.17-1。

材料（产品）组批规则及取样数量　　表2.17-1

<table>
<tr><th colspan="2">材料名称</th><th>组批规则</th><th>取样数量</th><th>备注</th></tr>
<tr><td colspan="2">水泥</td><td>同一生产厂家、同一等级、同一品种、同一批号且同一次进场的水泥，以30t为一批（不足30t，按30t计）</td><td>总量不少于24kg</td><td rowspan="12">每一批取样应充分混匀，并应分为两等份，一份进场检验，一份保存至工程验收通过（或保管至该产品失效期），以备有异议时仲裁检验</td></tr>
<tr><td rowspan="11">外加剂</td><td>普通减水剂</td><td rowspan="8">按进场批次，且同一生产厂家、同一等级、同一品种、同一等级、同一批次、同一产地的外加剂50t为一批，不足50t亦为一批</td><td rowspan="11">取样量不少于0.2t胶凝材料所需用的减水剂量</td></tr>
<tr><td>高效减水剂</td></tr>
<tr><td>高性能减水剂</td></tr>
<tr><td>早强剂</td></tr>
<tr><td>泵送剂</td></tr>
<tr><td>速凝剂</td></tr>
<tr><td>防水剂</td></tr>
<tr><td>引气减水剂</td></tr>
<tr><td>防冻剂</td><td>按进场批次，且同一生产厂家、同一等级、同一品种、同一等级、同一批次、同一产地的外加剂100t为一批，不足100t亦为一批</td></tr>
<tr><td>缓凝剂</td><td>按进场批次，且同一生产厂家、同一等级、同一品种、同一等级、同一批次、同一产地的外加剂20t为一批，不足20t亦为一批</td></tr>
<tr><td>引气剂</td><td>且同一生产厂家、同一等级、同一品种、同一等级、同一批次、同一产地的外加剂10t为一批，不足10t亦为一批</td></tr>
<tr><td colspan="2">现场拌制混凝土、砂浆用水</td><td>每一水源不少于1次</td><td>水样不少于5L</td><td>—</td></tr>
<tr><td colspan="2">现场拌制混凝土、砂浆用粗、细骨料</td><td colspan="2">按进场批次并按“2.2建筑用砂、2.3建筑用石”要求组批、取样</td><td>—</td></tr>
</table>

续表

材料名称	组批规则	取样数量	备注
钢筋	按进场批次并按“2.7 钢筋混凝土结构用钢”要求组批、取样		按相应章节要求双倍取样，一份进场检验，一份保存至工程验收通过（或保管至该产品失效期），以备有异议时仲裁检验
型钢、钢板和连接用的紧固件	按进场批次并按“2.10 钢结构材料”要求组批、取样		
预应力加固专用钢材	按进场批次并按“2.7 钢筋混凝土结构用钢”要求组批、取样		
焊接材料	按进场批次并按“2.10 钢结构材料”要求组批、取样		
张拉用锚具、夹具和连接器	按进场批次，且同一生产厂家、同一规格、同一批原材料、同一种工艺一次投料生产不超过200套为一批	外观检查和硬度检验均合格的锚具、夹具或连接器中抽取样品，与相应规格和强度等级的预应力筋组成3个组装件	—
钢丝	按进场批号分批检验	每批抽取5个试样	双倍取样，一份进场检验，一份保存至工程验收通过（或保管至该产品失效期），以备有异议时仲裁检验
钢丝绳	按进场批次，且同一结构、同一直径、同一公称抗拉强度和同一锌层级别的钢丝为一批	每批任取5%，但不少于1盘	
结构胶粘剂	按进场批号分批检验	每批取样3件，每件每组分称取500g，并按相同组分予以混匀	
纤维材料	按进场批号分批检验	每批号取样3件，从每件中，按每一检验项目各裁取一组试样的用量	
聚合物砂浆	按进场批号分批检验	每批号抽样3件，每件每组分称取500g，并按同组分予以混合	
结构界面胶（剂）	按进场批次分批检验	每批抽取3件，从每件中取出一定数量界面剂混匀	
封闭裂缝用结构胶粘剂	按进场批号分批检验	每批取样3件，每件每组分称取500g，并按相同组分予以混匀	—
水泥基灌浆料	按进场批次，且每200t为一个检验批，不足200t亦为一个检验批	总量不少于30kg	—
裂缝修补注浆料	按进场批次	总量不少于30kg	—
锚栓	按同一规格包装箱数为一检验批	随机抽取3箱（不足3箱应全取）的锚栓，经混合均匀后，从中抽取5%，且不少于5个	双倍取样，一份进场检验，一份保存至工程验收通过（或保管至该产品失效期），以备有异议时仲裁检验

2. 混凝土构件增大截面工程中新增混凝土的强度等级必须符合设计要求。用于检查结构构件新增混凝土强度的试块，应在监理工程师见证下，在混凝土的浇筑地点随机抽取。取样与留置试块应符合下列规定：

(1) 每拌制50盘（不足50盘，按50盘计）同一配合比的混凝土，取样不得少于一次；

（2）每次取样应至少留置一组标准养护试块，同条件养护试块的留置组数应根据混凝土工程量及其重要性确定，且不应少于3组。

3. 混凝土构件绕丝工程中，其钢丝保护层厚度检测应随机抽取不少于5个构件，每一构件测量3点。若构件总数不多于5个，应全数检查。

4. 对外粘或外包型钢工程中的注胶饱满度应全数检查。

5. 外粘纤维复合材工程中，纤维复合材与混凝土之间的粘结质量应全数检查。

6. 外粘钢板工程中，钢板与混凝土之间的粘结质量应全数检查。

7. 聚合物砂浆面层施工中其取样数量与试块留置应符合下列规定：

① 同一工程每一楼层（或单层），每喷抹500m²（不足500m²，按500m²计）砂浆面层所需的同一强度等级的砂浆，其取样次数应不少于一次。若搅拌机不止一台，应按台数分别确定每台取样次数。

② 每次取样应至少留置一组标准养护试块；与面层砂浆同条件养护的试块，其留置组数应根据实际需要确定。

2.17.5 技术要求

1. 结构加固工程用水泥的强度、安定性等性能指标详见“2.1 水泥”。

2. 现场搅拌混凝土用外加剂、掺合料性能指标详见“2.4 混凝土用外加剂和掺合料”。

3. 除应符合“2.2 建筑用砂”及“2.3 建筑用石”相关要求外，尚应符合下列规定：

（1）对拌合混凝土，粗骨料最大粒径不应大于20mm；对喷射混凝土，不应大于12mm；对掺加短纤维的混凝土，不应大于10mm。

（2）细骨料应为中、粗砂，其细度模数不应小于2.5。

4. 混凝土拌合用水应符合表2.17-2的要求。

混凝土拌合用水水质要求　　表2.17-2

项目	预应力混凝土	钢筋混凝土	素混凝土
pH值	≥5.0	≥4.5	≥4.5
不溶物（mg/L）	≤2000	≤2000	≤5000
可溶物（mg/L）	≤2000	≤5000	≤10000
Cl^-(mg/L)	≤500	≤1000	≤3500
SO^2(mg/L)	≤600	≤2000	≤2700
碱含量（rag/L）	≤1500	≤1500	≤1500

5. 绕丝用钢丝抗拉强度值应控制在450～540MPa之间。

6. 钢丝绳网片的力学性能应符合表2.17-3的要求。

钢丝绳力学性能　　表2.17-3

项目		不锈钢丝绳		镀锌钢丝绳	
		6×7+1WS	1×19	6×7+1WS	1×19
抗拉强度标准值（MPa）	直径2.4～4.0mm	1600	—	1650	—
	直径2.5mm	—	1470	—	1580
弹性模量		1.2×10^5	1.1×10^5	1.4×10^5	1.3×10^5
伸长率（%）		≤0.85	—	≤0.85	≤0.80

7. 加固工程使用的结构胶粘剂（以混凝土为基材），其性能指标应按用途分别符合表 2.17-4～表 2.17-6 的要求，工艺性能指标应符合表 2.17-7 的要求。

以混凝土为基材的粘贴钢材用结构胶性能指标　　表 2.17-4

检验项目	检验条件	性能要求			
		Ⅰ类胶		Ⅱ类胶	Ⅲ类胶
		A级	B级		
钢对钢拉伸抗剪强度标准值（MPa）	(23±2)℃、(50±5)%RH	≥15	≥12	≥18	
钢对钢拉伸抗剪强度平均值（MPa）	(60±2)℃、10min	≥17	≥14	—	—
	(95±2)℃、10min	—	—	≥17	—
	(125±3)℃、10min	—	—	—	≥14
	(−45±2)℃、30min	≥17	≥14	≥20	
钢对 C45 混凝土正拉结粘结强度（MPa）	(23±2)℃、(50±5)%RH	≥2.5，且为混凝土内聚破坏			
耐湿热老化能力	在 50℃、95%RH 环境中老化 90d（B级胶 60d）后，钢对钢拉伸抗剪	与室温下短期试验结果相比，其抗剪强度降低率（%）			
		≤12	≤18	≤10	≤12

以混凝土为基材的粘贴纤维复合材用结构胶性能指标　　表 2.17-5

检验项目	检验条件	性能要求			
		Ⅰ类胶		Ⅱ类胶	Ⅲ类胶
		A级	B级		
钢对钢拉伸抗剪强度标准值（MPa）	(23±2)℃、(50±5)%RH	≥14	≥10	≥16	
钢对钢拉伸抗剪强度平均值（MPa）	(60±2)℃、10min	≥16	≥12	—	—
	(95±2)℃、10min	—	—	≥15	—
	(125±3)℃、10min	—	—	—	≥13
	(−45±2)℃、30min	≥16	≥12	≥18	
钢对 C45 混凝土正拉结粘结强度（MPa）	(23±2)℃、(50±5)%RH	≥2.5，且为混凝土内聚破坏			
耐湿热老化能力	在 50℃、95%RH 环境中老化 90d（B级胶 60d）后，钢对钢拉伸抗剪	与室温下短期试验结果相比，其抗剪强度降低率（%）			
		≤12	≤18	≤10	≤12

以混凝土为基材的锚固用结构胶性能指标　　表 2.17-6

检验项目	检验条件	性能要求			
		Ⅰ类胶		Ⅱ类胶	Ⅲ类胶
		A级	B级		
钢对钢拉伸抗剪强度标准值（MPa）	(23±2)℃、(50±5)%RH	≥10	≥8	≥12	
钢对钢拉伸抗剪强度平均值（MPa）	(60±2)℃、10min	≥11	≥9	—	—
	(95±2)℃、10min	—	—	≥11	—
	(125±3)℃、10min	—	—	—	≥10
	(−45±2)℃、30min	≥12	≥10	≥13	

续表

检验项目	检验条件		性能要求			
			Ⅰ类胶		Ⅱ类胶	Ⅲ类胶
			A级	B级		
约束拉拔条件下带肋钢筋与混凝土粘结强度	(23±2)℃、(50±5)%RH	C30、ϕ25、l=150	≥11	≥8.5	≥11	≥12
		C60、ϕ25、l=125	≥17	≥14	≥17	≥18
耐湿热老化能力	在50℃、95%RH环境中老化90d（B级胶60d）后，钢对钢拉伸抗剪		与室温下短期试验结果相比，其抗剪强度降低率（%）			
			≤12	≤18	≤10	≤12

结构胶粘剂工艺性能要求 **表2.17-7**

结构胶粘剂类别及其用途				工艺性能指标					
				混合后初黏度（mPa·S）	触变指数	25℃下垂流度（mm）	在各季节试验温度下测定的适用期（min）		
							春秋用（23℃）	夏用（30℃）	冬用（10℃）
适用于涂刷	底胶			≤600	—	—	≥60	≥30	60～180
	修补胶			—	≥3.0	≤2.0	≥50	≥35	50～180
	纤维复合材结构胶	织物	A级	—	≥3.0	—	≥90	≥60	90～240
			B级	—	≥2.2	—	≥80	≥45	80～240
		板材	A级	—	≥4.0	≤2.0	≥50	≥40	50～180
	粘钢结构胶		A级	—	≥4.0	≤2.0	≥50	≥40	50～180
			B级	—	≥3.0	≤2.0	≥40	≥30	40～180
适用于压力灌注	外粘型钢结构胶		A级	≤1000	—	—	≥40	≥30	40～210
	裂缝补强修复用胶	$0.05\leqslant\omega<0.2$	A级	≤150	—	—	≥50	≥40	50～210
		$0.2\leqslant\omega<0.5$		≤300	—	—	≥40	≥30	40～180
		$0.5\leqslant\omega<1.5$		≤800	—	—	≥30	≥20	30～180
	锚固用快固型结构胶		A级	—	≥4.0	≤2.0	10～25	5～15	25～60
锚固用非快固型结构胶			A级	—	≥4.0	≤2.0	≥40	≥30	40～120
			B级	—	≥4.0	≤2.0	≥40	≥25	40～120
试验方法标准				GB 50550附录K	GB 50550附录L	GB/T 13477	GB/T 7123.1		

8. 封闭裂缝用结构胶粘剂安全性能应符合表2.17-5中B级胶规定，工艺性能应符合表2.17-7的要求。

9. 纤维复合材的性能指标、纤维织物的单位面积质量应符合表2.17-8的要求，碳纤维织物的K数应符合其产品说明书给定值。

纤维复合材性能指标、纤维织物单位面积质量限值　　　　表 2.17-8

检验项目		性能指标										
		碳纤维复合材					芳纶纤维复合材				玻璃纤维复合材	
		高强度Ⅰ级		高强度Ⅱ级		高强度Ⅲ级	高强度Ⅰ级		高强度Ⅱ级		高强玻璃纤维	无碱、耐碱玻璃纤维
		单向织物	条形板	单向织物	条形板	单向织物	单向织物	条形板	单向织物	条形板	单向织物	单向织物
抗拉强度标准值（MPa）		3400	2400	3000	2000	1800	2100	1200	1800	800	2200	1500
弹性模量（MPa）		2.3×10^5	1.6×10^5	2.0×10^5	1.4×10^5	1.8×10^5	1.1×10^5	0.7×10^5	0.8×10^5	0.6×10^5	0.7×10^5	0.5×10^5
单位面积质量（g/cm^2）	手工涂布	≤300					≤450				≤450	≤600
	真空灌注	≤450					≤650				≤550	≤750

10. 承重结构加固用聚合物改性水泥砂浆的性能指标复验结果应符合表 2.17-9 的要求。

聚合物改性水泥砂浆性能指标　　　　表 2.17-9

检验项目	检验条件	合格指标	
		Ⅰ级	Ⅱ级
劈裂抗拉强度	浆体成型后，不拆模，湿养护 3d，拆侧模，仅留底模再湿养护 25d，到期在（23±2）℃、（50±5）%RH 条件下测试	≥7	≥5.5
抗折强度		≥12	≥10
与钢丝绳粘结抗剪强度（标准值）	粘结工序完成后，静置湿养护 28d，到期在（23±2）℃、（50±5）% RH 条件下测试	≥9	≥5

11. 混凝土及砌体裂缝修补用改性水泥基注浆料的性能指标复验结果应符合表 2.17-10 的要求。

混凝土及砌体裂缝修补用注浆料性能指标　　　　表 2.17-10

检验项目		注浆料性能指标	
		改性环氧类	改性水泥基类
初始黏度（mPa·s）		≤1500	—
流动度	初始值（mm）	—	≥380
	30min 保留率（%）	—	≥90
竖向膨胀率	3h（%）	—	≥0.10
	24h 与 3h 差值（%）	—	0.02～0.20
23℃下 7d 无约束线性收缩率（%）		≤0.10	—
泌水率（%）		—	0
抗压强度（MPa）	3d	—	≥25.0
	7d	—	≥35.0
	28d	—	≥55.0
劈裂抗拉强度（MPa）	7d	—	≥3.0
	28d	—	≥4.0
抗折强度（MPa）	7d	—	≥5.0
	28d	—	≥8.0
与混凝土正拉粘结强度（MPa）28d		—	≥1.5

12. 结构界面胶（剂）性能指标复验结果应符合表 2.17-11 的要求。

结构界面胶（剂）性能指标　　表 2.17-11

检验项目	合格指标
钢对钢拉伸抗剪强度（MPa）	≥20，且为结构胶的胶层内聚破坏
钢对混凝土正拉粘结强度（MPa）	≥2.5，且为混凝土内聚破坏
耐湿热老化能力	与对照组相比，其强度降低率不大于 12%

13. 混凝土结构及砌体结构加固用水泥基灌浆料的性能指标复验结果应符合表 2.17-12 的要求。

结构加固用水泥基灌浆料性能指标　　表 2.17-12

检验项目		技术指标
流动度	初始值（mm）	≥300
	30min 保留率（%）	≥90
抗压强度	7d	≥40
	28d	≥55
与 C30 混凝土正拉粘结强度（MPa）		≥1.8，且为混凝土内聚破坏

2.18 装配式混凝土结构连接用材料

2.18.1 概述

装配式混凝土建筑：建筑的结构系统由混凝土部件（预制构件）构成的装配式建筑。由预制混凝土构件通过可靠的连接方式装配而成的混凝土结构称为装配式混凝土结构。装配式建筑具有工业化水平高、便于冬期施工、减少施工现场湿作业量、减少材料消耗、减少工地扬尘和建筑垃圾等优点，它有利于节约资源能源、减少施工污染、提升劳动生产效率和质量安全水平，有利于促进建筑业与信息化工业化深度融合、培育新产业新动能、推动化解过剩产能。国务院办公厅《关于大力发展装配式建筑的指导意见》（国办发［2016］71 号文）明确提出发展装配式建筑，装配式建筑进入快速发展阶段。

装配式结构分项工程的验收包括预制构件进场、预制构件安装以及装配式结构特有的钢筋连接和构件连接等内容。

2.18.2 依据标准

1. 《混凝土结构工程施工质量验收规范》GB 50204—2015。
2. 《装配式混凝土建筑技术标准》GB/T 51231—2016。
3. 《装配式混凝土结构技术规程》JGJ 1—2014。
4. 《钢筋套筒灌浆连接应用技术规程》JGJ 355—2015。
5. 《钢筋连接用套筒灌浆料》JG/T 408—2019。
6. 《建筑外墙防水工程技术规程》JGJ/T 235—2011。
7. 《预制混凝土外挂墙板应用技术标准》JGJ/T 458—2018。

2.18.3 检验内容及使用要求

1. 检验内容

（1）专业企业生产的预制构件进场时，预制构件性能检验应符合“2.19 预制构件结构性能检验”要求。

（2）钢筋采用套筒灌浆连接时，应按《钢筋套筒灌浆连接应用技术规程》JGJ 355—2015 的规定进行检验：

① 工程中应用的各种钢筋级别、直径对应的型式检验报告应齐全；灌浆连接工程应用时，如匹配使用生产单位提供的灌浆套筒及灌浆料，则直接查验其型式检验报告即可；如施工单位独立采购灌浆套筒、灌浆料进行工程应用，则应在施工前完成所有型式检验。型式检验包括：对中接头的单向拉伸试验、高应力反复拉压试验、大变形反复拉压试验，偏置接头的单向拉伸试验，钢筋原材的单向拉伸试验以及灌浆料的抗压强度试验。

② 灌浆料进场时，应对灌浆料拌合物 30min 流动度、泌水率及 3d 抗压强度、28d 抗压强度、3h 竖向膨胀率、24h 与 3h 竖向膨胀率差值进行检验。

③ 灌浆施工前，应对不同钢筋生产企业的进场钢筋进行接头工艺检验，工艺检验内容包括：灌浆料 28d 抗压强度、接头标准养护后的抗拉强度、屈服强度以及残余变形。

④ 灌浆套筒进厂（场）时，应抽取灌浆套筒并采用与之匹配的灌浆料制作对中连接接头试件，并进行抗拉强度检验。

⑤ 灌浆施工时每工作班应检查灌浆料拌合物初始流动度不少于 1 次。

⑥ 灌浆施工中，应留置灌浆料试件，作 28d 抗压强度试验。

⑦ 当后续施工可能对接头有扰动的情况时，应留置同条件养护抗压试件。

（3）剪力墙底部坐浆料应留置试件，作 28d 抗压强度试验。

（4）钢筋采用焊接连接时，其接头质量应按 2.7 节进行检验。

（5）钢筋采用机械连接时，其接头质量应按 2.8 节进行检验。

（6）钢筋采用浆锚搭接连接，其采用的水泥基灌浆料进场时，应对泌水率、流动度（初始值、30min 保留值）、3h 竖向膨胀率、24h 与 3h 竖向膨胀率差值、抗压强度（1d、3d、28d）、氯离子含量进行检验。

（7）浆锚搭接连接用灌浆料在施工中，应留置灌浆料试件，作 28d 抗压强度试验。

（8）预制构件采用焊接、螺栓连接等连接方式时，其材料性能及施工质量应分别按“2.8 钢筋焊接件”“2.10 钢结构材料”进行检验。

（9）装配式结构采用现浇混凝土连接构件时，构件连接处后浇混凝土应留置试件，作 28d 抗压强度试验。

（10）用于外挂墙板接缝的密封胶进场复验项目应包括下垂度、表干时间、挤出性、适用期、弹性恢复率、拉伸模量、质量损失率。

2. 使用要求

（1）混凝土结构中全截面受拉构件同一截面不宜全部采用钢筋套筒灌浆连接。

（2）接头连接钢筋的强度等级不应高于灌浆套筒规定的连接钢筋强度等级。

（3）接头连接钢筋的直径规格不应大于灌浆套筒规定的连接钢筋直径规格，且不宜小于灌浆套筒规定的连接钢筋直径规格一级以上。

（4）套筒灌浆连接应采用由接头型式检验确定的相匹配的灌浆套筒、灌浆料；

（5）灌浆料使用前，应检查产品包装上的有效期和产品外观，加水量应按使用说明书的要求确定并按重量计算。

（6）灌浆料拌合物应用电动设备搅拌重复、均匀，并宜静置2min后使用，搅拌完后不得再次加水。

（7）散落的灌浆料拌合物不得二次使用，剩余的拌合物不得再次添加灌浆料、水后混合使用。

（8）灌浆施工的操作人员应经专业培训后上岗。

（9）施工现场灌浆料宜储存在室内，并应采取防雨、防潮、防晒措施。

（10）灌浆料同条件抗压强度符合要求后方可进行对接头有扰动的后续施工。

（11）构件连接部位后浇混凝土及灌浆料的强度达到设计强度后，方可拆除临时固定措施。

（12）对于埋入预制构件的灌浆套筒，应在构件生产过程中进行，安装施工单位、监理单位应将部分监督及检验工作向前延伸到构件生产单位，接头试件可在预制构件生产地点制作，也可在灌浆施工现场制作，并宜由现场灌浆施工单位（队伍）完成。如工艺检验的接头不是由现场灌浆施工单位（队伍）制作完成，则在现场灌浆前应再次进行一次工艺检验；工艺检验应由专业检测机构进行，并按有关规程规定的格式出具报告。

（13）套筒灌浆接头在灌浆施工前，应对不同钢筋生产企业的进场钢筋进行接头工艺检验；施工过程中，当更换钢筋生产企业，或同生产企业生产的钢筋外形尺寸与已完成工艺检验的钢筋有较大差异时，应再次进行工艺检验；当现场灌浆施工单位与工艺检验时的灌浆单位不同，灌浆前也应再次进行工艺检验。

（14）灌浆套筒埋入预制构件时，工艺检验应在预制构件生产前进行。

（15）灌浆套筒不埋入预制构件时，为考虑施工周期，宜适当提前制作模拟试件进行工艺检验，灌浆套筒进场（厂）时第一批可与本次工艺检验合并。

（16）接缝用建筑密封胶应在干燥、通风、阴凉处贮存，贮存温度不宜超过27℃。

2.18.4 取样要求

1. 取样批量及数量

（1）专业企业生产的预制构件进场时，预制构件的组批及抽样规则应符合“2.19 预制构件结构性能检验”要求。

（2）套筒灌浆连接接头的型式检验的试件数量与检验项目应符合下列规定：

① 对中接头试件应为9个，其中3个做单向拉伸试验、3个做高应力反复拉压试验、3个做大变形反复拉压试验。

② 偏置接头的单向拉伸试验试件应为3个。

③ 钢筋试件的单向拉伸试验应为3个。

④ 灌浆料抗压强度试验应采用灌浆料拌合物制作40mm×40mm×160mm的试件，不应少于1组，并宜留设不少于2组。

⑤ 全部试件的钢筋均应在同一炉（批）号的1根或2根钢筋上截取。

（3）套筒灌浆连接接头的工艺检验，应模拟施工条件制作接头试件，并应按接头提供单位提供的施工操作要求进行；每种规格钢筋制作 3 个对中套筒灌浆连接接头，采用灌浆料拌合物制作 40mm×40mm×160mm 试件不应少于 1 组；接头试件及灌浆料试件应在标准养护条件下养护 28d。

（4）钢筋连接用套筒灌浆料进场时，同一成分、同一批号的灌浆料，以不超过 50t 为一批进行复验。取样时，应有代表性，可从多个部位取等量样品，样品总量不应少于 100kg。

（5）灌浆套筒进厂（场）时的抗拉强度检验，应以同一批号、同一类型、同一规格的灌浆套筒，不超过 1000 个一批，每批随机抽取 3 个灌浆套筒作对中连接接头试件。接头试件应模拟施工条件应按施工方案制作。接头试件应在标准养护条件下养护 28d。

（6）灌浆施工中，灌浆料抗压试件应每工作班取样不得少于 1 次，每楼层取样不得少于 3 次，每次抽取 1 组 40mm×40mm×160mm 的试件，标准养护 28d。

（7）套筒灌浆连接用灌浆料同条件养护抗压试件按实际需要进行留置，试件尺寸为 40mm×40mm×160mm。

（8）剪力墙底部坐浆应每工作班制作一组且每层不应少于 3 组边长为 70.7mm 的立方体试件，标准养护 28d 后进行抗压强度试验。

（9）钢筋采用焊接连接时，其组批规则应符合“2.8 钢筋焊接件”的要求；当无法现场截取试件进行检测时，可采取模拟现场条件制作平行试件替代原位截取试件。平行试件的检验数量和试验方法应符合现场截取试件的要求，平行试件的制作必须要有质量管理措施，并保证其具有代表性。

（10）钢筋采用机械连接时，其组批规则应符合“2.9 钢筋机械连接件”的要求。当无法现场截取试件进行检测时，可采取模拟现场条件制作平行试件替代原位截取试件。平行试件的检验数量和试验方法应符合现场截取试件的要求，平行试件的制作必须要有质量管理措施，并保证其具有代表性。

（11）浆锚搭接连接用灌浆料进场时应以每 200t 为一检验批，不足 200t 的应按一个检验批计进行复验。每一检验批应为一个取样单位，取样数量 30kg。

（12）浆锚搭接连接在施工中，灌浆料抗压试件应每工作班取样不得少于 1 次，每楼层取样不得少于 3 次，每次抽取 1 组 40mm×40mm×160mm 的试件，标准养护 28d。

（13）预制构件采用焊接、螺栓连接等连接方式时，其组批及抽样规则应分别符合“2.8 钢筋焊接件”“2.10 钢结构材料”的要求。

（14）装配式结构采用现浇混凝土连接构件时，其后浇混凝土在施工时，同一配合比的混凝土，每工作班且建筑面积不超过 1000m^2 应制作一组试件，同一楼层应制作不少于 3 组试件，标准养护 28d 后进行抗压强度试验。

（15）接缝用建筑密封胶以同一类型、同一级别的产品 1t 为一批进行检验，不足 1t 也作为一批。单组分产品由该批产品中随机抽取 3 件包装箱，每件包装箱中随机抽取 4 支样品，共取 12 支；多组分产品按配比随机抽样，共抽取 6kg，取样后立即密封包装。取样后将样品均分为二份，一份检验，另一份备用。

（16）为方便接头力学性能不合格时，可根据工程情况留置灌浆料抗压试验，并与接头试件同样养护。

2. 灌浆料抗压强度试件制作及养护

（1）一组灌浆料抗压强度试块为3块40mm×40mm×160mm的棱柱体试件。

（2）试模为由隔板、端板、底板、紧固装置及定位销组成，能同时成型三条40mm×40mm×160mm棱柱体且可拆卸，并符合《水泥胶砂试模》JG/T 726—2005的规定。基本结构如图2.18-1所示。

（3）于灌浆施工过程中所留置的灌浆料抗压强度试件，应在灌浆施工现场取样并成型。

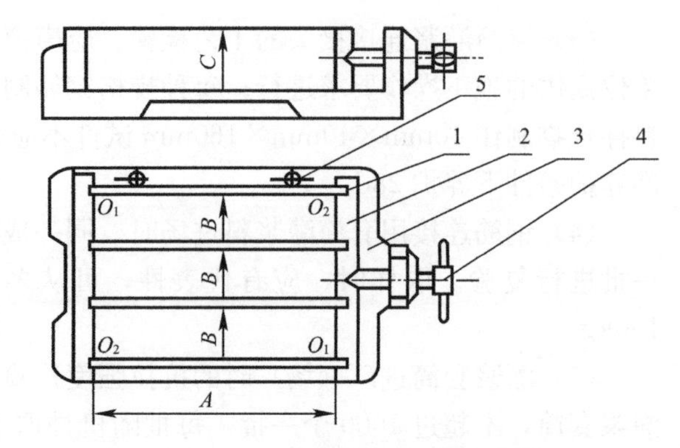

图2.18-1　灌浆料抗压强度试模基本结构

1—隔板；2—端板；3—底座；4—紧固装置；5—定位销

（4）对于工艺检验所留置的灌浆料标准养护试件应按1800g灌浆材料（称量精确至5g）和产品设计（说明书）要求的用水量（称量精确至1g）进行搅拌并成型。

（5）将浆体灌入试模，至浆体与试模的上边缘平齐，成型过程中不应振动试模，应在6min内完成。

（6）将装有浆体的试模静置2h后移入养护箱。养护箱的温度应保持在20±1℃，相对湿度不低于90%。

（7）养护箱养护24h后，然后脱模在水中养护至强度试验，养护池水温度应在20±1℃范围内。

3. 灌浆套筒接头制作及养护

（1）用于抗拉强度检验的灌浆套筒连接接头，应模拟施工条件并按施工方案制作。

（2）接头试件应在标准养护条件下养护28d。

（3）标准养护的条件为：温度应保持在20±1℃，相对湿度不低于90%。

2.18.5　技术要求

1. 预制构件的进场质量验收应符合“2.19 预制构件结构性能检验”要求。

2. 钢筋套筒灌浆连接接头型式检验应符合以下规定：

（1）每个接头试件的抗拉强度实测值均不应小于连接钢筋抗拉强度标准值，且破坏时应断于接头外钢筋。

（2）3个对中单向拉伸试件、3个偏置单向拉伸试件的屈服强度实测值均不应小于连接钢筋屈服强度标准值。

（3）对残余变形、最大力下总伸长率，相应项目的3个试件的平均值应符合表2.18-1的规定。

套筒灌浆连接接头的变形性能　　**表2.18-1**

项目	变形性能要求	
对中单向拉伸	残余变形（mm）	$u_0 \leqslant 0.10$（$d \leqslant 32$） $u_0 \leqslant 0.14$（$d > 32$）
	最大力下总伸长率	$A_{sgt} \geqslant 6.0$

续表

项目	变形性能要求	
高应力反复拉压	残余变形（mm）	$u_{20} \leqslant 0.3$
大变形反复拉压	残余变形（mm）	$u_4 \leqslant 0.3$ 且 $u_8 \leqslant 0.6$

注：u_0—接头试件加载至 $0.6f_{yk}$ 并卸载后在规定标距内的残余变形；A_{sgt}—接头试件的最大力下总伸长率；u_{20}—接头试件按规定加载制度经高应力反复拉压 20 次后的残余变形；u_4—接头试件按规定加载制度经大变形反复拉压 4 次后的残余变形；u_8—接头试件按规定加载制度经大变形反复拉压 8 次后的残余变形。

（4）型式检验时灌浆料抗压强度不应小于 80N/mm^2，且不应大于 95N/mm^2。

3. 钢筋套筒灌浆连接接头工艺检验应符合以下规定：

（1）钢筋套筒灌浆连接接头的抗拉强度不应小于连接钢筋抗拉强度标准值，且破坏时应断于接头外钢筋。

（2）钢筋套筒灌浆连接接头的屈服强度不应小于连接钢筋屈服强度标准值。

（3）3 个接头试件残余变形的平均值应符合表 2.18-1 的规定。

（4）灌浆料抗压强度应符合表 2.18-2 规定的 28d 强度要求。

套筒灌浆料的技术性能 **表 2.18-2**

检测项目		性能指标
流动度（mm），30min		≥260
抗压强度（MPa）	3d	≥60
	28d	≥85
竖向膨胀率（%）	3h	≥0.02
	24h 与 3h	0.02～0.50
氯离子含量（%）		≤0.03
泌水率（%）		0

4. 灌浆料复验结果应符合表 2.18-2 的规定。

5. 钢筋套筒灌浆连接接头的抗拉强度不应小于连接钢筋抗拉强度标准值，且破坏时应断于接头外钢筋。

6. 灌浆施工中，灌浆料的抗压强度应符合表 2.18-2 规定的 28d 强度要求。

7. 灌浆料同条件养护试件应达到 35N/mm^2 后，方可进行对接头有扰动的后续施工；临时固定措施的拆除应在灌浆料抗压强度能确保结构达到后续施工承载要求后进行。

8. 剪力墙底部接缝坐浆强度应满足设计要求。钢筋焊接、机械连接接头其接头质量应分别满足“2.8 钢筋焊接件”“2.9 钢筋机械连接件”的要求。

9. 后浇混凝土强度应符合设计要求。

10. 浆锚搭接连接接头用灌浆料性能应符合表 2.18-3 的要求。

钢筋浆锚搭接连接接头用灌浆料性能要求 **表 2.18-3**

项目		性能指标
泌水率（%）		0
流动度（mm）	初始值	≥200
	30min	≥150
竖向膨胀率（%）	3h	≥0.02
	24h 与 3h 的膨胀率之差	0.02～0.5

续表

项目		性能指标
抗压强度（MPa）	1d	≥35
	3d	≥55
	28d	≥80
氯离子含量（%）		≤0.06

11. 浆锚搭接连接在施工中，灌浆料的抗压试件应符合表 2.18-3 规定的 28d 强度要求。

12. 预制构件采用焊接、螺栓连接等连接方式时，接头质量应分别符合“2.8 钢筋焊接件”“2.10 钢结构材料”的要求。

13. 装配式结构采用现浇混凝土连接构件时，其后浇混凝土强度应满足设计要求。

14. 接缝用建筑密封胶性能应符合表 2.18-4 的要求。

接缝用建筑密封胶理化性能 **表 2.18-4**

项目		技术指标
下垂度（mm）	垂直	≤3
	水平	无变形
表干时间（h）		≤8
挤出性（mL/min）		≥80
适用期（h）		≥2
弹性恢复率（%）		≥70
拉伸模量（MPa）	23℃	≤0.4
	−20℃	≤0.6
质量损失率（%）		≤5

注：挤出性仅适用于单组分产品，适用期仅适用于多组分产品。

2.18.6 不合格处理

1. 第一次工艺检验中 1 个试件抗拉强度或 3 个试件的残余变形平均值不合格时，可再抽取 3 个试件进行复验，复验仍不合格判为工艺检验不合格。

2. 套筒灌浆连接接头的抗拉强度应一次检验合格，不得复验。

3. 套筒灌浆连接接头力学性能不合格时，可根据留置的灌浆料抗压试件的抗压强度进行处理。

4. 当施工过程中灌浆料抗压强度、灌浆质量不符合要求时，应由施工单位提出技术方案，经监理、建设单位认可后进行处理。经处理后的部位应重新验收。

2.19 预制构件结构性能检验

2.19.1 概述

《中共中央国务院关于进一步加强城市规划建设管理工作的若干意见》、国务院办公厅《关于大力发展装配式建筑的指导意见》明确提出发展装配式建筑，装配式建筑进入快速发展阶段。但总体看，我国装配式建筑应用规模小，技术集成度低，预制构件专业生产厂家良莠不齐。因此国家、行业标准对于预制构件进场时，均提出了质量检验要求，尤其对梁板类非叠合简支受弯预制构件提出了结构性能检验要求。

2.19.2 依据标准

1.《装配式混凝土建筑技术标准》GB/T 51231—2016。

2.《混凝土结构工程施工质量验收规范》GB 50204—2015。

3.《装配式混凝土结构技术规程》JGJ 1—2014。

2.19.3 检验内容

结构性能检验包括承载力、挠度、抗裂或裂缝宽度检验。

1. 梁板类简支受弯预制构件进场时应进行结构性能检验，并应符合下列规定：

钢筋混凝土构件和允许出现裂缝的预应力提凝土构件应进行承载力、挠度和裂缝宽度检验；不允许出现裂缝的预应力混凝土构件应进行承载力、挠度和抗裂检验。

如对大型构件及有可靠应用经验的构件，可只进行裂缝宽度、抗裂和挠度检验。

对使用数量较少的构件，当能提供可靠依据时，可不进行结构性能检验。

对多个工程共同使用的同类型预制构件，结构性能检验可共同委托，其结果对多个工程共同有效。

2. 对于不可单独使用的叠合板预制底板，可不进行结构性能检验。对叠合梁构件，是否进行结构性能检验、结构性能检验的方式应根据设计要求确定。

3. 其他预制构件，除设计有专门要求外，进场时可不做结构性能检验。

4. 不做结构性能检验的预制构件，应采取下列措施：

(1) 施工单位或监理单位代表应驻厂监督生产过程。

(2) 当无驻厂监督时，预制构件进场时应对其主要受力钢筋数量、规格、间距、保护层厚度及混凝土强度等进行实体检验。

2.19.4 抽样要求

检验数量：

1. 结构性能检验：同一类型预制构件不超过 1000 个为一批，每批随机抽取 1 个构件进行结构性能检验。“同类型”是指同一钢种、同一混凝土强度等级、同一生产工艺和同一结构形式。抽取预制构件时，宜从设计荷载最大、受力最不利或生产数量最多的预制构件中抽取。

2. 实体检验：按《混凝土结构工程施工质量验收规范》GB 50204—2015 规定，检查数量可根据工程情况由各方商定。一般情况下，可不超过 1000 个同类型预制构件为一批，每批抽取构件数量的 2%且不少于 5 个构件。

2.19.5 技术要求

1. 预制构件承载力检验应符合下列规定：

(1) 当按现行国家标准《混凝土结构设计规范》GB 50010—2010 的规定进行检验时，

应满足下列公式的要求：

$$\gamma_u^0 \geqslant \gamma_0[\gamma_u]$$

式中 γ_u^0——构件的承载力检验系数实测值，即试件的荷载实测值与荷载设计值（均包括自重）的比值；

γ_0——结构重要性系数，按设计要求的结构等级确定，当无专门要求时取 1.0；

$[\gamma_u]$——构件的承载力检验系数允许值，按表 2.19-1 取用。

构件的承载力检验系数允许值　　表 2.19-1

<table>
<tr><th>受力情况</th><th colspan="2">达到承载能力极限状态的检验标志</th><th>$[\gamma_u]$</th></tr>
<tr><td rowspan="5">受弯</td><td rowspan="2">受拉主筋处的最大裂缝宽度达到 1.5mm，或挠度达到跨度的 1/50</td><td>有屈服点热轧钢筋</td><td>1.20</td></tr>
<tr><td>无屈服点钢筋（钢丝、钢绞线、冷加工钢筋、无屈服点热轧钢筋）</td><td>1.35</td></tr>
<tr><td rowspan="2">受压区混凝土破坏</td><td>有屈服点热轧钢筋</td><td>1.30</td></tr>
<tr><td>无屈服点钢筋（钢丝、钢绞线、冷加工钢筋、无屈服点热轧钢筋）</td><td>1.50</td></tr>
<tr><td colspan="2">受拉主筋拉断</td><td>1.50</td></tr>
<tr><td rowspan="3">受弯构件的受剪</td><td colspan="2">腹部斜裂缝达到 1.5mm，或斜裂缝末端受压混凝土剪压破坏</td><td>1.40</td></tr>
<tr><td colspan="2">沿斜截面混凝土斜压、斜拉破坏，受拉主筋在端部滑脱或其他锚固破坏</td><td>1.55</td></tr>
<tr><td colspan="2">叠合构件叠合面、接槎处</td><td>1.45</td></tr>
</table>

（2）当按构件实配钢筋进行承载力检验时，应满足下列公式的要求：

$$\gamma_u^0 \geqslant \gamma^0 \eta[\gamma_u]$$

式中 η——构件承载力检验修正系数，根据现行国家标准《混凝土结构设计规范》GB 50010—2010 按实配钢筋的承载力计算确定。

承载力检验的荷载设计值是指承载能力极限状态下，根据构件设计控制截面上的内力设计值与构件检验的加载方式，经换算后确定的荷载值（包括自重）。

2. 预制构件的挠度检验应符合下列规定：

（1）当按现行国家标准《混凝土结构设计规范》GB 50010—2010 规定的挠度允许值进行检验时，应满足下列公式的要求：

$$a_s^0 \leqslant [a_s]$$

式中 a_s^0——在检验用荷载标准组合值或荷载准永久组合值作用下的构件挠度实测值；

$[a_s]$——挠度检验允许值。

（2）构件实配钢筋进行挠度检验或仅检验构件挠度、抗裂或裂缝宽度时，应符合下列公式的要求：

$$a_s^0 \leqslant 1.2a_s^c$$

同时，还应符合 $a_s^0 \leqslant [a_s]$ 的要求。

式中，a_s^c 为在检验用荷载标准组合值或荷载准永久组合值作用下按实配钢筋确定的构件挠度计算值，按现行国家标准《混凝土结构设计规范》GB 50010—2010 确定。

检验用荷载标准组合值或荷载准永久组合值是指正常使用极限状态下，采用构件设计控制截面上的荷载标准组合或准永久组合下的弯矩值，并根据构件检验加载方式换算后确定的组合值。

3. 挠度检验允许值 $[a_s]$ 应按下列公式进行计算：

按荷载准永久组合值计算钢筋混凝土受弯构件

$$[a_s]=[a_f]/\theta$$

按荷载标准组合值计算预应力混凝土受弯构件

$$[a_s]=\frac{M_g}{M_q(\theta-1)+M_k}[a_f]$$

式中 M_k——按荷载标准组合值计算的弯矩值；

M_q——按荷载准永久组合计算的弯矩值；

θ——考虑荷载长期作用对挠度增大的影响系数，按现行国家标准《混凝土结构设计规范》GB 50010—2010 确定；

$[a_f]$——受弯构件的挠度限值，按现行国家标准《混凝土结构设计规范》GB 50010—2010 确定。

4. 预制构件的抗裂检验应满足下列公式的要求：

$$\gamma_{cr}^0\geqslant[\gamma_{cr}]$$

$$[\gamma_{cr}]=0.95\frac{\sigma_{pc}+\gamma f_{tk}}{\sigma_{ck}}$$

式中 γ_{cr}^0——构件的抗裂检验系数实测值，即试件的开裂荷载实测值与荷载标准值（均包括自重）的比值；

$[\gamma_{cr}]$——构件的抗裂检验系数允许值；

σ_{pc}——由预加力产生的构件抗拉边缘混凝土法向应力值，按现行国家标准《混凝土结构设计规范》GB 50010—2010 确定；

γ——混凝土构件截面抵抗矩塑性影响系数，按现行国家标准《混凝土凝土结构设计规范》GB 50010—2010 确定；

f_{tk}——混凝土抗拉强度标准值；

σ_{ck}——由荷载标准值产生的构件抗拉边缘混凝土法向应力值，按现行国家标准《混凝土凝土结构设计规范》GB 50010—2010 确定。

5. 预制构件的裂缝宽度检验应满足下列公式要求：

$$\omega_{s,ma}^0\leqslant[\omega_{max}]$$

式中 $\omega_{s,max}^0$——在荷载标准值下，受拉主筋处的最大裂缝宽度实测值（mm）；

$[\omega_{max}]$——构件检验的最大裂缝宽度允许值，按表 2.19-2 取用。

构件检验的最大裂缝宽度允许值（mm） **表 2.19-2**

设计要求的最大裂缝宽度限值	0.1	0.2	0.3	0.4
$[\omega_{max}]$	0.07	0.15	0.20	0.25

预制构件结构性能的检验结果应按下列规定验收：

当预制构件结构性能的全部检验结果均符合以上 1～5 条的检验要求时，该批构件可判为合格。

当预制构件的检验结果不能全部符合上述要求，但又能符合第二次检验的要求时，可再抽两个预制构件进行二次检验。第二次检验的指标，对承载力及抗裂检验系数的允许值应取以上第 1 条和第 4 条规定的允许值减 0.05；对挠度的允许值应取以上第 3 条规定允许值的 1.10 倍。当第二次抽取的两个试件的全部检验结果均符合第二次检验的要求时，该批构件可判为合格。

当第二次抽取的第一个构件的全部检验结果均符合以上第 1～5 条要求时，该批构件的结构性能也可判为合格。

3 工程实体检测

3.1 建筑地基基础工程检测

3.1.1 概述

建筑地基基础工程检测是为提供工程设计参数、对工程设计进行校验和对施工工艺能否达到设计要求进行评价的各种现场试验。主要包括：地基工程检测、基础工程检测、基坑支护工程检测以及土石方工程检测。

地基及复合地基检测适用于天然地基承载力及各种地基处理后承载力及处理效果的检测，主要采用静载荷试验。

基桩检测有工程桩的承载力检测及完整性检测。承载力检测包括单桩竖向抗压承载力、单桩竖向抗拔承载力及单桩水平承载力，可采用静载荷试验方法测试。对一些特定条件下工程的单桩竖向抗压承载力可采用高应变法测试。桩身完整性是反映桩身截面尺寸相对变化、桩身材料密实性和连续性的综合定性指标，可采用低应变法、高应变法、超声波透射法、钻孔取芯法。

基坑支护工程检测按支护类型的不同，检测方法也不尽相同。墙体质量一般以声波透射法检测评定，桩体质量可采用声波透射法或低应变法测试，墙体或桩体强度可用试块强度或钻芯法进行检测。

静载荷试验：按桩的使用功能，分别在桩顶逐级施加轴向压力、轴向上拔力或在桩基承台底面标高一致处施加水平力，观测桩的相应检测点随时间和分级荷载下产生的沉降、上拔位移或水平位移，判定相应的单桩竖向抗压承载力、单桩竖向抗拔承载力及单桩水平承载力的检测方法。

高应变法：在桩顶沿轴向施加一冲击力，使桩产生足够的贯入度，实测由此产生的桩身应变和加速度的时程响应，通过波动理论分析，判定单桩竖向抗压承载力及桩身完整性的检测方法。

低应变法：在桩顶施加低能量冲击荷载（或激振），实测桩顶速度或同时实测力的时程响应，通过时域和频域分析，判定桩身的完整性的检测方法。

超声波透射法：通过实测超声波在混凝土介质中传播时的声速、波幅等参数的变化，判定桩身完整性或墙体质量的检测方法。

钻孔取芯法：通过钻取桩身（墙体）的芯样，检测桩长（墙深）、桩身（墙体）混凝土、密实性和连续性、桩（墙）底沉渣厚度判定桩身（墙体）混凝土是否存在缺陷的检测方法。

3.1.2 依据标准

1.《建筑地基基础设计规范》GB 50007—2011。

2.《建筑地基基础工程施工质量验收标准》GB 50202—2018。

3.《建筑基桩检测技术规范》JGJ 106—2014。

4.《建筑地基检测技术规范》JGJ 340—2015。

3.1.3 检验内容

1. 地基工程检验内容

（1）地基基础工程所用原材料质量检验应符合以下要求：

① 钢筋、混凝土等原材料的质量检验，可参考本书第 2.5、2.7 节；

② 钢材、焊接材料和连接件等原材料及成品的进场、焊接或连接检测可参考本书第 2.7～2.9 节；

③ 砂、石子、水泥等原材料的质量、检验项目、批量和检验方法可参考本书第 2.1～2.3 节；

④ 消石灰应对游离水、细度、安定性、氧化钙＋氧化镁含量、氧化镁含量、三氧化硫含量进行检验；

⑤ 低钙粉煤灰应检测细度、需水量比、含水量、烧失量；高钙粉煤灰和复合粉煤灰应检测细度、需水量比、含水量、烧失量和安定性；

⑥ 粒化高炉矿渣粉应检测活性指数（7d、28d）和流动度比。

（2）按《建筑地基基础工程施工质量验收标准》GB 50202—2018 要求，地基工程的现场检验应按表 3.1-1 进行，并符合设计要求。

处理后地基及复合地基增强体检测项目及方法　　表 3.1-1

序号	处理方法	检测项目	检测方法
1	素土、灰土地基	地基承载力	静载试验
		压实系数	环刀法
2	砂和砂石地基	地基承载力	静载试验
		压实系数	灌砂法、灌水法
3	土工合成材料地基	地基承载力	静载试验
4	粉煤灰地基	地基承载力	静载试验
		压实系数	环刀法
5	强夯地基	地基承载力	静载试验
		处理后地基土强度	原位测试
		变形指标	原位测试
6	注浆地基	地基承载力	静载试验
		处理后地基土强度	原位测试
		变形指标	原位测试
7	预压地基	地基承载力	静载试验
		处理后地基土强度	原位测试
		变形指标	原位测试
8	砂石桩复合地基	地基承载力	静载试验
		桩体密实度	重型动力触探
9	高压喷射注浆复合地基	复合地基承载力	静载试验
		单桩承载力	静载试验
		桩身强度	28d 试块强度或钻芯法

续表

序号	处理方法	检测项目	检测方法
10	水泥土搅拌桩复合地基	复合地基承载力	静载试验
		单桩承载力	静载试验
		桩身强度	28d 试块强度或钻芯法
11	土和灰土挤密桩复合地基	复合地基承载力	静载试验
		桩体填料平均压实系数	环刀法
12	水泥土粉煤灰碎石桩复合地基	复合地基承载力	静载试验
		单桩承载力	静载试验
		完整性	低应变检测
		桩身强度	28d 试块强度
13	夯实水泥土桩复合地基	复合地基承载力	静载试验
		桩体填料平均压实系数	环刀法
		桩身强度	28d 试块强度

注：1. 地基承载力静载试验如采用平板静载试验，对于素土和灰土地基、砂和砂石地基、土工合成材料地基、粉煤灰地基、注浆地基、预压地基其采用的压板面积不宜小于 1.0m²，强夯地基其采用的压板面积不宜小于 2.0m²，复合地基应根据设计置换率计算确定。
2. 复合地基承载力检测方法可按现行行业标准《建筑地基处理技术规范》JGJ 79 执行。
3. 环刀法检测压实系数，可参考本书第 2.15 节。

（3）按《建筑地基检测技术规范》JGJ 340—2015 要求：

换填、预压、压实、挤密、强夯、注浆等方法处理后的地基应进行土（岩）地基载荷试验；

水泥土搅拌桩、砂石桩、旋喷桩、夯实水泥土桩、水泥粉煤灰碎石桩、混凝土桩、树根桩、灰土桩、柱锤冲扩桩等方法处理后的地基应进行复合地基载荷试验；

水泥土搅拌桩、旋喷桩、夯实水泥土桩、水泥粉煤灰碎石桩、混凝土桩、树根桩等有粘结强度的增强体应进行竖向增强体载荷试验；

强夯置换墩地基，应根据不同的加固情况，选择单墩竖向增强体荷载试验或单墩复合地基载荷试验。

2. 基础工程检验内容

（1）基础工程所用原材料质量检验按 3.1.3 中第 1 条要求。

（2）按《建筑地基基础工程施工质量验收标准》GB 50202—2018 要求，基础工程的现场检验应按表 3.1-2 进行，并符合设计要求。

基础工程的现场检验　　表 3.1-2

序号	基础类型	检测项目	检测方法
1	无筋扩展基础	混凝土强度	28d 试块强度
		砂浆强度	28d 试块强度
2	钢筋混凝土扩展基础	混凝土强度	28d 试块强度
3	筏形和箱形基础	混凝土强度	28d 试块强度
4	钢筋混凝土预制桩	承载力	静载试验、高应变法等
		桩身完整性	低应变法
5	泥浆护壁成孔灌注桩	承载力	静载试验
		桩身完整性	钻芯法、低应变法、声波透射法
		混凝土强度	28d 试块强度或钻芯法

续表

序号	基础类型	检测项目	检测方法
6	干作业成孔灌注桩	承载力	静载试验
		桩身完整性	钻芯法、低应变法、声波透射法
		混凝土强度	28d 试块强度或钻芯法
7	长螺旋钻孔压灌桩	承载力	静载试验
		桩身完整性	低应变法
		混凝土强度	28d 试块强度或钻芯法
8	沉管灌注桩	承载力	静载试验
		桩身完整性	低应变法
		混凝土强度	28d 试块强度或钻芯法
9	钢桩	承载力	静载试验、高应变法等
10	锚杆静压桩	承载力	静载试验
11	岩石锚杆基础	抗拔承载力	抗拔试验
		锚固体强度	28d 试块强度
12	沉井及沉箱	混凝土强度	28d 试块强度或钻芯法

（3）设计等级为甲级或地质条件复杂时，应采用静载试验的方法对桩基承载力进行检验。《建筑地基基础设计规范》GB 50007—2011 规定的地基基础设计等级为甲级工程：

① 重要的工业与民用建筑物；

② 30 层以上的高层建筑；

③ 体型复杂、层数相差超过 10 层的高低层连成一体建筑物；

④ 大面积的多层地下建筑物（如地下车库、商场、运动场等）；

⑤ 对地基变形有特殊要求的建筑物；

⑥ 复杂地质条件下的坡上建筑物（包括高边坡）；

⑦ 对原有工程影响较大的新建建筑物；

⑧ 场地和地基条件复杂的一般建筑物；

⑨ 位于复杂地质条件及软土地区的二层及二层以上地下室的基坑工程；

⑩ 开挖深度大于 15m 的基坑工程；

⑪ 周边环境条件复杂、环境保护要求高的基坑工程。

（4）筏形和箱型基础在大体积混凝土施工时应对浇筑体里表温差、降温速率及环境温度进行测试。

3. 基坑支护工程检验内容

（1）基坑支护工程所用原材料质量检验按 3.1.1 中第 1 条要求。

（2）按《建筑地基基础工程施工质量验收标准》GB 50202—2018 要求，基坑支护工程的现场检验应按表 3.1-3 进行，并符合设计要求。

基坑支护工程的现场检验 **表 3.1-3**

序号	支护类型		检测项目	检测方法
1	排桩	灌注桩排桩	桩身完整性	低应变法、声波透射法
			混凝土强度	28d 试块强度或钻芯法
		水泥土搅拌桩	桩身强度	28d 试块强度或钻芯法

续表

序号	支护类型		检测项目	检测方法
1	排桩	水泥土连续墙 高压喷射注浆	墙体强度 桩身强度	28d 试块强度或钻芯法 钻芯法
2	土钉墙		抗拔承载力	土钉抗拔试验
			浆体强度	试块强度
3	地下连续墙		墙体强度	28d 试块强度或钻芯法
			抗渗等级	抗渗试件
			墙体质量	声波透射法
4	重力式水泥土墙		桩身强度	钻芯法
5	土体加固		桩身强度	钻芯法
			土层质量	静力触探、动力触探、标准贯入法
6	内支撑		混凝土强度	28d 试块强度
7	锚杆		抗拔承载力	锚杆拉拔试验
			锚固体强度	试块强度

(3) 兼作永久结构的地下连续墙，其与地下结构底板、梁及楼板之间连接的预埋钢筋接驳器应按要求进行抽样复验，复验内容为外观、尺寸、抗拉强度等。

4. 土石方工程检验内容

填方工程质量检验可参考本书第 2.15 节。

3.1.4 抽样要求

1. 地基检验抽样要求

(1) 按《建筑地基基础工程施工质量验收标准》GB 50202—2018 要求，素土和灰土地基、砂和砂石地基、土工合成材料地基、粉煤灰地基、强夯地基、注浆地基、预压地基采用平板载荷方法测试承载力时，每 300m^2 应不少于 1 个点，超过 3000m^2，每 500m^2 应不少于 1 个点。

(2) 按《建筑地基检测技术规范》JGJ 340—2015 规定，地基承载力的测试，每 500m^2 不少于 1 点，且每单位工程不应少于 3 点。

砂石桩、高压喷射注浆、水泥土搅拌桩、土和灰土挤密桩、水泥土粉煤灰碎石桩、夯实水泥土桩等复合地基承载力必须达到设计要求，采用平板静载荷方法测试。复合地基静载荷检验数量不应少于总桩数的 0.5%，且不应少于 3 点；有单桩承载力或桩身强度检验要求时，复合地基增强体检验数量为总桩数的 0.5%，且不应少于 3 根。

除平板载荷方法测试以外的其他项目可按检验批抽检，复合地基增强体检验数量不应少于总数的 20%。

2. 基础工程抽样要求

(1) 灌注桩混凝土强度检验的试件应在施工现场随机抽取，来自同一搅拌站的混凝土，每浇筑 50m^3 必须至少留置 1 组试件；当混凝土浇筑量不足 50m^3 时，每连续浇筑 12h 必须至少留置 1 组试件。对单柱单桩，每根桩应至少留置 1 组试件。

(2) 桩基础中的工程桩施工完成后应进行单桩承载力和桩身完整性检测。设计等级为甲级或地质条件复杂时，应采用静载荷方法对桩基承载力进行检测，检验桩数不应小于总桩数的 1%，且不应小于 3 根；工程总桩数在 50 根以内时，不应小于 2 根。在有经验和对比资料的地区，设计等级为乙级、丙级的桩基可采用高应变法进行桩基承载力检测，试桩数量不应少于总桩数的 5%，且不得少于 10 根。

（3）基桩完整性抽检数量，不应少于总桩的 20%，且不少于 10 根，每根柱子承台下抽检桩数不得少于 1 根。

（4）按照《建筑地基基础设计规范》GB 50007—2011 规定：直径大于 800mm 的混凝土嵌岩桩应采用钻孔取芯法或超声波透射法进行桩身完整性检测，抽检数量不少于总桩数的 10%，且不少于 10 根，且每根柱下承台的抽检数量不少于 1 根。直径不大于 800mm 的桩及直径大于 800mm 的非嵌岩桩可采用钻孔取芯法、超声波透射法或动测法进行检测，抽检数量不少于总桩数的 10%，且不少于 10 根。

（5）按照《建筑桩基检测技术规范》JGJ 106—2014 规定：当采用高应变法进行桩基承载力检测，试桩数量不应少于总桩数的 5%，且不得少于 5 根。完整性检测数量：建筑桩基设计等级为甲级，或地基条件复杂、成桩质量可靠性较低的灌注桩工程，检测数量不应少于总桩数的 30%，且不少于 20 根；其他桩基工程，检测数量不应少于总桩数的 20%，且不应少于 10 根，且每个柱下承台的抽检数量不应少于 1 根。大直径嵌岩灌注桩或设计等级为甲级的大直径灌注桩还应增加不少于总桩数 10%比例声波透射法或钻芯法检测。

3. 基坑支护工程抽样要求

《建筑地基基础设计规范》GB 50007—2011 规定：

（1）地下连续墙应采用钻孔取芯法、声波透射法进行墙体质量检测，非承重地下连续墙检验槽段数不少于同条件下总槽段数的 10%。承重地下连续墙检验槽段数不少于同条件下总槽段数的 20%。

（2）岩石锚杆施工完成后应进行拉拔承载力检验，检验数量不少于总锚杆数的 5%，且不得少于 6 根。

《建筑地基基础工程施工质量验收标准》GB 50202—2018 规定：

（1）兼作永久结构的地下连续墙，其与地下结构底板、梁及楼板之间连接的预埋钢筋接驳器按 500 套为一个检验批，每批抽查 3 件。

（2）地下连续墙墙身混凝土抗压强度试块每 100m^3 混凝土不少于 1 组，且每幅槽段不应少于 1 组，每组为 3 件；抗渗试块每 5 幅槽段不应少于 1 组，每组为 6 件。

（3）作为永久结构的地下连续墙墙体施工结束后，应采用声波透射法对墙体质量进行检验，同类型槽段的检验数量不应少于 10%，且不得少于 3 幅。

（4）同一土层中锚杆检验数量不少于总锚杆数的 5%，不应少于 3 根。

3.1.5 技术要求

1. 地基检验技术要求

变形指数为设计值，地基承载力、复合地承载力、单桩承载力、压实系数、处理后地基土强度、桩体密实度、桩身强度、桩体填料平均压实系数等均不小于设计值。

2. 基桩检验技术要求

单桩承载力不小于设计值，桩身完整性检测应满足设计要求。

桩身完整性分类见表 3.1-4，Ⅱ类桩有轻度缺陷，但不影响或基本不影响原设计的桩身结构承载力，桩身完整性至少为Ⅱ类桩才能满足设计要求。

桩身完整性分类　　表 3.1-4

桩身完整性类别	分类原则
Ⅰ	无任何缺陷，桩身结构完整
Ⅱ	有轻度缺陷，但不影响或基本不影响原设计的桩身结构承载力
Ⅲ	有明显缺陷，影响原设计的桩身结构承载力
Ⅳ	有严重缺陷，严重影响原设计的桩身结构承载力

3. 基坑工程技术要求

对地下连续墙检验所采用钻孔取芯法或声波透射法检测结果应满足设计要求。

3.2 结构混凝土抗压强度现场检测

3.2.1 概述

混凝土是结构工程中的主要材料，由于通常是在工地现场或搅拌站进行配料、拌制、浇捣、养护，所以每个环节稍有不慎都将影响其质量，危及整个结构的安全。通常混凝土的主要质量指标是以标准试件的抗压强度为依据。当混凝土试件强度评定不合格时，应委托具有资质的检测机构按国家现行有关标准的规定对结构构件中的混凝土强度进行推定，并应按下列规定进行处理：

1. 经返工、返修或更换构件、部件的，应重新进行验收；

2. 经有资质的检测机构按国家现行相关标准检测鉴定达到设计要求的，应予以验收；

3. 经有资质的检测机构按国家现行相关标准检测鉴定达不到设计要求，但经原设计单位核算并确认仍可满足结构安全和使用功能的，可予以验收；

4. 经返修或加固处理能够满足结构可靠性要求的，可根据技术处理方案和协商文件进行验收。目前使用较多的是用钻芯法、超声回弹综合法和回弹法检测结构混凝土强度；用超声法检测结构混凝土缺陷。

钻芯法是利用局部区域的抗压强度来换算混凝土标准强度的推算值。钻芯法适用于检测结构中强度不大于 80MPa 的普通混凝土强度；当具备钻芯法检测条件时，宜采用钻芯法对间接法检测结果进行修正或验证。

超声回弹综合法和回弹法是利用混凝土声速、回弹能量衰减等物理量来换算混凝土标准强度的推算值，利用超声波的绕射、衰减、叠加来判断混凝土内部缺陷。超声回弹综合法不适用于检测因冻害、化学侵蚀、火灾、高温等已造成表面疏松、剥落的混凝土。回弹法适用于普通混凝土的检测，不适用于表层与内部质量有明显差异或内部存在缺陷的混凝土强度检测。

3.2.2 依据标准

1.《混凝土结构工程施工质量验收规范》GB 50204—2015。

2.《混凝土结构现场检测技术标准》GB/T 50784—2013。

3.《建筑结构加固工程施工质量验收规范》GB 50550—2010。

4.《回弹法检测混凝土抗压强度技术规程》JGJ/T 23—2011。

5.《钻芯法检测混凝土强度技术规程》CECS 03：2007。

6.《钻芯法检测混凝土强度技术规程》JGJ/T 384—2016。

7.《超声回弹综合法检测混凝土强度技术规程》CECS 02：2005。

3.2.3 检验内容

当遇到下列情况之一时，应进行结构混凝土抗压强度现场检测：

1. 涉及结构工程质量的试块、试件以及有关材料检验数量不足；
2. 对结构实体质量的抽测结果达不到设计要求或施工验收规范要求；
3. 对结构实体质量有争议；
4. 发生工程质量事故，需要分析事故原因；
5. 相关标准规定进行的工程质量第三方检测；
6. 相关行政主管部门要求进行的工程质量第三方检测。

3.2.4 抽样要求

1. 回弹法、超声回弹综合法

（1）取样批量：在相同的生产工艺条件下，混凝土强度等级相同，原材料、配合比、成型工艺、养护条件基本一致且龄期相近的同类结构或构件。

（2）试样数量：按批进行检测的构件，抽检数量不得少于同批构件总数的30%且构件数量不得少于10件。单个构件检测适用于单独的结构或构件的检测。

（3）取样方法：应随机抽取并使所选构件具有代表性，每一结构或构件测区数都不应少于10个，对其一方向尺寸小于4.5m且另一方向小于0.3m的构件，其测区数量可适当减少，但不应小于5个。当结构或构件所采用的材料及其龄期与制定测强曲线所采用的材料及其龄期有较大差异时，应采用同条件试件或钻取混凝土芯样进行修正，回弹法试件钻取芯样数量不宜少于6个，超声回弹综合法钻取芯样数量不宜少于4个。

2. 钻芯法

（1）取样批量：同回弹法。

（2）试样数量：芯样试件数量应根据检验批的容量确定，且芯样数量不得少于15个，小直径芯样试件的最小样本量应适当增加。按单个构件检测时，每个构件的钻芯数量不应少于3个。对于较小构件，钻芯数量可取2个。

（3）取样方法：芯样宜在结构或构件的下列部位钻取：

① 结构或构件受力较小的部位；

② 混凝土强度具有代表性的部位；

③ 便于钻芯机安放与操作的部位；

④ 宜采用钢筋探测仪测试或局部剔凿的方法避开主筋、预埋件和管线。

用钻芯法和非破损法综合测定强度时，应与非破损法取同一测区部位或附近钻取。

3. 回弹-取芯法

本方法仅适用于《混凝土结构工程施工质量验收规范》GB 50204—2015 规定的混凝土结构子分部工程验收中的混凝土强度实体检验，不可扩大范围使用。结构实体混凝土当未取得同条件养护试件强度或同条件养护试件强度不符合要求时，可采用回弹-取芯法进行检验。

（1）取样批量：同一混凝土强度等级的柱、梁、墙、板，但不宜抽取截面高度小于300mm的梁和边长小于300mm的柱。

（2）试样数量：回弹构件抽取最小数量见表3.2-1。

回弹构件抽取最小数量 **表3.2-1**

构件总数量	最小抽样数量
20以下	全数
20～150	20
151～280	26
281～500	40
501～1200	64
1201～3200	100

每个构件应按现行行业标准《回弹法检测混凝土抗压强度技术规程》JGJ/T 23对单个构件检测的有关规定选取不少于5个测区进行回弹。对同一批构件，按每个构件平均回弹值进行排序，并选取最低的3个测区对应的部位各钻取1个芯样试件。

（3）取样方法：芯样应采用带水冷却装置的薄壁空心钻钻取，其直径宜为100mm，且不宜小于混凝土骨料最大粒径的3倍。

3.2.5 技术要求

1. 当结构实体混凝土强度检验不合格时，应委托具有资质的检测机构采用回弹法、超声回弹综合法或钻芯法进行检测，检测结果作为进一步验收的依据。当混凝土抗压强度推定值不小于设计要求的混凝土抗压强度等级时，可判定混凝土抗压强度满足设计要求。

2.《混凝土结构工程施工质量验收规范》GB 50204—2015规定，当混凝土结构子分部工程验收中的混凝土强度实体检验采用同条件养护试件方法时，如未取得同条件养护试件强度或同条件养护试件强度不符合要求时，可采用回弹-取芯法进行检验，如满足要求可判定合格，如再不合格，按上述第1条处理。采用回弹-取芯法进行检验时，同一强度等级的构件，当符合下列规定时，结构实体混凝土强度可判为合格：

（1）三个芯样的抗压强度算术平均值不小于设计要求的混凝土强度等级值的88%；

（2）三个芯样抗压强度的最小值不小于设计要求的混凝土强度等级值的80%。

3.3 砌筑、抹灰砂浆现场检测

3.3.1 概述

现场检验砌筑砂浆强度主要采用推出法、筒压法、砂浆片剪切法、回弹法、点荷法、贯入法等方法。其中：回弹法、贯入法属于非破损检测，砂浆筒压法属于取样检测，仅需利用一般建材检测机构的常用设备就可以完成，并且取样部位局部损伤，因此被广泛应用。

为保证抹灰砂浆施工质量，《抹灰砂浆技术规程》JGJ/T 220—2010首次提出了抹灰砂浆拉伸粘结强度的要求。对于外墙及顶棚抹灰层，以拉伸粘结强度实体检测报告作为其验收内容之一。同时，对于抹灰工程中砂浆抗压强度检验不合格时，也以对抹灰层进行拉伸粘结强度检测结果来评判抹灰砂浆质量。

3.3.2 依据标准

1.《砌体结构工程施工质量验收规范》GB 50203—2011。

2.《砌体工程现场检测技术标准》GB/T 50315—2011。

3.《贯入法检测砂浆抗压强度技术规程》JGJ/T 136—2017。

4.《抹灰砂浆技术规程》JGJ/T 220—2010。

3.3.3 检验内容

1.《砌体结构工程施工质量验收规范》GB 50203—2011 中规定当施工中或验收时出现下列情况，可采用现场检验方法对砂浆和砌体强度进行原位检测或取样检测，并判定其强度：

（1）砂浆试块缺乏代表性或试块数量不足；

（2）对砂浆试块的试验结果有怀疑或有争议；

（3）砂浆试块的试验结果，不能满足设计要求；

（4）发生工程事故，需要进一步分析事故原因。

2.《抹灰砂浆技术规程》JGJ/T 220—2010 规定，抹灰工程验收时，应检查外墙及顶棚抹灰层拉伸粘结强度检测报告。当内墙抹灰工程中抗压强度检测不合格时，应在现场对内墙抹灰层进行拉伸粘结强度检测，并应以其检测结果为准。当外墙或顶棚抹灰施工中抗压强度检验不合格时，应对外墙或顶棚抹灰砂浆加倍取样进行抹灰层拉伸粘结强度检测，并应以其检测结果为准。

3.3.4 抽样要求

1. 砌筑砂浆抗压强度现场检测

（1）筒压法

① 取样批量：当检测对象为整栋建筑物或建筑物的一部分，应将其划分为一个或若干个可以独立进行分析的结构单元，每一结构单元划分为若干个检测单元。

② 试样数量：在每一检测单元内随机选择 6 个构件（单片墙体、柱），作为 6 个测区，当一个检测单元不足 6 个构件时，应将每个构件为一个测区，在每一测区位随机布置若干测点，且不少于 1 个。

③ 取样方法：在每一测区内，从距墙表面 20mm 以内的水平灰缝中凿取砂浆约 4000g，砂浆片、块的最小厚度不得小于 5mm。每个测区的砂浆样品应分别放置并编号，不得混淆。

（2）贯入法

① 取样批量：按批抽样检测：应取相同生产工艺条件下，同一楼层，同一品种，同一强度等级，砂浆原材料、配合比、养护条件基本一致，龄期相近，且总量不超过 250m^3 砌体的砌筑砂浆为同一检验批。

② 试样数量：不应少于同批砌体构件总数的 30%，且不应少于 6 个构件，基础砌体可按一个楼层计。

③ 取样方法：每一构件应测试 16 点，测点应均匀分布在构件的水平灰缝上。

（3）回弹法

① 取样批量：同筒压法。

② 试样数量：同筒压法。

③ 取样方法：

a. 每一构件测区数不应少于 5 个；对尺寸较小的构件，测区数量可适当减少。

b. 测区应均匀分布，不同测区不应分布在构件同一水平面和垂直面内，每个测区的面积宜大于 $0.3m^2$。

c. 每个测区内测试 12 个点。相邻两弹击点的间距不应小于 20mm。

2. 抹灰砂浆现场拉伸粘结强度检测

抹灰砂浆现场拉伸粘结强度检测应在抹灰层施工完成后 28d 后进行；取样面积不应小于 $2m^2$，每检验批取样数量为 7 个。作为验收报告时，其取样批量为：相同砂浆品种、强度等级、施工工艺的外墙、顶棚抹灰工程每 $5000m^2$ 应为一个检验批，每个检验批应取一组试件进行检测，不足 $5000m^2$ 的也应取一组；当外墙或顶棚抹灰施工中抗压强度检验不合格时，应对外墙或顶棚抹灰砂浆加倍取样进行抹灰层拉伸粘结强度检测；当内墙抹灰工程中抗压强度检测不合格时，应在现场对内墙抹灰层进行拉伸粘结强度检测，并应以其检测结果为准。

3.3.5 技术要求

1. 砌筑砂浆抗压强度现场检测：

当砌筑砂浆抗压强度经检测后，得出砌筑砂浆强度推定值。

砌筑砂浆强度推定值为通过测强曲线得到的砂浆抗压强度值，相当于被测构件在该龄期下同条件养护的边长为 70.7mm 的立方体试块的抗压强度值。

2. 抹灰砂浆现场拉伸粘结强度检测：

抹灰砂浆同一验收批的抹灰层拉伸粘结强度平均值应大于或等于表 3.3-1 中的规定值，且最小值应大于或等于表 3.3-1 中规定值的 75%。当同一验收批抹灰层拉伸粘结强度试验少于 3 组时，每组试件拉伸粘结强度均应大于或等于表 3.3-1 中的规定值。

抹灰层拉伸粘结强度的规定值　　表 3.3-1

抹灰砂浆品种	拉伸粘结强度（MPa）
水泥抹灰砂浆	0.20
水泥粉煤灰抹灰砂浆、水泥石灰抹灰砂浆、掺塑化剂水泥抹灰砂浆	0.15
聚合物水泥抹灰砂浆	0.30
预拌抹灰砂浆	0.25

3.4 结构混凝土钢筋保护层厚度检测

3.4.1 概述

结构混凝土钢筋保护层厚度直接影响结构混凝土的工程质量，结构混凝土工程的保证项目之一。在施工期间如果管理不善，会出现钢筋保护层厚度过厚，造成结构承载力减小；也会出现钢筋保护层厚度过小，时间一长混凝土碳化深度超过钢筋保护层厚度后钢筋产生锈蚀现象。

钢筋保护层厚度检验，可采用非破损或局部破损的方法，也可采用非破损方法并用局部破损的方法进行校准。

3.4.2 依据标准

《混凝土结构工程施工质量验收规范》GB 50204—2015。

3.4.3 检验内容

根据《混凝土结构工程施工质量验收规范》GB 50204—2015 规定，对涉及混凝土结构安全的有代表性的部位应进行结构实体检验，结构实体检验应包括混凝土强度、钢筋保护层厚度、结构位置与尺寸偏差以及合同约定的项目。

3.4.4 抽样要求

1. 取样批量及数量：对于悬挑构件之外的梁板类构件，应各抽取构件数量的 2%且不少于 5 个构件进行检验；对悬挑梁，应抽取构件数量的 5%且不少于 10 个构件进行检验，当悬挑梁数量少于 10 个时，应全数检验；对悬挑板，应抽取构件数量的 10%且不少于 20 个构件进行检验，当悬挑板数量少于 20 个时，应全数检验。

2. 取样方法：在选定的梁类构件，应对全部纵向受力钢筋的保护层厚度进行检验；在选定的板类构件，应抽取不少于 6 根纵向受力钢筋的保护层厚度进行检验。对每根钢筋，应选择有代表性的不同部位量测 3 点取平均值。有代表性的部位是指该处钢筋保护层厚度可能对构件承载力或耐久性有显著影响的部位。

3.4.5 技术要求

1. 将梁类构件和板类构件所测数据分类，纵向受力钢筋保护层厚度的允许偏差，对梁类构件为＋10mm，－7mm，对板类构件为＋8mm，－5mm。偏差超过此范围的测点为不合格点，根据不合格点数和测点总数，计算合格率。

2. 当全部钢筋保护层厚度检验的合格率为 90%及以上时，钢筋保护层厚度的检验结果应判为合格。

3. 当全部钢筋保护层厚度检验的合格率小于 90%但不小于 80%，可再抽取相同数量的构件进行检验；当按两次抽样总和计算的合格率为 90%及以上时，钢筋保护层厚度的检验结果仍应判为合格。

4. 每次抽样检验结果中不合格点的最大偏差均不应大于允许偏差的 1.5 倍。

3.5 混凝土后置埋件现场力学性能检测

3.5.1 概述

随着旧房改造的全面开展、结构加固工程的增多、建筑装修的普及，后锚固连接技术发展较快，并成为不可缺少的一种新型技术。后锚固相对于先锚（预埋），具有施工简单，使用灵活等优点，我国应用已相当普遍，不仅既有工程，而且新建工程业已广泛采用。

后锚固连接与预埋连接相比，可能的破坏形态较多且较为复杂，总体上说，失效概率较大，失效概率与破坏形态密切相关，且直接依赖于后置埋件的种类和锚固参数的设定，因此控制混凝土后置埋件的力学性能尤为重要。然而破坏性检验会造成一定程度难于处理的基材结构的破坏。承载力现场检验，对于一般结构及非结构构件，可采用非破损检验；对于重要结构及生命线工程非结构构件，应采用破坏性检验，并尽量选在受力较小的次要连接部位。

3.5.2 依据标准

1.《混凝土结构后锚固技术规程》JGJ 145—2013。

2.《建筑结构加固工程施工质量验收规范》GB 50550—2010。

3.5.3 检验内容

后锚固件应进行抗拔承载力现场非破损检验，满足下列条件之一时，还应进行破坏性检验：

1. 安全等级为一级的后锚固构件；
2. 悬挑结构和构件；
3. 对后锚固设计参数有疑问；
4. 对该工程锚固质量有怀疑；
5. 仲裁性检验。

3.5.4 抽样要求

对重要结构构件锚固质量采用破坏性检验方法确有困难时，若该批锚固件的连接系按规范规定进行设计计算，可在征得业主和设计单位同意的情况下，改用非破损抽样检验方法，但必须按表3.5-1确定抽样数量。若该批锚固件已进行过破坏性试验，且不合格时，不得要求重作非破损检测。

对一般结构构件，其锚固件锚固质量的现场检验可采用非破损检验方法。

受现场条件限制无法进行原位破坏性检验时，可在工程施工的同时，现场浇筑同条件的混凝土块体作为基材安装锚固件，并应按规定时间进行破坏性检验，且应事先征得设计和监理单位的书面同意，并在现场见证试验（本条规定不适用于仲裁性检验）。

锚固质量现场检验抽样时，应以同品种、同规格、同强度等级的锚固件安装于锚固部位基本相同的同类构件为一检验批，并应从每一检验批所含的锚固件中进行抽样。

现场破坏性检验的抽样，应选择易修复和易补种的位置，取每一检验批锚固件总数的1‰，且不少于5件进行检验。若锚固件为植筋，且种植的数量不超过100件时，可仅取3件进行检验。仲裁性检验的取样数量应加倍。

现场非破损检验的抽样，应符合下列规定：

1. 锚栓锚固质量的非破损检验对重要结构构件及生命线工程的非结构构件，应按表3.5-1规定的抽样数量，对该检验批的锚栓进行检验；

重要结构构件及生命线工程的非结构构件

锚栓锚固质量非破损检验抽样数量　　表 3.5-1

检验批的锚栓总数	≤100	500	1000	2500	≥5000
按检验批锚栓总数计算的最小抽样量	20%，且不少于 5 件	10%	7%	4%	3%

注：当锚栓总数介于两栏数量之间时，可按线性内插法确定抽样数量。

对一般结构构件，应取重要结构构件抽样量的 50%，且不少于 5 件进行检验；

对非生命线工程的非结构构件，应取每一检验批锚固件总数的 1‰，且不少于 5 件进行检验。

2. 植筋锚固质量的非破损检验

对重要结构构件及生命线工程的非结构构件，应取每一检验批植筋总数的 3%，且不少于 5 件进行检验；

对一般结构构件，应取每一检验批植筋总数的 1%，且不少于 3 件进行检验；

对非生命线工程的非结构构件，应取每一检验批锚固件总数的 1‰，且不少于 3 件进行检验。

胶粘的锚固件，其检验宜在锚固胶达到其产品说明书标示的固化时间的当天进行，但不得超过 7d 进行。若因故需推迟抽样与检验日期，除应征得监理单位同意外，且不得超过 3d。

3.5.5 技术要求

1. 按《混凝土结构后锚固技术规程》JGJ 145—2013 要求

（1）非破损检验的评定，应按下列规定进行：

① 荷载检验值：应取 $0.9f_{yk}A_s$ 和 $0.8N_{Rk,*}$ 的较小值。f_{yk} 为钢材屈服强度标准值，A_s 为钢材截面积，$N_{Rk,*}$ 为非钢材破坏承载力标准值。

② 试样在持荷期间，锚固件无滑移、基材混凝土无裂纹或其他局部损坏迹象出现，且加载装置的荷载示值在 2min 内无下降或下降幅度不超过 5%的检验荷载时，应评定为合格；

③ 一个检验批所抽取的试样全部合格时，该检验批应评定为合格检验批；

④ 一个检验批中不合格的试样不超过 5%时，应另抽 3 根试样进行破坏性检验，若检验结果全部合格，该检验批仍可评定为合格检验批；

⑤ 一个检验批中不合格的试样超过 5%时，该检验批应评定为不合格，且不应重做检验。

（2）锚栓破坏性检验发生混凝土破坏，检验结果满足下列要求时，其锚固质量应评定为合格：

$$N_{Rm}^{c} \geqslant \gamma_{u,lim} N_{Rk,*}$$

$$N_{Rmin}^{c} \geqslant N_{Rk,*}$$

式中　N_{Rm}^{c}——受检验锚固件极限抗拔力实测平均值（N）；

N_{Rmin}^{c}——受检验锚固件极限抗拔力实测最小值（N）；

$N_{Rk,*}$——混凝土破坏受检验锚固件极限抗拔力标准值（N）；

$\gamma_{u,lim}$——锚固承载力检验系数允许值，$\gamma_{u,lim}$ 取为 1.1。

（3）锚栓破坏性检验发生钢材破坏，检验结果满足下列要求时，其锚固质量应评定为合格；

$$N_{\mathrm{Rmin}}^{\mathrm{c}} \geqslant \frac{f_{\mathrm{stk}}}{f_{\mathrm{yk}}} N_{\mathrm{Rk,s}}$$

式中 f_{stk}——锚栓极限抗拉强度标准值；

f_{yk}——锚栓屈服强度标准值；

$N_{\mathrm{Rmin}}^{\mathrm{c}}$——受检验锚固件极限抗拔力实测最小值（N）；

$N_{\mathrm{Rk,s}}$——锚栓钢材破坏受拉承载力标准值（N）。

（4）植筋破坏性检验结果满足下列要求时，其锚固质量应评定为合格；

$$N_{\mathrm{Rm}}^{\mathrm{c}} \geqslant 1.45 f_{\mathrm{y}} A_{\mathrm{s}}$$

$$N_{\mathrm{Rmin}}^{\mathrm{c}} \geqslant 1.25 f_{\mathrm{y}} A_{\mathrm{s}}$$

式中 $N_{\mathrm{Rm}}^{\mathrm{c}}$——受检验锚固件极限抗拔力实测平均值（N）；

$N_{\mathrm{Rmin}}^{\mathrm{c}}$——受检验锚固件极限抗拔力实测最小值（N）；

f_{y}——植筋用钢筋的抗拉强度设计值（$\mathrm{N/mm^2}$）；

A_{s}——钢筋截面面积（$\mathrm{mm^2}$）。

当检验结果不满足上述的规定时，应判定该检验批后锚固连接不合格，并应会同有关部门根据检验结果，研究采取专门措施处理。

2. 按《建筑结构加固工程施工质量验收规范》GB 50550—2010 要求

（1）非破损检验的荷载检验值应符合下列规定：

① 对植筋，应取 $1.15N_{\mathrm{t}}$ 作为检验荷载；

② 对锚栓，应取 $1.3N_{\mathrm{t}}$ 作为检验荷载。

注：N_{t} 为锚固件连接受拉承载力设计值，应由设计单位提供；检测单位及其他单位均无权自行确定。

（2）非破损检验的评定，应根据所抽取的锚固试样在持荷期间的宏观状态，按下列规定进行：

① 当试样在持荷期间锚固件无滑移，基材混凝土无裂纹或者其他局部损坏迹象出现，且施荷装置的荷载示值在 2min 内无下降或者下降幅度不超过 5%的检验荷载时，应评定其锚固质量合格。

② 当一个检验批所抽取的试样全部合格时，应评定该批为合格批。

③ 当一个检验批所抽取的试样中仅有 5%或者 5%以下不合格（不足一根，按一根计）时，应另抽 3 根试样进行破坏性检验。若检验结果全数合格，该检验批仍可评为合格批。

④ 当一个检验批所抽取的试样中超过 5%（不足一根，按一根计）不合格时，应评定该批为不合格批，且不得重做任何检验。

（3）破坏性检验结果的评定，应按下列规定进行：

① 当检验结果符合下列要求时，其锚固质量评为合格：

$$N_{\mathrm{u,m}} \geqslant [\gamma_{\mathrm{u}}] N_{\mathrm{t}}$$

$$N_{\mathrm{u,min}} \geqslant 0.85 N_{\mathrm{u,m}}$$

式中 $N_{\mathrm{u,m}}$——受检验锚固件极限抗拔力实测平均值；

$N_{\mathrm{u,min}}$——受检验锚固件极限抗拔力实测最小值；

N_t——受检验锚固件连接的轴向受拉承载力设计值；

$[\gamma_u]$——破坏性检验安全系数，按表 3.5-2 取用。

检验用安全系数 $[\gamma_u]$ 表 3.5-2

锚固件种类	破坏类型	
	钢材破坏	非钢材破坏
植筋	≥1.45	—
锚栓	≥1.65	≥3.5

② 当 $N_{u,m}<[\gamma_u]N_t$，或 $N_{u,min}<0.85N_{u,m}$时，应评定该锚固质量不合格。

3.6 粘结材料粘合加固材与基材的正拉粘结强度现场测定

3.6.1 概述

结构加固系指对可靠性不足或业主要求提高可靠度的承重结构、构件及其相关部分采取增强、局部更换或调整其内力等措施，使其具有现行设计规范及业主要求的安全性、耐久性和适用性。结构加固的方法多种多样，其中直接加固法包括增大截面加固法、置换混凝土加固法以及复合截面加固法等，这些加固方法均为加固材料通过粘结材料粘合基材而成为受力整体。粘合材料粘合加固材料与基体，其粘结的质量我们通常用正拉粘结强度来判定。

3.6.2 依据标准

《建筑结构加固工程施工质量验收规范》GB 50550—2010。

3.6.3 检验内容

正拉粘结强度现场测定方法适用于现场条件下以结构胶粘剂或高强聚合物砂浆为粘结材料，粘合（包括浇注、喷抹）下列加固材料与基材，在均匀拉应力作用下发生内聚、粘附或混合破坏的正拉粘结强度测定：

1. 结构胶粘剂粘合纤维复合材与基材混凝土；
2. 结构胶粘剂粘合钢板与基材混凝土；
3. 高强聚合物砂浆喷抹层粘合钢丝绳网片与基材混凝土；
4. 界面胶（剂）粘合新旧混凝土。

注：本条第 2 款的测定方法也适用于现场检验原构件混凝土本体的抗拉强度。

当承重结构加固设计要求做纤维织物与胶粘剂的适配性检验时，应采用本方法进行正拉粘结强度项目的测定。

3.6.4 抽样要求

粘贴、喷抹质量检验的取样，应符合下列规定：

1. 梁、柱类构件以同规格、同型号的构件为一检验批。每批构件随机抽取的受检构件应按该批构件总数的10%确定，但不得少于3根；以每根受检构件为一检验组；每组3个检验点。

2. 板、墙类构件应以同种类、同规格的构件为一检验批，每批按实际粘贴、喷抹的加固材料表面积（不论粘贴的层数）均匀划分为若干区，每区 $100m^2$（不足 $100m^2$ 按 $100m^2$ 计），且每一楼层不得少于1区；以每区为一检验组，每组3个检验点。

3. 现场检验的布点应在粘结材料（胶粘剂或聚合物砂浆等）固化已达到可以进入下一工序之日进行。若因故需推迟布点日期，不得超过3d。

4. 布点时，应由独立检验单位的技术人员在每一检验点处，粘贴钢标准块以构成检验用的试件。钢标准块的间距不应小于500mm，且有一块应粘贴在加固构件的端部。

3.6.5 技术要求

1. 检验批质量及检验结果的合格评定

加固材料粘贴、喷抹质量的合格评定：

(1) 组检验结果的合格评定，应符合下列规定：

① 当组内每一试样的正拉粘结强度 f_{ti} 均达到 $f_{ti} \geq 1.5MPa$，且为混凝土内聚破坏的要求时，应评定该组为检验合格组；

② 若组内仅一个试样达不到上述要求，允许以加倍试样重新做一组检验，如检验结果全数达到要求，仍可评定该组为检验合格组；

③ 若重做试验中，仍有一个试样达不到要求，则应评定该组为检验不合格组。

(2) 检验批的粘贴、喷抹质量的合格评定，应符合下列规定：

① 当批内各组均为检验合格组时，应评定该检验批构件加固材料与基材混凝土的粘合质量合格；

② 若有一组或一组以上为检验不合格组，则应评定该检验批构件加固材料与基材混凝土的粘合质量不合格；

③ 若检验批由不少于20组试样组成，且检验结果仅有一组因个别试样粘结强度低而被评为检验不合格组，则仍可评定该检验批构件的粘合质量合格。

2. 单个试件的合格指标

纤维复合材与基材混凝土的正拉粘结强度、钢板与原构件混凝土间的正拉粘结强度、聚合物砂浆面层与原构件混凝土间的正拉粘结强度、砂浆面层与基材之间的正拉粘结强度检验结果应符合表3.6-1的要求。若不合格，应揭去重贴，并重新检查验收。

现场检验加固材料与混凝土正拉粘结强度的合格指标

（单个试件的合格指标） **表3.6-1**

检验项目	原构件实测混凝土	检验合格指标	
正拉粘结强度及其破坏形式	C15～C20	≥1.5MPa	且为混凝土内聚破坏
	≥C45	≥2.5MPa	

注：1. 加固前应按规定，对原构件混凝土强度等级进行现场检测与推定；
2. 若检测结果介于C20～C45之间，允许按换算的强度等级以线性插值法确定其合格指标；
3. 检查数量：应按取样规则确定；
4. 本表给出的是单个试件的合格指标。检验批质量的合格评定，应按上述“合格评定标准”进行。

3. 单个试件的合格指标：砂浆面层与砌体基材应符合表 3.6-2 的要求。

现场检验加固材料与砌体正拉粘结强度的合格指标　　表 3.6-2

检验项目	烧结普通砖或混凝土砌块强度等级	28d 检验合格指标		正常破坏形式
		普通砂浆（≥M15）	聚合物砂浆或复合砂浆	
正拉粘结强度及其破坏形式	MU10～MU15	≥0.6MPa	≥1.0MPa	砖或砌块内聚破坏
	≥MU20	≥1.0MPa	≥1.3MPa	

注：1. 加固前应通过现场检测，对砖或砌块的强度等级予以确认；
2. 当为旧标号块材，且符合原规范规定时，仅要求检验结果为块材内聚破坏。

3.7 砌体结构拉结筋拉拔现场检测

3.7.1 概述

填充墙与承重墙、柱、梁的拉结钢筋，施工中常采用后植筋，这种施工方法虽然方便，但常常因锚固筋或灌浆料质量问题，钻孔、清孔、注胶或灌浆操作不规范，使钢筋锚固不牢，起不到应有的拉结作用。因此，在《砌体结构工程施工质量验收规范》GB 50203—2011 中对填充墙的后植拉结筋作出进行现场非破坏性检验的规定。

3.7.2 依据标准

《砌体结构工程施工质量验收规范》GB 50203—2011。

3.7.3 检验内容

填充墙与承重墙、柱、梁的连接钢筋，当采用化学植筋的连接方式时，应进行实体检测。实体检测的内容即为锚固钢筋拉拔试验的轴向受拉非破坏承载力检验值。

3.7.4 抽样要求

抽检数量：按表 3.7-1 确定。

检验批抽检锚固钢筋样本最小容量　　表 3.7-1

检验批的容量	样本最小容量	检验批的容量	样本最小容量
≤90	5	281～500	20
91～150	8	501～1200	32
151～280	13	1201～3200	50

3.7.5 技术要求

锚固钢筋拉拔试验的轴向受拉非破坏承载力检验值应为 6.0kN。抽检钢筋在检验值作用下应基材无裂缝、钢筋无滑移宏观裂损现象；持荷 2min 期间荷载值降低不大于 5%。检验批可按表 3.7-2、表 3.7-3 一次、二次抽样判定。

正常一次性抽样的判定 表 3.7-2

样本容量	合格判定数	样本容量	合格判定数
≤90	5	281～500	20
91～150	8	501～1200	32
151～280	13	1201～3200	50

正常二次性抽样的判定 表 3.7-3

抽样次数与样本容量	合格判定数	不合格判定数	抽样次数与样本容量	合格判定数	不合格判定数
(1) —5 (2) —10	0 1	2 2	(1) —20 (2) —40	1 3	3 4
(1) —8 (2) —16	0 1	2 2	(1) —32 (2) —64	2 6	5 7
(1) —13 (2) —26	0 3	3 4	(1) —50 (2) —100	3 9	6 10

注：本表应用参照《建筑结构检测技术标准》GB/T 50344—2004 第 3.3.14 条文说明。

3.8 钢结构工程现场检测

3.8.1 概述

涉及安全、功能的原材料及成品应按《钢结构工程质量验收标准》GB 50205—2020 的规定进行复验，这是钢结构施工质量控制的要求之一。涉及安全、功能的检验和见证检测项目分为：见证取样送样检测、焊缝无损探伤检测以及现场见证检测。其中，见证取样送样检测详见“2.10 钢结构材料”，焊缝无损探伤以及现场见证检测作为钢结构工程现场检测内容在本节阐述。焊缝无损探伤检测手段包括：超声波检测、射线检测、磁粉检测以及渗透探伤；现场见证检测包括：焊缝外观质量、焊缝尺寸、高强度螺栓终拧质量、基础和支座安装、钢材表面处理、涂料附着力、防腐涂层厚度、防火涂层厚度、主要构件安装精度、主要结构整体尺寸等。现场见证检测应由监理工程师或业主方代表指定抽样样本，见证检测过程，以及由施工单位质检人员或由其委托的检测机构进行检测。

3.8.2 依据标准

1.《钢结构工程施工质量验收标准》GB 50205—2020。

2.《焊缝无损检测 超声检测技术、检测等级和评定》GB/T 11345—2013。

3.《钢结构超声波探伤及质量分级法》JG/T 203—2007。

4.《厚钢板超声检测方法》GB/T 2970—2016。

5.《焊缝无损检测 射线检测 第 1 部分：X 和伽玛射线的胶片技术》GB/T 3323.1—2019。

6.《焊缝无损检测 射线检测 第 2 部分：使用数字化探测器的 X 和伽玛射线技术》GB/T 3323.2—2019。

7.《钢结构焊接规范》GB 50661—2012。

8.《焊缝无损检测　磁粉检测》GB/T 26951—2011。

9.《焊缝无损检测　焊缝磁粉检测　验收等级》GB/T 26952—2011。

10.《焊缝无损检测　焊缝渗透检测　验收等级》GB/T 26953—2011。

3.8.3　检测内容

1. 焊缝内部缺陷无损探伤

设计要求全焊透的一、二级焊缝应进行内部缺陷的无损检测。当不能采用超声波探伤或对超声波检测结果有疑义时，可采用射线检测验证。焊接球节点网架、螺栓球节点网架及圆管 T、K、Y 节点焊缝的超声波探伤方法及缺陷分级应符合国家和行业现行标准的有关规定。

(1) 超声波检测（简称：UT）

钢结构检测中使用的仪器是 A 型反射式超声波探伤仪，超声波探伤仪通过探头发射超声波进入焊缝内部，若焊缝内部存在缺陷，超声波声束经缺陷反射后被探头接收，探伤人员根据荧光屏回波显示判断焊缝内部是否存在缺陷和缺陷质量等级。缺陷回波反射受许多方面因素的影响：如探头参数、焊缝参数、缺陷形状取向等。超声波探伤所得到的缺陷信号是被当量化的量，也就是说“相当于某一种类、某一尺寸的人工缺陷”的量，探伤人员可以根据缺陷回波的技术参数来判断可能的缺陷性质和实际大小。

(2) 射线检测（简称：RT）

利用工业 X 射线机发射的 X 射线或放射性同位素产生的 γ 射线穿过焊缝材料，缺陷处和无缺陷处的钢材（焊缝）吸收射线能力有差别，使置于背面的射线胶片得到不同的射线能量，经暗室处理产生留有缺陷影像的射线底片，探伤人员可以根据底片所反映的缺陷对其进行直观的定性、定量评定。但射线照相探伤同样也受到诸如薄形缺陷方向性、射线因透照场散射线、大厚度难以选择射线源、对现场防护和用电安全要求高等因素的影响。

2. 现场见证检测

(1) 焊缝外观质量

焊缝外观质量采用观察检查，当有疲劳验算要求时，采用渗透或磁粉探伤检查。

① 磁粉检测（简称：MT）

利用铁磁性材料表面或近表面处缺陷产生的漏磁场吸附磁粉来达到检测钢结构表面质量的目的。其局限性在于只能检测铁磁性材料，且需要选择磁化装置和磁化规范等参数。磁粉检测速度快、成本低、操作简单实用，它是验证、检查钢结构表面质量的有效方法，尤其是采用多方向磁化或旋转磁场磁化法对类似表面裂缝的检查。

② 渗透探伤（简称：PT）

通过喷洒、刷涂或浸渍等方法将渗透能力很强的渗透剂施加到已清洗干净的钢结构构件表面，待渗透液因毛细管作用原理渗入表面开口缺陷内后，擦拭祛除表面多余渗透液再均匀地施加显像剂，显像剂能够将已渗入缺陷中的渗透液引到表面来，探伤人员就可以通过显像剂与渗透液的反差或利用荧光作用在紫外线灯下观察到与缺陷实际走向、尺寸相符的缺陷显像痕迹。

(2) 焊缝外观尺寸

焊缝外观尺寸采用焊缝量规检查。

（3）高强度螺栓终拧质量

高强度螺栓连接副应在终拧完成1h后、48h内进行终拧质量检查。

（4）基础和支座安装

① 建筑物定位轴线、基础上柱的定位轴线和标高应采用经纬仪、水准仪、全站仪和钢尺现场实测；

② 钢网架、网壳结构及支座定位轴线和标高的允许偏差应采用经纬仪和钢尺现场实测。

（5）钢材表面处理

涂装前应对钢材表面的处理情况进行检查。

（6）涂料附着力

当钢结构处于有腐蚀介质环境、外露或设计有要求时，应进行涂层附着力测试。

（7）防腐涂层厚度

钢结构防腐涂料涂装后应检查其涂层厚度。

（8）防火涂层厚度

钢结构防火涂料涂装后应检查其涂层厚度。

（9）主要构件安装精度

钢结构构件安装完毕后，应对钢柱的安装偏差，钢屋（托）架、钢桁架、钢梁、次梁的垂直度和侧向弯曲矢高的允许偏差进行抽查。

（10）主体结构整体尺寸

应对主体钢结构整体立面偏移和整体平面弯曲以及总拼完成后的钢网架、钢壳结构、屋面工程的挠度值进行实测。

3.8.4 抽样要求

1. 焊缝内部缺陷无损探伤

（1）施工单位自检

施工单位自检是指由施工单位具有相应要求的检测人员或由其委托的具有相应要求的检测机构进行检测。设计要求的一、二级焊缝应进行内部缺陷的无损检测，一、二级焊缝的质量等级和检测要求应符合表3.8-1的要求。

一级、二级焊缝的质量等级及无损检测要求　　　表3.8-1

焊缝质量等级		一级	二级
内部缺陷超声波探伤	评定等级	Ⅱ	Ⅲ
	检验等级	B级	B级
	探伤比例	100%	20%
内部缺陷射线探伤	评定等级	Ⅱ	Ⅲ
	检验等级	B级	B级
	探伤比例	100%	20%

注：二级焊缝检测比例的计数方法应按以下原则确定：工厂制作焊缝按照焊缝长度计算百分比，且探伤长度不小于200mm，当焊缝长度小于200mm时，应对整条焊缝探伤；现场安装焊缝应按照同一类型、同一施焊条件的焊缝条数计算百分比，且不少于3条焊缝。

钢结构工厂制作焊缝长度大于1m的焊缝，对每条焊缝按规定的百分比进行探伤，抽检部位为焊缝两端，对焊缝长度小于或等于1m的焊缝，可按同类焊缝数量的百分比进行探伤。现场安装焊缝同工厂制作焊缝。

（2）第三方监检

第三方监检是指由业主或其代表委托的具有相应要求的独立第三方检测机构进行检测并出具检测报告。第三方监检时，一级焊缝按不少于被检测焊缝条数的20%抽检；二级焊缝按不少于被检测焊缝条数的5%抽检。

2. 现场见证检测

（1）焊缝外观质量检查时，承受静荷载的二级焊缝每批同类构件抽查10%，承受静荷载的以及焊缝和承受动荷载的焊缝每批同类构件抽查15%，且不应少于3件；被抽查构件中，每一类型焊缝应按条数抽查5%，且不应少于1条；每条应抽查1处，总抽查数不应少于10处。

（2）焊缝外观尺寸检查时，承受静荷载的二级焊缝每批同类构件抽查10%，承受静荷载的一级焊缝和承受动荷载的焊缝每批同类构件抽查15%，且不应少于3件；被抽查构件中，每种焊缝应按条数各抽查5%，但不应少于1条；每条应抽查1处，总抽查数不应少于10处。

（3）高强度螺栓连接副在终拧完成后应按节点数抽查10%，且不少于10个，每个被抽查到的节点，按螺栓数抽查10%，且不少于2个。扭剪型高强度螺栓连接副按节点数抽查10%，且不应少于10个节点，被抽查节点中梅花头未拧掉的扭剪型高强度螺栓连接副全数进行终拧扭矩检查。

（4）建筑物定位轴线、基础上柱的定位轴线和标高全数检查；钢网架、网壳结构及支座定位轴线和标高的允许偏差按支座数抽查10%，且不少于3处。

（5）钢材表面处理检查按构件数抽查10%，且同类构件不应少于3件。

（6）防腐涂料附着力按构件数抽查1%，且不应少于3件，每件测3处。

（7）防腐涂层、防火涂层的涂层厚度应按构件数抽查10%，且同类构件不应少于3件。

（8）主要构件安装精度的检查：钢柱等主要构件按同类构件或钢柱数10%，且不应少于3件进行检查；钢屋（托）架、钢桁架、钢梁、次梁按同类构件数10%，且不应少于3个进行检查。

（9）主体钢结构整体立面偏移和整体平面弯曲允许偏差应对主要立面全部检查，对每个所检查的立面，除两列角柱外，尚应至少选取一列中间柱。总拼完成后的钢网架、钢壳结构、屋面工程的挠度值实测，应对跨度24m及以下钢网架、网壳结构，测量下弦中央一点；跨度24m以上钢网架、网壳结构，测量下弦中央一点及各向下弦跨度的四等分点。

3.8.5 技术要求

1. 焊缝内部缺陷无损探伤

焊缝质量应符合表3.8-1的要求。

2. 现场见证检测

（1）焊缝外观质量、焊缝外观尺寸、建筑物定位轴线、基础上柱的定位轴线和标高、主要构件安装精度、主体钢结构整体立面偏移和整体平面弯曲允许偏差均应符合设计及《钢结构工程施工质量验收标准》GB 50205—2020相关条款的要求。

（2）钢材表面处理

涂装前，钢材表面除锈应符合设计要求和国家现行有关标准的规定；处理后的钢材表面不应有焊渣、焊疤、灰尘、油污、水和毛刺等。若设计无要求时，钢材表面除锈等级应符合表 3.8-2 的规定。

各种底漆或防锈漆要求最低的除锈等级表　　表 3.8-2

涂料品种	除锈等级
油性酚醛、醇酸等底漆或防锈漆	Sa2
高氯化聚乙烯、氯化橡胶、氯磺化聚乙烯、环氧树脂、聚氨酯等底漆或防锈漆	Sa2
无机富锌、有机硅、过氯乙烯等底漆	Sa2½

（3）涂层附着力

在检测范围内，当涂层完整程度达到 70%以上时，涂层附着力可认定为质量合格。

（4）防腐涂层厚度

当设计对涂层厚度无要求时，涂层干漆膜总厚度：室外不应小于 150μm，室内不应小于 125μm，其允许偏差为－25μm。

（5）防火涂层厚度

膨胀型防火涂料、厚涂型防火涂料的涂层厚度及隔热性能应满足国家现行有关耐火极限的要求，且不应小于－200μm。当采用厚涂型防火涂料涂装时，8%及以上涂层面积应满足国家现行标准有关耐火极限的要求，且最薄处厚度不应低于设计要求的 85%，涂层厚度允许偏差应为－5%。

（6）高强度螺栓终拧质量

全部卸松螺母，再按规定的初凝扭矩和终拧角度重新拧紧螺栓，误差在±30°内为合格。

3.9 装饰装修工程室内环境污染检测

3.9.1 概述

民用建筑工程室内空气质量的优劣，不仅关系到人民群众的身心健康，而且更大程度上关系到人民群众的生活质量。为了预防和控制民用建筑工程室内环境污染，在工程验收阶段要求进行室内环境污染各项技术指标的检测，以加强民用建筑工程的室内环境质量的监督管理。民用建筑工程室内环境污染物，主要来源于民用建筑工程中所使用的建筑材料和装修材料。在日常生活中这些材料可能会释放出多种污染物，从而造成室内空气污染，目前要求严格控制的是氡、甲醛、氨、苯及总挥发性有机化合物（TVOC）。

1. 氡

氡（Radon）是无色、无嗅、无味的惰性气体，具有放射性，当人吸入体内后，氡发生衰变的阿尔法粒子可在人的呼吸系统造成辐射损伤，引发肺癌。氡气在土壤、水泥、沙石、砖块中形成后，一部分会跑到空气中来，同时建筑材料如石材、卫生陶瓷、墙地砖等，也是室内氡气的最主要来源。特别是含放射性元素的天然石材，最容易释出氡。一种放射性气体，惰性气体，无色，无味。

2. 甲醛

甲醛（Formaldehyde）是无色，有刺激性气味，对人眼、鼻等有刺激作用。气体相对密度1.067（空气=1），液体密度0.815g/cm^3（－20℃）。熔点－92℃，沸点－19.5℃。易溶于水和乙醇。水溶液的浓度35%～40%，称做甲醛水，俗称福尔马林（formalin），是有刺激气味的无色液体。

甲醛在室内达到一定浓度时，人就有不适感，可引起眼红、眼痒、咽喉不适或疼痛、喷嚏、胸闷、气喘、皮炎等，是众多疾病的主要诱因。各种人造板材（刨花板、纤维板、胶合板、密度板等）中，由于生产过程中要使用大量胶粘剂，因而可能含有甲醛。另外，某些地毯、合成材料的面层、内墙涂料、木器涂料等也会含有一定量的甲醛。

3. 氨

氨（Ammonia），是无色气体，有强烈的刺激气味。密度0.7710g/cm^3，相对密度0.5971（空气=1.00）。易被液化成无色的液体。熔点－77.75℃，沸点－33.5℃。溶于水、乙醇和乙醚。用于制液氮、氨水、硝酸、铵盐和胺类等。吸入少量氨气会引起咳嗽、咯痰、痰内有血，还会引起鼻炎、咽炎、喉痛等症状。在建筑工程中常用到高碱混凝土膨胀剂或含氨水、尿素、硝铵的混凝土外加剂，这些材料在墙体中随着温、湿度等环境因素的变化而分解，氨气便从墙体中缓慢释放出来，造成室内空气中氨的浓度不断增高。

4. 苯

苯（Benzene）是有特殊芳香气味的无色的液体，为一种有机化合物，也是组成结构最简单的芳香烃。沸点为80.1℃，熔点为5.5℃，密度0.88g/cm^3，小于水，难溶于水，能与醇、醚、丙酮和四氯化碳等有机溶剂互溶，本身也可作为有机溶剂。苯有较高的毒性，也是一种致癌物质。室内空气中苯主要来自涂料、胶粘剂的有机组分。

5. 甲苯

甲苯（Toluene）无色澄清液体，有苯样气味。能与乙醇、乙醚、丙酮、氯仿、二硫化碳和冰乙酸混溶，极微溶于水。相对密度0.866g/cm^3。凝固点－95℃。沸点110.6℃。闪点（闭杯）4.4℃，易燃。甲苯具有低毒，为3类致癌物。

6. 二甲苯

二甲苯（Dimethylbenzene）为无色透明液体；二甲苯具刺激性气味、易燃，与乙醇、氯仿或乙醚能任意混合，在水中不溶。沸点为137～140℃。二甲苯属于低毒类化学物质，为3类致癌物。

7. 总挥发性有机化合物（TVOC）

总挥发性有机化合物（Total Volatile Organic Compounds，TVOC），从广义上说，是任何液体或固体在常温常压下，自然挥发出来的有机化合物的总和，成分极其复杂。如果长期处在室内TVOC含量较高的情况下，易引起“建筑物综合症”，使人体免疫力降低，而且TVOC中的部分成分，可能致癌，对健康危害极大。室内空气中的TVOC主要来源于各种涂料、胶粘剂、合成材料等，以总量TVOC表示。《民用建筑工程室内环境污染控制标准》GB 50325—2020将总挥发性有机化合物（TVOC）定义为：在本规范规定的检测条件下，所测得空气中挥发性有机化合物的总量。

3.9.2 依据标准

1.《民用建筑工程室内环境污染控制标准》GB 50325—2020。

2.《公共场所卫生检验方法　第2部分：化学污染物》GB/T 18204.2—2014。

3.9.3　抽样要求

民用建筑工程验收时，必须进行室内环境污染物浓度检测，即进行室内氡、甲醛、氨、苯、甲苯、二甲苯和总挥发性有机化合物（TVOC）的浓度检测。

1. 取样批量

（1）民用建筑工程验收时，应抽检有代表性的房间室内环境污染物浓度，抽检数量不得少于房间总数的5%，每个建筑单体不得少于3间；房间总数少于3间时，应全数检测。

（2）民用建筑工程验收时，凡进行了样板间室内环境污染物浓度检测且检测结果合格的，其同一装饰装修设计样板间类型的房间抽检数量减半，并不得少于3间。

（3）幼儿园、学校教室、学生宿舍、老年人照料房屋设施室内装饰装修验收时，室内空气中氡、甲醛、氨、苯、甲苯、二甲苯、TVOC的抽检量不得少于房间总数的50%，且不得少于20间。当房间总数不大于20间时，应全数检测。

（4）当室内环境污染物浓度检测结果不符合表3.9-2规定时，应对不符合项目再次加倍抽样检测，并应包括原不合格的同类房间及原不合格房间；当再次检测的结果符合表3.9-2规定时，应判定该工程室内环境质量合格。再次加倍抽样检测的结果不符合表3.9-2规定时，应查找原因并采取措施进行处理，直至检测合格。

以上"房间"指自然间，在概念上可以理解为建筑物内形成的独立封闭、使用中人们会在其中停留的空间单元。计算抽检房间数量时，一般住宅建筑的有门卧房、有门厨房、有门卫生间、餐厅及客厅等均可理解为"自然间"，作为基数参与抽检比例计算。"抽检有代表性的房间"指不同的楼层和不同的房间类型（如住宅中的卧室、厅、厨房、卫生间等）。对于室内氡浓度测量来说，考虑到土壤氡对建筑物底层室内影响较大，因此，一般情况下，建筑物的低层应增加抽检数量，向上可以减少。在计算抽检房间数量时，低层停车场不列入范围。

2. 取样数量

室内环境污染物浓度检测点数量见表3.9-1。

室内环境污染物浓度检测点数设置　　表3.9-1

房间使用面积（m^2）	检测点数（个）
<50	1
≥50，<100	2
≥100，<500	不少于3
≥500，<1000	不少于5
≥1000	≥1000m^2的部分，每增加1000m^2增设1个，增加面积不足1000m^2时按增加1000m^2计算

3. 取样方法

（1）民用建筑工程及室内装修工程的室内环境质量验收，应在工程完工至少7d以后、工程交付使用前进行。

（2）民用建筑工程验收时，环境污染物浓度现场检测点应距内墙面不小于0.5m、距楼地面高度0.8～1.5m。检测点应均匀分布，避开通风道和通风口。

① 民用建筑工程中的建筑和装修材料在挥发污染物时，总是造成贴近墙面的地方浓度要高一些，如果现场检测取样时，取样点距内墙面距离太近，结果将失去代表性。如果取样点选在墙体凸凹处、拐角处，结果将也失去代表性。因此，现场检测取样时，为了避免局部环境的影响，取样点应距内墙面不小于0.5m是适宜的。另外通风道中的气体，与被测量房间内的气体有很大差别，因此，避开通风道和通风口取样，对某一个被测量的房间来说更有代表性。

② 现场检测取样时，取样点应距楼内地面（楼面）高度0.8～1.5m。

从氡、甲醛、氨、苯、甲苯、二甲苯和总挥发性有机化合物（TVOC）这七种污染物的理化性质来讲，它们在空气中的密度各不相同，有的比空气轻，有的比空气重，在平静的空气中，可能有的集中在室内空气的上部，有的可能集中在室内空气的下部，但只要稍有扰动（如人员走动），各部分空气就会混合起来。一般说来0.8～1.5m是人的呼吸带高度，在这一高度取样检测，可以反映人吸入污染物的真实情况。

（3）当对民用建筑室内环境中的甲醛、氨、苯、甲苯、二甲苯、TVOC检测时，装饰装修工程中完成的固定式家具应保持正常使用状态；采用集中通风的民用建筑工程，应在通风系统正常运行的条件下进行；采用自然通风的民用建筑工程，检测应在对外门窗关闭1h后进行。

（4）民用建筑室内环境中氡浓度检测时，对采用集中通风的民用建筑工程，应在通风系统正常运行的条件下进行；采用自然通风的民用建筑工程，应在房间的对外门窗关闭24h以后进行。Ⅰ类建筑无架空层或地下车库结构时，一、二层房间抽检比例不宜低于总抽检房间数的40%。

（5）布点应该考虑现场的平面布局和立体布局，高层建筑物的立体布点应有上、中、下三个监测平面，并分别在三个平面上布点。

（6）当房间内有2个及以上检测点时，应采用对角线、斜线、梅花状布点，并取各点检测结果的平均值为该房间的检测值。

3.9.4 技术要求

1. 民用建筑工程分类

民用建筑工程根据控制室内环境污染的不同要求，划分为以下两类：

（1）Ⅰ类民用建筑工程：住宅、居住功能公寓、医院病房、老年人照料房屋设施、幼儿园、学校教室、学生宿舍等；

（2）Ⅱ类民用建筑工程：办公楼、商店、旅馆、文化娱乐场所、书店、图书馆、展览馆、体育馆、公共交通等候室、餐厅等。

2. 室内环境污染物限量

民用建筑工程验收时，进行室内环境污染物浓度检测结果应符合表3.9-2的规定。

民用建筑工程室内环境污染物浓度限量 表3.9-2

污染物	Ⅰ类民用建筑工程	Ⅱ类民用建筑工程
氡（Bq/m³）	≤150	≤150
甲醛（mg/m³）	≤0.07	≤0.08
氨（mg/m³）	≤0.15	≤0.20

续表

污染物	Ⅰ类民用建筑工程	Ⅱ类民用建筑工程
苯（mg/m³）	≤0.06	≤0.09
甲苯（mg/m³）	≤0.15	≤0.20
二甲苯（mg/m³）	≤0.20	≤0.20
TVOC（mg/m³）	≤0.5	≤0.6

注：1. 表中污染物浓度测量值，除氡外均指室内测量值扣除同步测定的室外上风向空气测量值（本底值）后的测量值。
2. 表中污染物浓度测量值的极限值判定，采用全数值比较法。

表3.9-2中室内环境污染物指标（除氡外）均需扣除室外空气本底值。这是因为室外空气污染程度不是工程建设单位能够控制的，很大程度上取决于大气污染程度的影响，工程建设的目标是控制建筑材料和装修材料所产生的污染，因此需扣除大气背景值。室外空气样品的采集应注意选择在上风向，并与室内样品同步采集。值得注意的是，室外空气采样点的设置，应根据采样点附近的具体情况，必要时可增加采样点。

民用建筑工程室内空气中甲醛检测，也可采用现场检测方法，测量结果在0.01～0.60mg/m³测定范围内的不确定度应小于20%。当发生争议时，应以《公共场所卫生检验方法 第2部分：化学污染物》GB/T 18204.2—2014中酚试剂分光光度法的测定结果为准。这里所说的“不确定度应小于20%”指仪器的测定值与标准值（标准气体定值或标准方法测定值）相比较，总不确定度应小于20%。

当室内环境污染物浓度的全部检测结果符合表3.9-2中限量值的规定时，可判定该工程室内环境质量合格。

3.10 装饰装修工程施工质量现场检测

3.10.1 依据标准

1.《建筑装饰装修工程质量验收标准》GB 50210—2018。
2.《混凝土结构后锚固技术规程》JGJ 145—2013。
3.《建筑工程饰面砖粘结强度检验标准》JGJ/T 110—2017。
4.《装配式混凝土建筑技术标准》GB/T 51231—2016。

3.10.2 检验内容

根据《建筑装饰装修工程质量验收标准》GB 50210—2018规定，装饰装修工程中应对下列项目进行现场检测：

1. 饰面板工程中后置埋件的现场拉拔力检验；
2. 满粘法施工的外墙石板和外墙陶瓷板粘结强度检验；
3. 外墙饰面砖施工前粘贴样板和外墙饰面砖粘贴工程饰面砖粘结强度检验；
4. 幕墙工程中的后置埋件和槽式预埋件的现场拉拔力检验。

根据《装配式混凝土建筑技术标准》GB/T 51231—2016规定，应对面砖与预制构件混凝土的粘贴性能进行粘结强度检测。

3.10.3 取样要求

1. 饰面板工程、幕墙工程中的后置埋件现场拉拔力检验可按“3.5 混凝土后置埋件现场力学性能检测”进行。

2. 现场粘贴外墙饰面砖的粘结强度检验应以每 500m² 同类基体为一个检验批，不足 500m² 应为一个检验批。每批应取不少于一组 3 个试样，每连续三个楼层应取不少于一组试样，取样宜均匀分布。

3. 带饰面砖的预制构件应以每 500m² 同类带饰面砖的预制构件为一个检验批，不足 500m² 应为一个检验批，每批应取不少于一组 3 个试样，每连续三个楼层应取不少于一组试样，取样宜均匀分布。

3.10.4 技术要求

1. 后置埋件的评定及技术要求可参考“3.5 混凝土后置埋件现场力学性能检测”。

2. 现场粘贴的同类饰面砖，当一组试样均符合判定指标要求时，判定其粘结强度合格；当一组试样均不符合判定指标要求时，判定其粘结强度不合格；当一组试样仅符合判定指标的一项要求时，应在该组试样原取样检验批内重新抽取两组试样检验，若检验结果仍有一项不符合判定指标要求时，判定其粘结强度不合格。判定指标应符合下列规定：

（1）每组试样平均粘结强度不应小于 0.4MPa；

（2）每组允许有一个试样的粘结强度小于 0.4MPa，但不应小于 0.3MPa。

3. 带饰面砖的预制构件，当一组试样均符合判定指标要求时，判定其粘结强度合格；当一组试样均不符合判定指标要求时，判定其粘结强度不合格；当一组试样仅符合判定指标的一项要求时，应在该组试样原取样检验批内重新抽取两组试样检验，若检验结果仍有一项不符合判定指标要求时，判定其粘结强度不合格。判定指标应符合下列规定：

（1）每组试样平均粘结强度不应小于 0.6MPa；

（2）每组允许有一个试样的粘结强度小于 0.6MPa，但不应小于 0.4MPa。

3.11 建筑节能工程现场检测

3.11.1 概述

建筑节能工程现场检测依据《建筑节能工程施工质量验收标准》GB 50411—2019，对三个部分的内容进行了归纳，一是在墙体节能工程施工过程中对检验批的现场检测，二是对围护结构现场实体检测，包含了外墙节能构造，外墙气密性及围护结构的传热系数检测的具体实施规定，三是系统节能性能检测的相关规定。

根据不同节能保温系统的施工做法，现场检验内容及数量除了满足现行国家标准《建筑节能工程施工质量验收标准》GB 50411—2019 的相关规定外，还需满足相关节能保温系统的技术规程及系统标准，同时应符合各地区的有关管理规定。

3.11.2 依据标准

1.《建筑节能工程施工质量验收标准》GB 50411—2019。

2.《外墙内保温工程技术规程》JGJ/T 261—2011。

3.《硬泡聚氨酯保温防水工程技术规范》GB 50404—2017。

4.《建筑用真空绝热板应用技术规程》JGJ/T 416—2017。

5.《外墙外保温工程技术标准》JGJ 144—2019。

6.《无机轻集料砂浆保温系统技术标准》JGJ/T 253—2019。

7.《建筑外门窗气密、水密、抗风压性能分级及检测方法》GB/T 7106—2008。

8.《建筑外窗气密、水密、抗风压性能现场检测方法》JG/T 211—2007。

3.11.3 检验内容

1. 墙体节能工程施工过程中现场检测内容：

（1）根据《建筑节能工程施工质量验收标准》GB 50411—2019 的规定，应对以下项目进行现场检测：

① 保温板材与基层之间的拉伸粘结强度应进行现场拉拔试验。

② 当保温层采用锚固件固定时，锚固力应做现场拉拔试验。

③ 当外墙外保温工程采用粘贴饰面砖作饰面层时，饰面砖的粘结强度拉拔试验详见“3.10 装饰装修施工质量现场检验”。

（2）根据《外墙内保温工程技术规程》JGJ/T 261—2011 规定，应对以下项目进行现场检测：

① 对保温板与基层墙体的拉伸粘结强度的现场检验详见“3.10 装饰装修施工质量现场检验”。

② 对保温砂浆内保温系统，保温砂浆与基层墙体的拉伸粘结强度现场检验详见“3.10 装饰装修施工质量现场检验”。

（3）根据《硬泡聚氨酯保温防水工程技术规范》GB 50404—2017 的规定，喷涂硬泡聚氨酯外保温系统，对保温层与基层墙体的拉伸粘结强度应进行现场检验。

（4）根据《建筑用真空绝热板应用技术规程》JGJ/T 416—2017 的规定，真空绝热板及真空绝热保温装饰板与基层墙体的粘结应进行拉伸粘结强度的拉拔试验。当使用真空保温装饰板时，基层为非混凝土的墙体也应进行现场拉拔试验。

（5）根据《外墙外保温工程技术标准》JGJ 144—2019 的规定，应对以下项目进行现场检测：

① 粘贴保温板薄抹灰外保温系统现场应检验保温板与基层墙体拉伸粘结强度；

② 胶粉聚苯颗粒保温浆料外保温系统现场检验系统拉伸粘结强度；

③ 胶粉聚苯颗粒浆料贴砌 EPS 板外保温系统现场检验系统拉伸粘结强度；

④ EPS 板现浇混凝土外保温系统现场检验 EPS 板与基层墙体的拉伸粘结强度；

⑤ 现场喷涂硬泡聚氨酯外保温系统现场检验保温层与基层墙体的拉伸粘结强度，抹面层与保温层的拉伸粘结强度。

（6）根据《无机轻集料砂浆保温系统技术标准》JGJ/T 253—2019 的规定，应对以下项目进行现场检测：

① 对无机轻集料砂浆保温系统外墙保温工程，应进行现场粘结强度检测。

② 对内墙（分户墙）使用无机轻集料砂浆保温系统的工程，可进行现场粘结强度

检测。

③ 当采用饰面砖做饰面层时，饰面砖的粘结强度拉拔试验详见“3.10 装饰装修施工质量现场检验”。

2. 围护结构现场实体检验

建筑围护结构节能工程施工完成后，应对围护结构的外墙节能构造和外窗气密性能进行现场实体检验。其中，下列建筑应进行外窗气密性能实体检验：

（1）严寒、寒冷地区建筑；

（2）夏热冬冷地区高度大于或等于 24m 的建筑和有集中供暖或供冷的建筑；

（3）其他地区有集中供冷或供暖的建筑应进行气密性能实体检验。

建筑外墙节能构造的现场实体检验应包括墙体保温材料的种类、保温层厚度和保温构造做法。当条件具备时，也可直接进行外墙传热系数或热阻检验。当外墙节能构造钻芯检验方法不适用时，应进行外墙传热系数或热阻检验。

外墙节能构造钻芯检验应由监理工程师见证，可由建设单位委托有资质的检测机构实施，也可由施工单位实施。

当对外墙传热系数或热阻检验时，应由监理工程师见证，由建设单位委托有资质的检测机构实施；其检测方法、抽样数量、检测部位和合格判定标准等可按照相关标准确定，并在合同中约定。

外窗气密性能的现场实体检验应由监理工程师见证，由建设单位委托有资质的检测机构实施。

3. 设备系统节能性能检测

（1）供暖节能工程、通风与空调节能工程、配电与照明节能工程安装调试完成后，应由建设单位委托具有相应检测资质的检测机构进行系统节能性能检验并出具报告。受季节影响未进行的节能性能检验项目，应在保修期内补做。

（2）供暖节能工程、通风与空调节能工程、配电与照明节能工程的设备系统节能性能检测的主要有：室内平均温度、通风及空调（包括新风）系统的风量、各风口的风量、风道系统单位风量耗功率、空调机组的水流量、空调系统冷水、热水、冷却水的循环流量、室外供暖管网水力平衡度、室外供暖管网热损失率、照度与照明功率密度等。

（3）设备系统节能性能检测的项目和抽样数量可在工程合同中约定，必要时可增加其他检测项目，但合同中约定的检测项目和抽样数量不应低于《建筑节能工程施工质量验收标准》GB 50411—2019 的规定。

3.11.4 抽样要求

1. 墙体节能工程施工现场检测的检验批划分：

（1）根据《建筑节能工程施工质量验收标准》GB 50411—2019 规定，墙体节能工程验收的检验批划分应符合下列规定：采用相同材料、工艺和施工做法的墙面，扣除门窗洞口后的保温墙面面积每 $1000m^2$ 面积划分为一个检验批；检验批的划分也可根据与施工流程相一致且方便施工与验收的原则，由施工单位与监理单位双方协商确定。

① 保温板材与基层之间及各构造层之间的拉伸粘结强度现场拉拔试验，取样数量为每个检验批抽查 3 处，每处检验 1 点。粘结面积比的取样部位应随机确定，宜兼顾不同朝

向和楼层，均匀分布，不得在外墙施工前预先确定，取样数量为每个检验批抽查 3 处，每处检验 1 块整板，保温板面积（尺寸）应具代表性。

② 当保温层采用锚固件固定时，锚固件的锚固力应做现场拉拔试验。取样数量为每个检验批抽查 3 处，每处检验 1 个。

③ 当外墙外保温工程采用粘贴饰面砖作饰面层时，饰面砖的粘结强度拉拔试验详见“3.10 装饰装修施工质量现场检验”。

（2）根据《外墙内保温工程技术规程》JGJ/T 261—2011 规定，内保温分项工程宜以每 500～1000m² 划分为一个检验批，不足 500m² 也宜划分为一个检验批，每个检验批每 100m² 至少抽查一处，每处不得小于 10m²。

（3）根据《硬泡聚氨酯保温防水工程技术规范》GB 50404—2017 规定，喷涂硬泡聚氨酯外强保温系统，保温层与基层墙体的拉伸粘结强度应以每 1000m² 划分为一个检验批，不足 1000m² 也应划分为一个检验批进行现场检验。

聚氨酯保温板的粘结检验，每个检验批应按墙面面积每 200m² 抽查 1 处，且不得少于 3 处。

（4）根据《建筑用真空绝热板应用技术规程》JGJ/T 416—2017 规定，真空绝热板及真空绝热保温装饰板与基层墙体的拉伸粘结强度现场拉拔试验，每个单位工程抽查不少于 1 次。当使用真空保温装饰板时，基层为非混凝土的墙体也应进行现场拉拔试验。

（5）根据《外墙外保温工程技术标准》JGJ 144—2019 规定，外保温工程检验批的划分，检查数量同上述（1）。

（6）根据《无机轻集料砂浆保温系统技术标准》JGJ/T 253—2019 规定，无机轻集料砂浆保温系统外墙保温工程以及对内墙（分户墙）使用无机轻集料砂浆保温系统工程的现场粘结强度检测，按采用相同材料，工艺和施工做法的墙面，每 500～1000m² 墙体保温施工面积应划分为一个检验批，不足 500m² 应为一个检验批，每个检验批不少于 3 处。

饰面砖现场粘结强度拉拔试验同一厂家同一品种的产品，当单位工程保温墙体面积小于 20000m² 时，抽查不少于 3 次；当单位工程保温墙体面积在 20000m² 以上时，抽查不少于 6 次。

2. 围护结构现场实体检验

外墙节能构造和外窗气密性的现场实体检验的抽样数量应符合下列规定：

（1）外墙节能构造实体检验应按单位工程进行，每种节能构造的外墙检验不得少于 3 处，每处检查一个点；传热系数检验数量应符合国家现行有关标准的要求。

（2）外窗气密性能现场实体检验应按单位工程进行，每种材质、开启方式、型材系列的外窗检验不得少于 3 樘。

（3）同工程项目、同施工单位且同期施工的多个单位工程，可合并计算建筑面积；每 30000m² 可视为一个单位工程进行抽样，不足 30000m² 也视为一个单位工程。

（4）实体检验的样本应在施工现场由监理单位和施工单位随机抽取，且应分布均匀、具有代表性，不得预先确定检验位置。

3. 设备系统节能性能检测

供暖节能工程、通风与空调节能工程、配电与照明节能工程的设备系统节能性能检测项目及抽样数量见表 3.11-1。

系统节能性能检测主要项目及抽样数量　　表 3.11-1

序号	检测项目	抽样数量
1	室内平均温度	以房间数量为受检样本基数，最小抽样数量按表 3.11-2 的规定执行，且均匀分布，并具有代表性；对面积大于 100m² 的房间或空间，可按每 100m² 划分为多个受检样本。 公共建筑的不同典型功能区域检测部位不应少于 2 处
2	通风、空调（包括新风）系统的风量	以系统数量为受检样本基数，抽样数量按表 3.11-2 的规定执行，且不同功能的系统不应少于 1 个
3	各风口的风量	以风口数量为受检样本基数，抽检数量宜按表 3.11-2 执行，且不同功能的系统不应少于 2 个
4	风道系统单位风量耗功率	以风机数量为受检样本基数，抽样数量宜按表 3.11-2 执行，且均不应少于 1 台
5	空调机组的水流量	以空调机组数量为受检样本基数，抽样数量宜按表 3.11-2 执行
6	空调系统冷水、热水、冷却水的循环流量	全数检测
7	室外供暖管网水力平衡度	热力入口总数不超过 6 个时，全数检测；超过 6 个时，应根据各个热力入口距热源距离的远近，按近端、远端、中间区域各抽检 2 个热力入口
8	室外供暖管网热损失率	全数检测
9	照度与照明功率密度	每个典型功能区域不少于 2 处，且均匀分布，并具有代表性

检验批最小抽样数量　　表 3.11-2

检验批的容量	最小抽样数量	检验批的容量	最小抽样数量
2～15	2	151～280	13
16～25	3	281～500	20
26～90	5	500～1200	32
91～150	8	1201～3200	50

3.11.5　技术要求

1. 墙体节能工程

（1）根据《建筑节能工程施工质量验收标准》GB 50411—2019 规定：

① 保温板材与基层质检的拉伸粘结强度应符合设计要求。

② 锚固件的单点锚固力要求：Ⅰ型保温装饰板（单位质量面积＜20kg/m³）应≥0.30kN，Ⅱ型保温装饰板（单位质量面积 20～30kg/m³）应≥0.60kN。

③ 饰面砖要求详见“3.10 装饰装修施工质量现场检验”。

（2）根据《外墙内保温工程技术规程》JGJ/T 261—2011 规定，系统内拉伸粘结强度应≥0.035MPa。

（3）根据《硬泡聚氨酯保温防水工程技术规范》GB 50404—2017 规定，硬泡聚氨酯外墙外保温系统内拉伸粘结强度应≥0.10MPa。

（4）根据《建筑用真空绝热板应用技术规程》JGJ/T 416—2017 规定，以真空绝热板为保温层的外墙外保温系统抹面层与保温层拉伸粘结强度应≥0.08MPa，外墙内保温系统拉伸粘结强度应≥0.04MPa，保温装饰板外墙外保温系统面板与保温层的粘结强度应≥0.08MPa。

（5）根据《外墙外保温工程技术标准》JGJ 144—2019 的规定，应对以下项目进行现场检测：

① 粘贴保温板薄抹灰外保温系统、EPS 板现浇混凝土外保温系统、胶粉聚苯颗粒浆料贴砌 EPS 板外保温系统、现场喷涂硬泡聚氨酯外保温系统的拉伸粘结强度应≥0.10MPa。

② 胶粉聚苯颗粒保温浆料外保温系统的拉伸粘结强度应≥0.06MPa。

（6）根据《无机轻集料砂浆保温系统技术标准》JGJ/T 253—2019 的规定，当无机轻集料砂浆保温系统用于外墙外保温时，Ⅰ型、Ⅱ型和Ⅲ型保温砂浆的抗裂面层与保温层拉伸粘结强度分别不应小于 0.10MPa、0.15MPa 和 0.25MPa，且破坏部位应位于保温层内；面砖饰面系统的拉伸粘结强度平均值不得小于 0.4MPa。

2. 围护结构现场实体检验

外墙节能构造或外窗气密性能现场实体检验结果应符合设计要求。

3. 设备系统节能性能检测结果应符合表 3.11-3 的要求。

设备系统节能性能要求 **表 3.11-3**

序号	检测项目	允许偏差或规定值
1	室内平均温度	冬季不得低于设计计算温度 2℃，且不高于 1℃；夏季不得高于设计计算温度 2℃，且不应低于 1℃
2	通风、空调（包括新风）系统的风量	符合现行国家标准《通风与空调工程施工质量验收规范》GB 50243 有关规定的限值
3	各风口的风量	与设计风量的允许偏差不大于 15%
4	风道系统单位风量耗功率	符合现行国家标准《公共建筑节能设计标准》GB 50189 规定的限值
5	空调机组的水流量	定流量系统允许偏差为 15%，变流量系统允许偏差为 10%
6	空调系统冷水、热水、冷却水的循环流量	与设计循环流量的允许偏差不大于 10%
7	室外供暖管网水力平衡度	0.9～1.2
8	室外供暖管网热损失率	不大于 10%
9	照度与照明功率密度	照度不低于设计值的 90%；照明功率密度值不应大于设计值

3.11.6 不合格处理

1. 当外墙节能构造或外窗气密性能现场实体检验结果不符合设计要求和标准规定的情况时，应委托具有资质的检测机构扩大一倍数量抽样，对不符合要求的项目或参数进行再次检验。仍然不符合要求时应给出“不符合设计要求”的结论。

2. 对于不符合设计要求的围护结构节能构造应查找原因，对因此造成的对建筑节能的影响程度进行计算或评估，采取技术措施予以弥补或消除后重新进行检测，合格后方可通过验收。对于建筑外窗气密性能不符合设计要求和国家现行标准规定的，应查找原因，经过整改使其达到要求后重新进行检测，合格后方可通过验收。

3. 当设备系统节能性能检测的项目出现不符合设计要求和标准规定的情况时，应委托具有资质的检测机构扩大一倍数量抽样，对不符合要求的项目或参数应再次检验。仍然不符合要求时应给出“不合格”的结论。对于不合格的设备系统，施工单位应查找原因，整改后重新进行检测，合格后方可通过验收。

3.12 市政道路工程现场检测

3.12.1 概述

市政道路工程按工序划分为：路基、基层及底基层、面层、人行道、道路附属构筑物等。

路基是道路的基础，有土方路基、石方路基和石灰土路基等。当工程中遇见特殊土路基（如：软土路基等）时，须对该路基进行处理，可采用砂垫层置换、粉喷桩处理等方法。

基层及底基层是路面结构中的承重部分，常用无机结合料稳定材料、级配砂砾等作为基层材料，其中无机结合料稳定材料包括石灰土、石灰粉煤灰土、水泥稳定碎石、石灰粉煤灰稳定碎石及沥青稳定碎石等结构。

面层是直接同行车和大气相接触的表面层次，分沥青混合料面层、沥青贯入式与沥青表面处治面层、水泥混凝土面层等。

附属设施包括侧平石、雨水井、隔离结构物等。

市政道路工程现场检测即是对上述工序中的各结构层（部位）工程实体等进行质量检测，以达到相应的施工技术规范和质量验收标准的要求。施工中，前一分项工程未经验收合格严禁进行后一分项工程施工。

现场检测中，对测点的选择应优先采用随机选点的方法。

本章未涉及的路基路面结构层的其他内容，则应按相应的现行标准规范执行。

3.12.2 检测依据

1.《城镇道路工程施工与质量验收规范》CJJ 1—2008。

2.《公路路基路面现场测试规程》JTG 3450—2019。

3.12.3 检验内容

市政道路工程现场检测分主控项目和一般项目。主控项目为城镇道路工程中对质量、安全、卫生、环境保护和公众利益起决定性作用的检验项目；除主控项目以外的为一般项目。

现场质量检验主控项目有：压实度、弯沉、厚度等指标；一般项目有：平整度、抗滑、宽度、横坡、中线偏位、纵断高程等内容。

3.12.4 取样要求

1. 路基

（1）压实度：每 1000m^2、每压实层抽检 3 点，用环刀法、灌砂法或灌水法测定。

（2）压实度（砂垫层）：每 1000m^2、每压实层抽检 3 点，用灌砂法测定。

（3）弯沉值：每车道、每 20m 测 1 点，用贝克曼梁法测定。

2. 基层及底基层

(1) 压实度：每 $1000m^2$、每压实层抽检 1 点，除水泥稳定碎石基层、沥青稳定碎石基层用钻芯法测定外，其余结构种类用挖坑灌砂法测定。

(2) 弯沉值：设计规定时每车道、每 20m 测 1 点，用贝克曼梁法测定。

(3) 厚度：每 $1000m^2$、每层测 1 点，用钢尺量。

3. 沥青混合料面层

(1) 压实度：每 $1000m^2$ 测 1 点，用钻芯法测定。

(2) 厚度：每 $1000m^2$ 测 1 点，用钻芯法测定。

(3) 弯沉值：每车道、每 20m 测 1 点，用贝克曼梁法或自动弯沉仪测定。

(4) 平整度：用测平仪检测，每车道连续检测（每 100m 计算标准差 δ 值）；用 3m 直尺法，每车道、每 20m，路宽<9m 测 1 点，路宽 9～15m 测 2 点，路宽>15m 测 3 点。

(5) 抗滑（摩擦系数）：用摆式仪法，每 200m 测 1 点；用横向力系数测定车，全线连续检测。

(6) 抗滑（构造深度）：每 200m 测 1 点，用手工铺砂法或激光构造深度仪测定。

4. 水泥混凝土面层

(1) 厚度：每 1000^2m 抽测 1 点，用钻芯法测定。

(2) 抗滑（构造深度）：每 1000^2m 抽测 1 点，用手工铺砂法测定。

(3) 平整度：用测平仪检检测，每车道连续检测（每 100m 计算标准差 δ 值）；用 3m 直尺法，每车道、每 20m 测 1 点。

3.12.5 技术要求

1. 路基

(1) 压实度：应符合设计要求，其中土路基压实度还需符合表 3.12-1 的规定。

路基压实度 **表 3.12-1**

填挖类型	路床顶面以下深度（cm）	道路类别	压实度（%）（重型击实）
挖方	0～30	城市快速路、主干路	≥95
		次干路	≥93
		支路及其他小路	≥90
填方	0～80	城市快速路、主干路	≥95
		次干路	≥93
		支路及其他小路	≥90
	>80～150	城市快速路、主干路	≥93
		次干路	≥90
		支路及其他小路	≥90
	>150	城市快速路、主干路	≥90
		次干路	≥90
		支路及其他小路	≥87

(2) 压实度（砂垫层）：应大于等于 90%。

(3) 弯沉值：不应大于设计规定。

2. 基层及底基层

（1）压实度：基层及底基层压实度应符合表 3.12-2 的规定。

基层及底基层压实度 **表 3.12-2**

结构种类	检查项目	单位	规定值			
			基层		底基层	
			城市快速路主干路	其他等级道路	城市快速路主干路	其他等级道路
石灰稳定类	压实度	%	≥97	≥95	≥95	≥93
水泥稳定类			≥97	≥95	≥95	≥93
级配砂砾类			≥97		≥95	
级配碎石类			≥97		≥95	
沥青稳定碎石类			≥95			

（2）弯沉值：不应大于设计规定。

（3）厚度：基层及底基层厚度应符合表 3.12-3 的规定。

基层及底基层厚度 **表 3.12-3**

结构种类	检查项目	单位	允许偏差	
石灰稳定类	厚度	mm	±10	
级配砂砾及级配砾石			砂石	+20，−10
沥青碎石基层			砾石	+20，−10%层厚
沥青贯入式碎石基层			±10	
			+20，−10%层厚	

3. 沥青混合料面层

（1）压实度：对城市快速路、主干路不应小于 96%；对次干路及以下道路不应小于 95%。

（2）厚度：应符合设计要求，允许偏差为−5～+10mm。

（3）弯沉值：不应大于设计规定。

（4）平整度：应符合表 3.12-4 的规定。

沥青面层平整度 **表 3.12-4**

结构种类	检查项目		单位	规定值		备注
				城市快速路、主干路	次干路、支路	
沥青混合料面层	平整度	标准差 δ 值	mm	≤1.5	≤2.4	用测平仪测定
		最大间隙	mm	—	≤5	3m 直尺法

（5）抗滑（摩擦系数）：符合设计要求。

（6）抗滑（构造深度）：符合设计要求。

4. 水泥混凝土面层

（1）厚度：应符合设计要求，允许误差为±5mm。

（2）抗滑（构造深度）：符合设计要求。

（3）平整度：应符合表 3.12-5 的规定。

水泥混凝土面层平整度　　表 3.12-5

结构种类	检查项目		单位	规定值		备注
				城市快速路、主干路	次干路、支路	
水泥混凝土面层	平整度	标准差 δ	mm	≤1.2	≤2	用测平仪测定
		最大间隙	mm	≤3	≤5	3m 直尺法

3.12.6　见证要求

1. 市政道路工程现场检测应有持证见证人员进行旁站监理，见证人员应对现场检测人员持证上岗情况和主要测量设备的检定/校准等情况进行查验，对现场测点的选择进行见证并在检测委托单上签名确认，对见证现场检测的情况应记入见证记录，记录包括下列内容：

（1）检测机构名称；

（2）检测内容、部位及数量；

（3）检测日期、检测开始及结束时间（精确到分钟）；

（4）检测人员姓名及证书编号；

（5）主要测量设备的种类、数量及编号；

（6）检测中异常情况的描述记录（如果有）。

2. 见证人员应拍摄工程现场检测的影像资料，并作为质量竣工资料归档。影像资料应能清晰地反映现场检测的见证情况，至少应有一张照片包含见证人员、检测人员、主要测量设备、受检对象和拍摄日期的影像信息。

3.12.7　检测报告及不合格处理

1. 检测报告表式采用市政统一表式。

2. 检测报告应包括委托单位、工程名称、工程部位、测点桩号、样品名称、样品规格、代表数量、检测依据标准、检测结果、检测结论、检测人、审核人和批准人签名及检测报告章等内容。

3. 现场检测结果不合格，应在 24h 内通知委托方，并上报相关管理部门。